U0908375

中国地质调查成果
CGS 2016-031

国家自然科学基金项目（编号：41503037）
中国核工业集团公司重点科研项目（编号：201148） 联合资助
中国地质调查局计划项目（编号：12120113095500）

扬子地块西南缘
前寒武纪铜-铁多金属矿床

宋 昊 倪师军 张成江 徐争启 何政伟 著

科 学 出 版 社
北 京

内 容 简 介

本书在阐述扬子地块西南缘区域地质背景基础上，引入现代流体成矿理论及借鉴典型 IOCG 型矿床的研究理论与方法，系统地从矿床成矿地质背景和成矿地质条件，研究区内岩浆岩成因及年代学、矿床地质特征、矿床成矿流体和物质来源、成矿时代、矿床形成的区域构造演化等主要地质学及矿床学问题出发，探讨扬子地块西南缘前寒武纪铜-铁多金属矿床——拉拉、大红山、迤纳厂、岔河等铁铜多金属矿床的形成机理及成矿模式，总结区域铜多金属矿的成矿规律及成矿作用，为该区同类型矿床的研究及找矿提供科学参考及依据。本书末以附录形式列出研究区已发表同位测年龄、测龄方法。

本书可以供矿床地质理论研究和找矿人员参考，也可供矿床地质、地球化学专业高年级学生学习参考。

图书在版编目（CIP）数据

扬子地块西南缘前寒武纪铜-铁多金属矿床/宋昊等著. ——北京：科学出版社，2016.6

ISBN 978-7-03-049288-3

Ⅰ. ①扬… Ⅱ. ①宋… Ⅲ. ①前寒武纪–铜矿床–多金属矿床–成矿作用–研究–西南地区 ②前寒武纪–铁矿床–多金属矿床–成矿作用–研究–西南地区 Ⅳ. ①P618.201

中国版本图书馆 CIP 数据核字（2016）第 146511 号

责任编辑：张 展 罗 莉 / 责任校对：王 翔 刘莉莉
责任印制：余少力 / 封面设计：墨创文化

科学出版社出版
北京东黄城根北街 16 号
邮政编码：100717
http://www.sciencep.com
四川煤田地质制图印刷厂印刷
科学出版社发行 各地新华书店经销
*
2016 年 6 月第 一 版 开本：787×1092 1/16
2016 年 6 月第一次印刷 印张：13
字数：305 292

定价：128.00 元

（如有印装质量问题，我社负责调换）

谨以此书献给成都理工大学六十周年校庆

扬子地块西南缘
前寒武纪铜-铁多金属矿床

宋　昊　倪师军　张成江　徐争启　何政伟　著

序

我带着浓厚的兴趣阅读了由宋昊等完成的《扬子地块西南缘前寒武纪铜-铁多金属矿床》一书。扬子地块西南缘是我国重要的成矿域，尤其以产出大量前寒武纪的铜-铁多金属矿为特征。近些年来，该地区部分著名的矿床，如拉拉、迤纳厂等被一些学者认为是目前全球最新的成矿类型——铁氧化物铜金（IOCG）矿床，这些认识也引起国内外的广泛关注和对该地区成矿作用新一轮的研究热潮。IOCG矿床因为含有一些超大型综合矿床，如澳大利亚的奥林匹克坝铀-铜-金矿，而具有非常重要的经济价值。同时，其较为复杂的矿床成因也引起了很多科学争论。IOCG在全球分布比较局限，且大部分为前寒武纪。目前，我国仅在扬子地块西南缘有较多的发现。这些矿床是否为较为典型的IOCG矿床？它们与全球多数IOCG矿床相比又有哪些异同点？扬子地块西南缘富含此类矿床的构造背景如何？这些问题都是当前该地区矿床研究的焦点，相关研究也将直接影响对该地区区域成矿规律的认识和成矿模型的建立，对当地矿产勘查也有实际的指导意义。

这本专著很好地抓住了扬子地块西南缘前寒武纪成矿的关键科学问题，并在前人工作基础上，针对性地对该地区几个典型的铜-铁矿床进行了详细的解剖研究。本书注重矿床地质的基础描述，研究方法全面且新颖，很好地揭示了该地区铜-铁矿床形成的四个阶段，提出叠加改造成矿的新认识，建立较为准确的成矿模型，并综合已有的资料，较为完整地恢复了该地区前寒武纪岩浆-构造演化阶段和铜-铁成矿作用的构造背景，为扬子地块西南缘前寒武纪成矿作用，特别是铜-铁矿床的形成，提供了最新的研究成果。我相信这些优秀研究成果的获得必将对我们认识我国前寒武纪IOCG矿床的成因以及相关矿产勘查起到很好的指导作用。

据我了解，此书是在宋昊博士的博士论文基础上完成的。宋昊博士是我非常熟悉的一位青年才俊。在我2012年回国工作之前就在各类会议上有接触，对他在矿床学研究上孜孜不倦的追求印象非常深刻。我自己的博士论文也是关于IOCG成矿方面的，并且一直在坚持这项研究。宋昊博士的论文让我看到国内青年学子高水平的科研素质。我相信，以宋昊博士为代表的我国80后矿床学年轻一代，一定能担负起IOCG矿床研究的重任，使我国在这项研究上走在国际前列。我为国内有宋昊博士这样的矿床学优秀青年人才而高兴和自豪！

2016年1月11日于中国科学院广州地球化学研究所

前　言

扬子地块西南缘是我国前寒武纪地层出露较多、较完整的地区之一，是进行前寒武纪地质和成矿作用研究的重要地区。扬子地块西南缘的前寒武纪地层中赋存的铜-铁矿床以矿床数量多、规模大、伴生多种金属等为特征，其中拉拉、大红山等矿床的成矿地质特征具有代表性，且铜铁金属资源丰富，并伴生有Au-Mo-U-Ag-Co-REE等组分，因而具有重要的研究意义。

随着近年来的研究，大红山、迤纳厂和拉拉铜-铁矿床及区域内其他多金属矿床被发现具有IOCG矿床的特征，并受到国内外研究者的广泛关注。尽管本区的研究程度较高，但对于该类矿床的成矿规律、成因模式及是否应该归属于IOCG型矿床，仍存在较大争议。另外，本区还有一系列矿床被认为是IOCG矿床，并形成我国西南（甚至延伸到越南北部Sin Quyen）典型的IOCG成矿省（带）。例如，东川滥泥坪“稀矿山型”含铜赤铁矿磁铁、滇中迤纳厂铁铜矿、岔河铜矿等。因此，本书所选择的大红山、迤纳厂和拉拉铜铁矿床是本区域内近年来被广泛关注的IOCG型矿床的代表，对该类矿床进行深入研究，对本区矿床及国内外IOCG矿床的成矿理论具有重要的意义。

本书以扬子地块西南缘前寒武纪铜-铁多金属矿床——拉拉、大红山、迤纳厂、岔河等铁铜多金属矿床作为研究重点，开展野外地质调研、室内分析测试及综合研究，深入、系统地研究矿床成矿地质背景和成矿地质条件，研究区内岩浆岩成因及年代学、矿床地质特征、流体来源、成矿时代、矿床形成的区域构造演化等主要地质学及矿床学问题，探讨矿床的形成机理及成矿模式，总结区域铜多金属矿的成矿规律及成矿作用。

本书是由倪师军教授负责的中国地质调查局计划项目“西南地区重点成矿带铜铁金多金属找矿模型与勘查方法技术研究”中的综合研究项目“西南地区主要成矿带铜铁金多金属找矿模型与勘查方法技术综合研究”（编号：12120113095500）、“康滇地轴中南段铜多金属深部隐伏矿体预测方法研究”（编号：1212011085169）、国家自然科学基金（编号：41503037）、四川省教育厅科研项目（编号：15ZB0083）和中国核工业集团公司委托的“西南地区深部地质过程与铀成矿作用”（编号：201148）的联合资助下完成的。

本书运用现代成矿理论，研究本区拉拉、大红山、迤纳厂、岔河铁铜多金属矿床，研究典型矿床的成矿规律及成因模式，将成矿要素和成矿流体的来源及热液成矿时代作为研究该类型矿床成因的突破口。在此基础上，本书引入现代流体成矿理论及借鉴典型IOCG型矿床的研究理论与方法，研究本区矿床成矿流体和物质来源，研究成矿与重大地质事件的耦合关系，揭示矿床的成矿规律和矿床时空演化；对扬子地块西南缘前寒武纪铜-铁多金属矿床进行系统的成矿作用研究，研究成矿地质事件及重大地质事件的响应，提出本区铜-铁多金属矿床的形成具有多期成矿作用，可以分为四期成矿作用，依次为：①火山沉积作用：在研究区内早元古代末海相火山喷发沉积作用（1.75Ga～1.65Ga）是铜铁等多金属成矿作用的预富集阶段，形成重要的矿源层；②中元古代变质改造作用：发生多次构造运动的变质改造作用，形成大红山、拉拉等 IOCG 矿床中的变质改造型矿石及富矿层（1.4Ga～1.2Ga），以似层状、致密块状、浸染状矿石为主；③中元古代末热液叠加改造成矿作用（1.1Ga～1.0Ga），是本区重要的铜金钼等多金属矿成矿作用，形成了拉拉和大红山等矿床中后期热液成因矿石，以热液脉状铜多金属矿石为特征；④～0.8Ga 是区内 IOCG 矿床中的铀富集阶段，形成了 IOCG 矿床中的铀矿物。因此，多期次热液叠加改造成矿作用形成了研究区主要的拉拉、大红山等代表性 IOCG 矿床，并建立了研究区前寒武纪铜多金属矿床叠加成矿模式。研究成果有利于解决该区矿床成因问题，并对丰富本区矿床的成矿理论及找矿勘查具有科学价值和现实意义。综上所述，本书既具有明显的社会经济意义，又具有重要的学术意义。

本书是对项目成果的系统总结和提炼，为该区的扬子地块西南缘前寒武纪铜-铁多金属矿床及区域成矿作用及今后找矿勘查提供了依据。本书由课题组成员分工合作完成，倪师军负责统筹思路及提纲，并撰写前言、第 1 章，宋昊、张成江撰写第 3 章、第 4 章、第 5 章，宋昊、徐争启、张成江撰写第 2 章，宋昊、徐争启、何政伟撰写第 6 章及结论。全书由倪师军和张成江统稿。

参加野外和室内研究工作的还有中国地质科学院宋世伟博士、成都理工大学李萍、王冶、陈颖等硕士。本书撰写过程中得到成都理工大学李泽琴教授、梁金龙教授、向启荣老师等的大力支持与帮助，他们以不同方式审阅全书或部分章节，并提出了宝贵的修改意见；得到中国有色金属工业昆明勘察设计研究院汪德文先生及玉溪矿业、凉山矿业现场工作人员陈良、赵怀军、张永斌等朋友们的悉心指导和帮助；本书的完成还得到中国核工业北京地质研究院分析测试中心、中国科学院地球化学研究所、成都理工大学的大力支持，成都理工大学许多研究生及本科生参与项目研究工作；另在专著的撰写过程中引用了大量前人的研究资料，在此一并表示感谢。

内封照片为大红山铁铜矿床露天采矿区，由倪师军教授拍摄于 2012 年。

最后，我很荣幸能够邀请到中国科学院广州地球化学研究所陈华勇研究员为本书亲笔作序，在此谨表谢忱！

由于各方面的原因，本书仍有许多不足之处，部分认识和观点难免有不妥之处，敬请各位读者批评、指正。

著　者

2015.12

目　　录

绪　论

扬子地块西南缘是我国著名的经向构造带，北起攀枝花—会理，南达元江，西以金河—程海、哀牢山断裂为界，东到小江断裂；该区的地质构造复杂，矿产丰富，学术观点多样，也是我国前寒武纪地层出露较多、较完整的地区之一，是进行前寒武纪地质和成矿作用研究的重要地区。该区出露的前寒武纪地层中赋存的铜-铁矿床以矿床个数多、规模大、伴生多金属成矿等特征，受到国内外矿床地质学者的广泛关注（陈好寿等，1992；耿元生等，2008；龚琳，2011；关俊雷等，2011；何德锋等，2010；阚泽忠等，1999；李巨初等，1994；李巨初等，1996；冉崇英等，1993；吴健民等，1998；吴懋德等，1990；杨时惠等，1987；尹福光等，2007；周名魁等，1988）。其中下元古界中拉拉（四川省最大的铜矿生产基地）、大红山（云南省最大的铁矿生产基地和重要铜产区）和迤纳厂铜铁矿床（滇中地区Fe-Cu-Au-REE 矿床的典型代表）是我国西南地区重要的铜-铁矿产基地和重要的矿床类型，矿床规模大、成矿条件复杂，该类矿床储量约占本区铜矿总储量的20%（沈苏，1975），并伴生有 Au-Ag-Co-Mo-REE-U 等组分可供综合开发和利用，对该类矿床进行深入研究不论是对矿床成矿理论研究还是对铁-铜-金-铀-稀土等具有重要经济价值的矿产勘查，都具有重要的意义。

0.1　研究意义

随着近年来的研究，大红山、迤纳厂和拉拉铜铁矿床及区域其他多金属矿床被发现具有铁氧化物铜金矿床（IOCG）的特征，并受到国内外研究者的广泛关注。尽管本区的研究程度较高，但对于该类矿床的成矿规律、成因模式及是否应该归属于 IOCG 型矿床，仍存在较大争议（Greentree，2007；Zhao et al.，2011；毛景文等，2008；王奖臻等，2012；王美娟等，2008；周家云等，2011）。另外，本区还有一系列矿床被认为是 IOCG 矿床，并形成了我国西南（甚至延伸到越南北部 Sin Quyen）典型的 IOCG 成矿省（带）（Greentree，2007；McLean，2002；Zhao et al.，2011；方维萱等，2009）。例如，东川滥泥坪“稀矿山型”含铜赤铁矿磁铁矿（方维萱等，2009）、滇中迤纳厂铁铜矿（Greentree，2007；Zhao et al.，2011）、岔河铜矿（宋昊等，2012；宋世伟等，2012）等。因此，本书所选择的大红山、迤纳厂和拉拉铜-铁矿床是本区内近年来被广泛关注的 IOCG 型矿床的代表，对该类矿床进行深入研究，对本区矿床及国内外 IOCG 矿床的成矿理论具有重要的意义。

研究区内拉拉、大红山、迤纳厂、岔河等铁铜多金属矿床同位于扬子地块西南缘，将四者作为本区下元古界铜铁多金属矿床中的典型矿床进行研究，是因为四个矿床间存在较多的联系和共性，能够代表区内该类矿床。前人研究认为大红山和岔河是同一成矿系列，且属于其中的“与早元古代富钠质火山-沉积岩有关的变质铁-铜-金成矿系列”（邓明国，2007）；尽管空间上距离较远，大红山和拉拉矿床的相同点较早被部分学者所关注，并被称为大红山—拉拉式富钠细碧角斑岩系（火山杂岩型）铜铁矿床（吴健民等，1998；尹福光等，2007），甚至属于同一火山机构，而由于后期平移断裂的作用而形成今天较远的距离（周名魁等，1988）；而迤纳厂矿床被认为是与大红山和拉拉矿床相同的海相火山岩型矿床，具有赋矿岩层、金属组合、矿物学等诸多相同的特征，特别是近年来迤纳厂矿床含矿层系被厘定为与大红山和拉拉矿床赋矿层位相同时代的下元古界地层（叶现韬等，2013），使得对这些矿床进行对比研究成为必要。因此，拉拉铜矿床、大红山、迤纳厂、岔河铁铜多金属矿床可以作为一类，而且是扬子地块西南缘下元古界铜-铁多金属矿床的典型代表，对该类型矿床进行综合研究，对该区下元古界矿床的成矿规律的系统认识，具有重要意义。综合四者矿床地质特征，认为具有相似的矿床特征，总结前人资料不难发现：①大地构造位置位于扬子地块西南缘，属于传统的康滇地轴；②二者均具有以 Cu-Fe 成矿为主，Au-Ag-Co-Mo-U-REE 等多元素伴生的特征；③矿石矿物以铁氧化物、黄铁矿为主，碱交代蚀变常见，均有钠长石化、赤铁矿化等特征蚀变组合；④矿区含矿地层均以火山成因的浅变质沉积岩为主，且主要都是下元古界铜-铁多金属矿床；⑤矿区内均见有基性-酸性侵入岩分布，基性侵入岩的代表是辉长辉绿岩，酸性侵入岩的代表是花岗斑岩类，且成矿与岩浆岩的关系不明确；⑥矿床周围常有小型矿点共生，如拉拉矿床中除落凼矿区之外存在老虎山、石龙、红泥坡等矿床（点），大红山矿床中除大红山铜矿、大红山铁矿之外存在腰街、河口、曼蚌、嘎洒、竹园等矿床（点）。其实上述的特征基本上是典型的铁氧化铜金（IOCG）矿床所具有的一些特征。因此加强对拉拉、大红山等矿床的理论研究本身就具有重要的经济意义；同时，对其进行研究将会推动我国类似矿床的研究和勘探工作，对矿床成因和资源勘查都具有十分重要的现实意义。

成矿时代和成矿物质来源对于了解矿床的成因具有重要意义。本区前寒武纪矿床主要成矿于元古宙。从整个地球演化史来看，元古宙（2600Ma～570Ma）跨越时间最长，也早已是国际前寒武纪研究的重点，事实上，元古宙是非常重要的成矿期，所形成的矿床资源量占全球矿床资源量的比例很高，如条带状铁矿为 90%、金矿为 73%、铀矿为 57%、锰矿为 68%（沈保丰，2006）、IOCG（主要属前寒武纪）。因此，研究元古宙矿床成矿机理具有重要意义。然而，由于早期测试技术方法和研究思路的限制，本区对铁铜多金属矿床该方面的研究比较薄弱。由于近年来测试方法和仪器的进步，如微量元素、U-Pb 同位素、Re-Os 同位素和稀有气体同位素等方法逐渐成为研究矿床成因，特别是金属矿床成矿物质和流体来源示踪及成矿时代研究的重要手段（Bau et al.，2010；Fulignati et al.，1999；Gu et al.，2007；Gu et al.，2001；Guo et al.，2008；Klein et al.，1997；Parsapoor et al.，2009；Wu et al.，2006；Zhang et al.，2006；Zhong et al.，1995；毕献武等，1998；毛景文等，2002；毛景文等，2002；倪师军等，1998；倪师军等，1999；苏文超，1998；滕彦国等，2000；赵振华等，1990）。本书将主要从这些方面对研究区内拉拉、大红山、迤纳厂、岔河铁铜多金属矿床进行研究，从而为矿床的成因、成矿规律及成因模式研究提供重要依据。

本书将运用现代成矿理论，研究本区拉拉、大红山、迤纳厂、岔河铁铜多金属矿床，研究典型矿床的成矿规律及成因模式，将成矿要素和成矿流体的来源及热液成矿时代作为研究该类型矿床成因的突破口，在此基础上，引入现代流体成矿理论及借鉴典型 IOCG

型矿床的研究理论与方法，研究本区矿床成矿流体和物质来源，研究成矿与重大地质事件的耦合关系，揭示矿床的成矿规律和矿床时空演化，建立矿床的成矿模式。研究成果有利于解决该区矿床成因问题，并对丰富本区矿床的成矿理论及找矿勘查具有科学价值和现实意义。综上所述，本书研究内容既具有明显的社会经济意义，又具有重要的学术意义。

0.2　IOCG 矿床研究现状

0.2.1　IOCG 矿床的概念及研究范畴

铁氧化物铜金矿床（IOCG）是目前全球最新的重要矿床类型（陈华勇，2012），是 1992 年由 Hitzman 等首先提出的（Hitzman et al.，1992；Hitzman，2000），其后系统地总结了世界上部分重要且特殊的一类矿床［如澳大利亚奥林匹克坝（Olympic Dam Deposit）矿床、瑞典基鲁纳（Kiruna）铁矿、加拿大威尔尼克山（Wernecke Mountains）和大熊湖（Great Bear）矿床、美国密苏里东南铁矿区和我国内蒙古白云鄂博矿床等］的地质特征，提出名称为“元古代铁氧化物铜-铀-金-稀土矿床”。后来将此类矿床统一重新命名为铁氧化物铜金矿床（Iron Oxide-Copper-Gold deposits，简称 IOCG 矿床）（Hitzman，2000）。从资源储量来看，IOCG 矿床具有丰富的较高经济价值的 Fe、Cu、Au、U、Ag、REE（如轻稀土元素 La 和 Ce）、Co、Mo 等可综合利用的成份（而 B、Sn、W、Zn 等含量较低），是全球 Cu-Au-U 等多金属的主要来源之一（Hitzman et al.，2005）。从目前研究来看，太古宙至显生宙均有此类矿床，且全球分布范围较广，图 0-1 为目前已报道过的 IOCG 矿床的全球分布。

根据 IOCG 矿床的字面理解，可以看出该类矿床最大的特点应该是铁氧化物-铜-金等多金属元素的组合，该名称不同于传统的矿床成因命名方式，从名称上仅能看出矿物-元素组合特征，前人曾认为该类型矿床范围可以很广，即符合矿物元素组合规律和与已发现的典型 IOCG 矿床有共同之处的矿床均可归入其中；这样致使许多矿床被纳入 IOCG 型矿床中，之后随着研究的深入，发现部分矿床与典型 IOCG 矿床的共同点很少，没有多大类比研究意义，于是一些学者又开始论证这些矿床并不属于 IOCG 矿床，内蒙古的白云鄂博矿床就是这样一个例子。最初提出 IOCG 矿床（Hitzman et al.，1992）时，白云鄂博矿床就位列其中，但近年来国内部分学者开始怀疑并建议将白云鄂博矿床从 IOCG 型矿床中去除。这部分矿床被纳入 IOCG 矿床的另一个后果是致使 IOCG 矿床的厘定标准或特征越来越宽：①原本的元古代成矿时代被修订为成矿时代可以扩展到古—中生代，甚至新生代，即部分学者认为 IOCG 型矿床形成于太古宙至新生代（Groves et al.，2010；Williams et al.，2005）；②成矿的构造背景由最初的张性-裂谷环境（Hauck，1990；Hitzman et al.，1992）扩展到挤压环境或造山环境（Betts et al.，2006；Hitzman，2000），产出于多种构造环境（Groves et al.，2010；Williams et al.，2005）；③一些似乎并不关键的特征被定为厘定标准，如 IOCG 矿石的品位偏低、资源量大于 1Mt 的大型/超大型矿床（Groves et al.，2010；王奖臻等，2012）等。总之，目前关于 IOCG 矿床的厘定尚未形成统一的标准，大部分学者仅通过将某一矿床与典型 IOCG 矿床做简单的对比来厘定是否该归属于 IOCG 型矿床，这

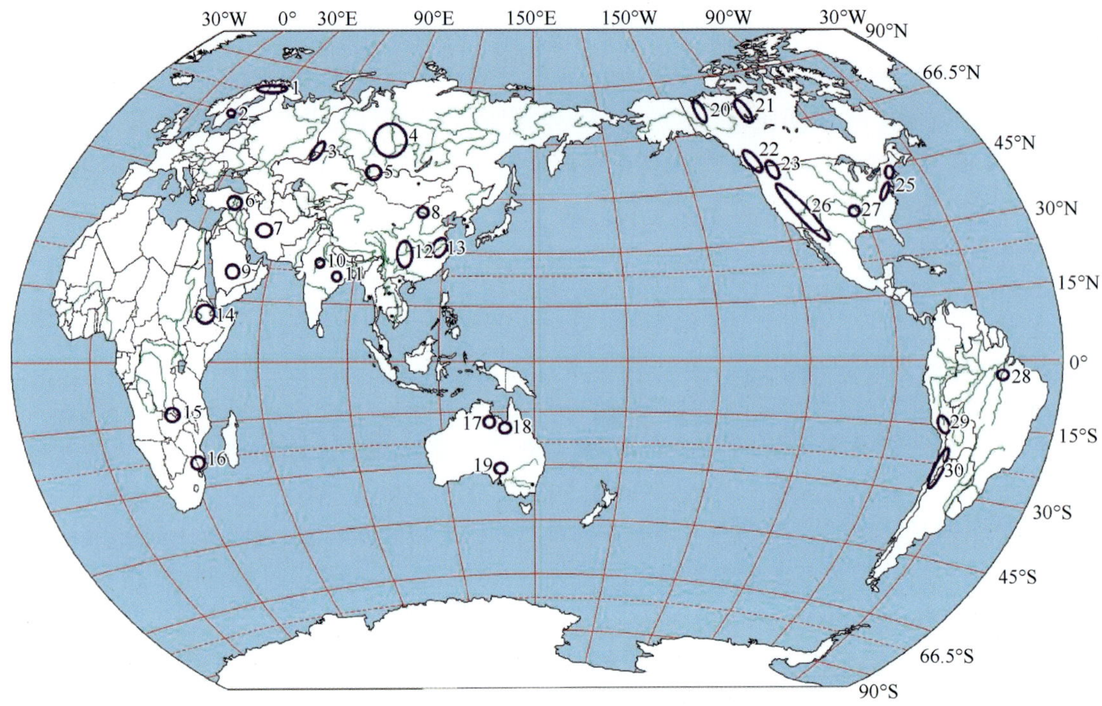

图 0-1　世界范围内 IOCG 矿床分布图

图中各标号代表的矿床有 1.Klruna\Alruna（Fe）；2.Bergslagen（Fe）；3.Magnitogorsk\Turgal（Fe）；4.Siberian Traps（Fe-Cu）；5.Sayan\Gomy Altai（Fe）；6.Anvik District（Fe）；7.Bafq（Fe）；8.白云鄂博 Bayan Obo（Fe-REE-Th）；9.Ay rayn（Fe-Cu）；10.Rajasthan（Cu-Au）；11.Bihar（Fe）；12.本文研究区（Fe-Cu-Au-U-Mo-Co）；13.长江中下游铁铜区（Fe-Cu-Au）；14.Red Sea Hills（Fe）；15.Lanlian Arc（Cu-Au-Co）；16.Bushveld（Fe-F）；17.Tennant Creek（Cu-Au）；18.Cloncurry（Cu-Au）；19.Gawler（Olymplc Dam）/Curnamona（Fe-Cu-Au-U-REE）；20.Wernecke-Ogilve（Cu-Co-Fe）；21.Greal Bear（Fe-Cu-Au）；22.Mz arc/Bell Supergroup；23.Belt Supergroup；24.NE US 与 Canada（Fe-REE-U）；25.Mz rift basins（Fc-Co-Cu-REE-U）；26.Lyonl（Fe-Cu-Au）；27.Mid-Continent（Fe-REE-Cu-Au）；28.Carajas（Cu-Au）；29.Mz Andean Arc（Fe-Cu）；30.Tert.Andean Arc（Cu-Au-Fe）

注：据前人资料汇总（Chen et al.，2013；Corriveau，2006；Fisher et al.，2006；Groves et al.，2010；Hitzman et al.，2005；Hitzman et al.，1992；Hunt et al.，2007；Niiranen et al.，2007）

种方式显然是不够科学、实用性不足的；无限扩大 IOCG 矿床个数、降低厘定标准对 IOCG 型矿床成矿理论的提高和为其他矿床提供找矿勘查建议是不利的。因此，提出一个能够广泛应用的、操作性强的 IOCG 矿床的厘定标准是今后广大矿床学者应该努力的。

0.2.2　国外 IOCG 研究现状

0.2.2.1　IOCG 的特征

该类矿床特征概念及特征主要指铁氧化物（低钛磁铁矿和赤铁矿）含量高（大于 20%，并伴生黄铜矿、斑铜矿，相对贫硫化物特征）的铜-金（或银、铌、稀土元素、铀、铋和钴）矿床（Corriveau，2006；Hitzman，2000；Hitzman et al.，1992；Pollard，2001；Williams et al.，2005），且常见钾-钠蚀变较为强烈，蚀变组合可有绢云母、钾长石及钠长石蚀变等；矿体多与断裂构造关系密切，但与岩浆作用不一定相关。

根据大量被报道的 IOCG 矿床实例，基于前人（Hitzman et al.，1992；Williams et al.，

2005）总结的世界上主要 IOCG 矿床的地质特征，笔者认为以下特点可以作为 IOCG 矿床的厘定标准或概念性特征。①成矿时代元古宙或前寒武纪、虽然目前部分学者认为 IOCG 矿床可以从隐生宙一直到新生代，但总体而言，绝大多数代表性 IOCG 矿床成矿时代为前寒武纪。相关研究者认为如果排除寒武纪以来的 IOCG 矿床，将更利于对 IOCG 成矿理论的研究和总结（Groves et al.，2007）。②元素及（蚀变）矿物组合的特征，有用金属以 Cu 或者 Cu-Au 为主，成矿元素组合可以是 Fe-Cu-Au-REE-U-Co-Th，在非硫化物蚀变带可以含 Mn-Bi-P-LREE-F-K 或 Na-Ca-Ba，常缺乏 Nb 和 Zr（李友枝等，2007）；铁矿物主要为氧化铁、磁铁矿和赤铁矿，铁氧化物含量大于 20%且磁铁矿为低钛含量（Corriveau，2006），TiO_2 含量小于 2%（Hunt et al.，2007）。矿床属热液矿床，有大范围的 Na-K 蚀变，部分具有大范围的碱交代；围岩蚀变表现为大规模的热液交代特征，并具有一定的随温度（T）、深度（H）的变化而引起的空间变化趋势（Pollard，2001），也受到赋存围岩的类型及流体组成的影响（Hitzman et al.，1992）。③与岩浆关系不明确：与火成岩关系不明确（与斑岩矿床和矽卡岩矿床相比），这就排除了斑岩型、矽卡岩型 Cu–Fe–Au–W–Mo 矿床。部分 IOCG 与花岗岩类岩基具有时空联系。④赋矿主岩成分多样：矿床的赋矿围岩组成多样，既有沉积岩类（包括碳酸盐岩、硅质岩、蒸发岩、铁岩等，如 Wernecke Mountains），也有岩浆岩（岩浆岩的成分从镁铁质到长英质，如 *Olympic Dam*、Lightning Creek 和 Candelaria 等），还有变质岩类［变质岩通常遭受变质，变质级别从绿片岩相到麻粒岩相（Hitzman，2000），如本研究区］。同时，也有学者认为，赋存围岩的多样性可能指示了其类型及成分对于 IOCG 矿床可能并没有明显的限制条件。IOCG 矿床与 A 型非造山侵入体或岩浆活动有关。全球大部分的 IOCG 与“地幔柱、非造山碱性或 A 型等”岩浆活动有关（Pirajno，2009），岩浆是由地幔柱和俯冲交代作用后的 SCLM（subcontinental lithospheric mante）部分熔融有关（Pirajno，2009），碱性岩浆与 SCLM 中部分熔融有关，其在地幔柱的作用下富集 K、Th、Au、REE 等不相容元素（Groves et al.，2005），这明显对于 IOCG 成矿是有利的。

至于其他的特征，如成矿的构造环境，部分学者主张为张性-裂谷环境，但最近不少学者认为构造环境也可以是挤压的逆冲构造甚至造山背景（Direen et al.，2007；Hand et al.，2007），因此构造环境作为厘定依据的意义相对很低。另外，由于澳大利亚奥林匹克坝 Cu-U-Au 矿床的规模和储量巨大，对矿床学界的影响深远，且是 IOCG 矿床中几乎最“元老级”的矿床之一，以至于许多地质工作者仍将 IOCG 矿床等同于奥林匹克坝型矿床。如今的 IOCG 矿床已明显不同于奥林匹克坝型矿床：矿物组合上看，如今许多被归入 IOCG 矿床中，并没有 IOCG 矿床最早、最具有代表意义的南澳大利亚奥林匹克坝 Cu-U-Au 矿床中的角砾岩控矿-赤铁矿为主的贫硫特征，部分研究者在弱化贫硫特征的同时，将对其他 IOCG 矿床的研究重点放在磁铁矿（黄铁矿）-赤铁矿的交代比例上，并将此作为找矿勘查手段选择的重要依据之一（如澳大利亚南澳 Hillside 铜-金矿床，Steven Olsen，2012 个人通讯）；另外许多 IOCG 矿床并没有矿物组合以赤铁矿为主的贫硫特征，许多研究者并没有将此作为厘定矿床是否为 IOCG 矿床时的依据和条件，有的甚至只字未提。

与大多数其他矿床类型相比，IOCG 矿床的定义比较宽泛而且饱受争议，关于 IOCG 矿床的争议似乎从它诞生起就存在了，学术界对 IOCG 矿床目前仍存在较大争议，如矿床类型定义比较宽泛及矿床系列不明确，地质构造背景和流体来源与其他类型矿床有许多重叠，已有的成矿模式多样且饱受争议等，一直是矿床学界的热点；20 世纪 90 年初期对奥林匹克坝矿床的系列研究更引起 IOCG 矿床在全球的关注，IOCG 也成为所有已知矿床类型中争论最为激烈的类型，其中最大的难点和热点是其成矿流体的来源问题（陈华勇，2012）。国际上亦有不少学者对这种乱象忧心忡忡，“obscure”（模糊的）、“contentious”（有异议的）、“controversial”（有争议的）、“too-embracing”（范围太宽的）、“too diverse”（太多样的）、“misclassified”（被错误分类的）、“ill-defined”（不明确的）等词语出现在论文版面。由于现今的 IOCG 矿床模式不成熟，许多已有类型归属的矿床被误归入 IOCG 矿床（Chen，2011；Corriveau，2006；Groves et al.，2010；Williams et al.，2005）。可能正是因为这种争议，2012 年在澳大利亚 Brisbane 市召开的第 34 届国际地质大会（IGC）专门设立了 IOCG 矿床的分会场：The Unhappy Family（不和谐的一类矿床）。

对此许多研究者认为，由于其系统的复杂性和命名原则本身的难界定性导致争议的存在（常兆山和陈华勇，个人通信），因为其本身是按照矿物和元素组合而命名的，而不是以成因和赋矿围岩命名的。有的学者（Williams et al.，2005）认为造成争议的原因之一是没有明确区分不同规模的蚀变类型；也有研究者（Groves et al.，2010）曾建议将 IOCG 矿床概念严格限定在狭义的 Olympic Dam 型和 Cloncurry 型之内。这些争议和质疑影响到与 IOCG 矿床有关的定义界定、理论、类型划分、矿床成因等诸多方面（陈华勇，2012），与此有关的研究程度的深入、公认概念和矿床类型的统一将有利于 IOCG 矿床的研究和发展。

0.2.2.2　IOCG 的类型

IOCG 矿床的典型代表是目前全球最大的综合型金属矿床——澳大利亚奥林匹克坝铀-铜-金矿床，国内部分研究者甚至误以为“IOCG≠奥林匹克坝型”。由前述的矿床分布来看，目前可归于 IOCG 的矿床数量已较多，其中大部分矿床在许多矿床特征及成因方面与奥林匹克坝矿床并无可比性。根据与矿床有关侵入岩的类型可以划分为 4 大类，即奥林匹克坝型、克朗克利型、帕拉博鲁瓦型和白云鄂博型。

表 0-1　IOCG 矿床的分类

流体来源	岩浆成因	非岩浆成因		混合成因
		地表/盆地流体	变质流体	
构造背景	产生特征性岩浆（氧化的高钾或碱性岩浆）的弧或拉伸环境	具有适当卤水源（干旱环境或较老的富 Cl 物质）、倾伏系统和热驱动源的地区，见有流体运移通道和热源	富氯的低到中级变质岩；挤压构造环境（例如盆地塌陷）或近变质岩带	介于三者过渡之间
成矿环境	浅到中地壳水平；通常沿区域构造发育但产在成矿侵入体附近	产位于上地壳脆性破碎带内；区域性或火山构造为成矿流体提供了有利通道	靠近或者位于主要构造带内或旁侧；地处地壳浅部到中等深度	介于三者过渡之间
火成岩组合	氧化程度较高的富钾火成岩套，闪长岩到花岗岩；部分矿床与火成碳酸岩有关	各种火成岩（辉长岩到花岗岩），部分矿区未见火成岩；大多数情况下为成矿作用提供热源；多元化成矿物质来源	尚未找到与火成岩有关的地质证据；可能为部分矿床形成作用提供了热源和物质来源	介于三者过渡之间

续表

流体来源	岩浆成因	非岩浆成因		混合成因
		地表/盆地流体	变质流体	
与岩浆岩关系	关系密切，成分从闪长岩到花岗岩的高钾氧化岩套；尤其是与中性-酸性的钙碱性-碱性（±碳酸岩）岩浆岩	关系不明确。多样的火成岩（辉长岩到花岗岩）；已知存在无岩浆活动的实例；在大多数情况下为关键热源	虽然通常存在联系，但这种联系并非必不可少；在某些环境中可能为热源，可以是物质来源。关系不明确	有一定关系，可见斑岩型矿化，但与斑岩无明确关系
热液蚀变	与岩浆活动有关的钠（钙）质和其他类型（钾和水化）热液蚀变；与铜-金矿化没有直接关系的区域钠（钙）质热液蚀变	浅部带中存在钾（I 型）化、水化或钠（钙）质热液蚀变；补充带中存在钠（钙）质或钾（II 型）化热液蚀变	钾化和水化热液蚀变与成矿作用有关；区域性钠（钙）质热液蚀变分布广泛	介于三者过渡之间
物源	岩浆	岩浆或地层	岩浆或地层	岩浆和（或）地层
流体	岩浆水	地表/盆地水	变质水	混合来源
金属元素组合	Cu-Au，磁铁矿通常 5%～15%	Cu-Au-Co±U，铁氧化物大于 15%	铁氧化物大于 15%	铁氧化物大于 15%
与铁矿体的关系	与铜-金矿体伴生的铁氧化物集合体是深源高温流体的产物；不含铜-金的铁氧化物可能是另外种成矿流体早期活动的结果	富磁铁矿的铜-金矿化带早期高温流体活动的产物；不含铜-金的铁氧化物反映成矿流体中硫含量不足	铁氧化物在黑云母和绿泥石蚀变带内较为少见，其形成作用与镁铁矿物分解活动有关而不是由铁的代入形成的	介于三者过渡之间
成矿作用	受上升浮力影响，岩浆释放出贫硫的含矿流体；受浮力而上升；冷却效应、水-岩反应和流体混合导致成矿物质沉淀	非岩浆体对流循环，并且形成含矿流体；冷却效应、水-岩反应和流体混合导致成矿物质沉淀	受上升浮力影响，脱挥发分作用产生变质流体；冷却、围岩反应±流体混合物提供圈闭机制	介于三者过渡之间

注：引自 Corriveau，2006；Williams et al.，2005；毛景文等，2008；聂凤军等，2008。

前人研究提出过该类矿床可以产出于多种不同大地构造背景：①（与非造山岩浆有关的）陆块内部环境；②（与中性岩浆有关的较年轻的）大陆边缘弧环境；③褶皱和推覆体（带）中；④挤压的逆冲构造或陆内造山环境中（Betts et al.，2006；Direen et al.，2007；Hand et al.，2007；Hitzman，2000）。有关 IOCG 矿床的地质构造背景的研究目前还没有得到统一认识。

IOCG 矿床具有多种不同的分类方案：例如，以磁铁矿为主的 IOCG 矿床（magnetite-dominated IOCG deposit）和赤铁矿为主的 IOCG 矿床（hematite-dominated IOCG）（Hitzman，2000；Hitzman et al.，1992），这两种类型矿床可能涉及两种完全互不相关的热液过程（unrelated hydrothemial process）（Hitzman，2000）。根据前人研究，主要分类有（Williams，2009）：①铁氧化物矿床，缺乏铜、金和多金属矿化，但其存在于 IOCG 矿床省内，包括含磷灰石的铁矿（apatite-bearing iron ores，即“IOA” deposit）；②铁氧化物型铜金矿床及其相关的矿床，包括不同的铁氧化物富集的多金属矿床和铀矿床（iron-oxide rich polymetallic and uranium deposits）；③与岩浆岩有关的铁氧化物±铜矿床（igneous related iron oxide±copper deposits）（Williams，2009）。另外按照流体来源，前人将 IOCG 矿床划分为岩浆成因和非岩浆成因，其中非岩浆成因可以分为地表/盆地流体和变质流体（毛景文等，2008；聂凤军等，2008），并认为铁氧化物和铁硫化物类型的矿化在时间上与不同成矿阶段是重合的，而不能成矿阶段可能跨越 100Ma～10Ma，目前被引用较多的是依据流体来源划分的岩浆成因、非岩浆成因、混合成因（表 0-1），其中非岩浆成因又划分为地表/盆地流体和变质流体等两类；部分学者认为大型-超大型矿床的形成往往是多种成因流体组分的共同作用（Pirajno，2009；Williams，2009），属于混合成因。

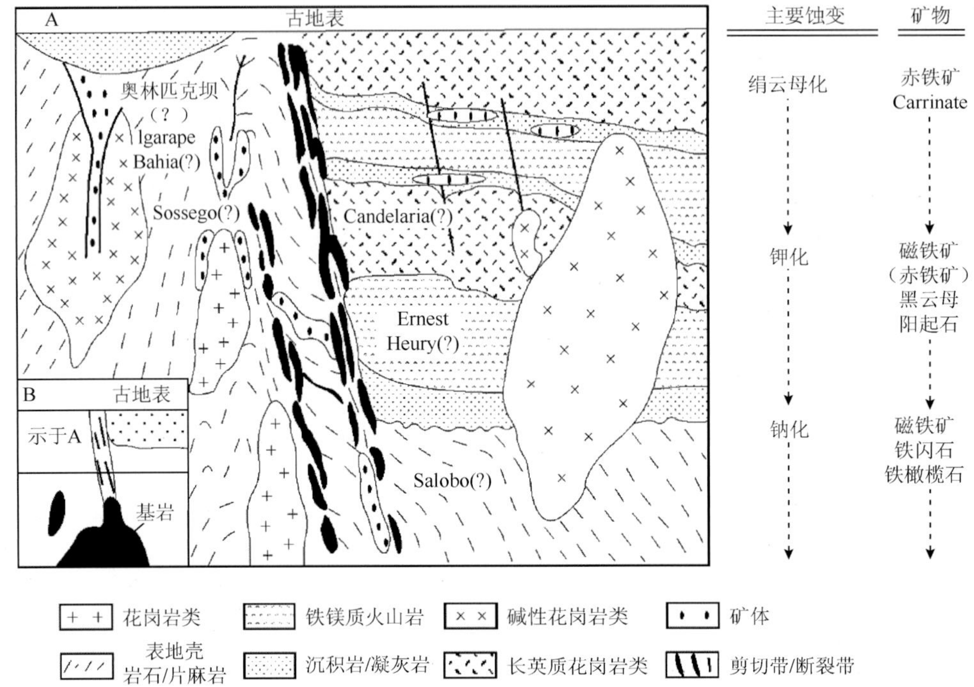

图 0-2　世界级铁氧化物型铜-金矿床的深度-空间组合及蚀变矿物学综合图（Kerrich et al.，2001）

注：A. 剖面图；B. 横剖面上地壳尺度断层和矿体出露区之下碱性岩浆体之间的关系

0.2.2.3　形成的时空演化

IOCG 矿床的空间上存在一定的分布规律。前人研究表明许多 IOCG 矿床随深度不同，蚀变矿物发生显著变化。随深度增加，总体趋势是由以赤铁矿为主（奥林匹克坝）到以磁铁矿为主（Ernest Henry 矿床和卡拉加斯地区的矿床）；相应的富铁矿物具有“碳酸盐→阳起石→铁闪石和铁镁橄榄石”（Kerrich et al.，2001）的变化规律（图 0-2）。同时，随深度变化还出现硅酸盐矿物的规律改变：绢云母→钾长石→钠钙长石（Hitzman et al.，1992）。在地壳的较浅层次，石英含量可能较高。

在形成时间上，也具有明显的规律。对于前寒武纪的矿床而言，IOCG 矿床一般形成于超大陆拼合完成后的大约 200Ma～100Ma。统计资料表明，IOCG 矿床的形成晚于第一个超级大陆 Kenorland 的形成，且最大的矿床位于第一个拉张型超级大陆 Columbia 内（如奥林匹克坝矿床）。通过对成矿年龄的研究发现，成矿时间多与克拉通内部（主要与地幔上涌相关）的成矿吻合（Hand et al.，2007）。另外，根据资源量和时间序列，前人建立了代表性 IOCG 矿床与超大陆关系图（图 0-3），指示矿床的形成和地质史上超大陆的拼合与裂解具有密切时间联系（Groves et al.，2010）。

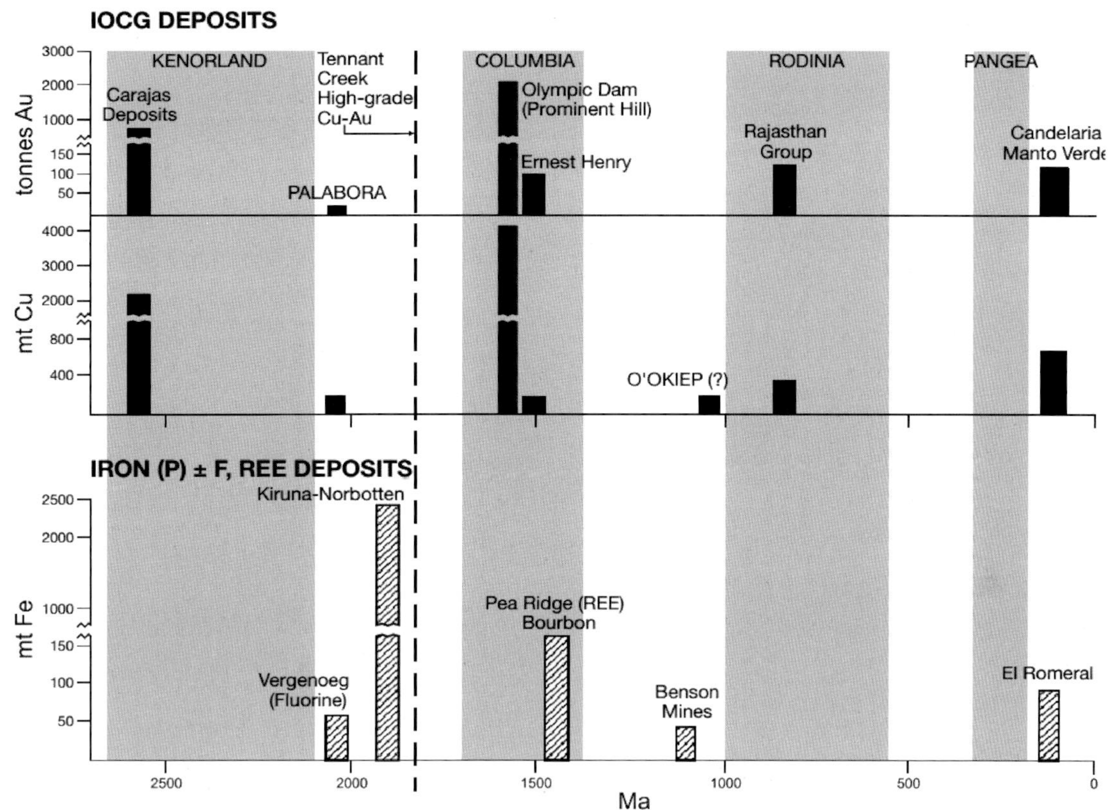

图 0-3 代表性 IOCG 矿床与超大陆时间关系图（Groves et al.，2010）

0.2.2.4 IOCG 矿床的成矿作用研究进展

从 IOCG 矿床提出至今的 20 余年中，不同学者已做过有关 IOCG 矿床的成矿环境、成矿时代及成矿物质来源等较多研究。在矿床产出位置上，产出于多种构造环境（Groves et al.，2010；Williams，2009），多数认为 IOCG 矿床一般就位于岩石圈边缘，如奥林匹克坝矿床被认为是挤压环境或者说其形成与造山过程有关（Direen et al.，2007；Hand et al.，2007），部分学者（Kerrich et al.，2005）认为 IOCG 矿床可以位于岩石圈拉张部位，也有形成于陆内造山环境，与元古代次大陆岩石圈地幔（SCLM）的部分熔融有关，如 Cloncurry 地区的 IOCG 矿床（Betts et al.，2006）；前人总结了前寒武纪克拉通和岛弧环境部分 IOCG 矿床构造及岩石圈背景（图 0-4），图中也显示了浅成低温热液型、铜镍硫化物等其他矿床类型的地质背景。

对于成矿金属来源，由于研究方法和手段的限制，目前讨论较少。尽管很多研究者认为 IOCG 成矿与斑岩及矽卡岩矿床类似，均属于岩浆热液直接成矿产物，也有很多学者认识到外部流体对 IOCG 成矿系统有至关重要的作用，甚至是提供矿物质及硫的主要来源（陈华勇，2012）。目前主要观点包括岩浆流体成矿（Hitzman et al.，1992；Pollard，2001）与受岩体加热的盆地流体成矿（Barton et al.，1996；Barton et al.，2000；Hitzman，2000）。尽管存在争议，研究者均承认岩体的存在与成矿有着密切的关系，只是贡献的程度和方式

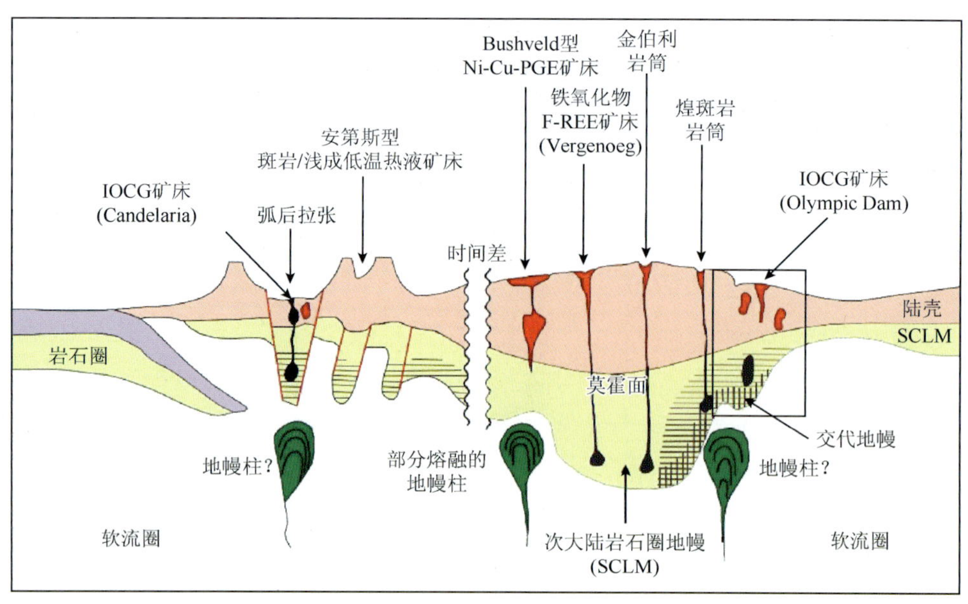

图 0-4　前寒武纪克拉通和岛弧环境部分 IOCG 矿床构造和岩石圈背景示意图（Groves et al.，2010）

不同（张德贤，2011）。也有研究认为可能存在两种流体混合而成矿的作用（Oliver et al.，2009；Skirrow et al.，2006）。前人曾以 Nd 同位素为研究手段对 Olympic Dam 矿床的成矿金属来源进行了示踪研究，认为成矿物质来源为“下地壳或上地幔”的深部（Johnson et al.，1995）；有学者（Gleason et al.，2000）曾以同样的示踪方法对成矿物质来源进行示踪研究，提出 St. Francois 山 IOCG 矿床中稀土等成矿物质主要源于与成矿基本相同时代的围岩火山岩。

许多研究者认为 IOCG 矿床与岩浆活动在时空分布上有联系（Hitzman，2000；Hitzman et al.，1992；Hitzman et al.，2005；Sillitoe，2003），并认为 IOCG 型矿床既与基性-中性岩浆岩（从岩性上来看，辉长岩、闪长岩、花岗闪长岩）有关，也与中性-酸性高温含水的岩浆岩（花岗岩，如磁铁矿系列花岗岩类或 I 型花岗岩）有关（Barton et al.，1996；Sillitoe，2003），如 Olympic Dam 矿床被认为与 Hiltaba 花岗岩套几乎同时形成（Groves et al.，2010），前人（Pollard，2006）总结提出与 IOCG 矿化有关的岩体可能侵位深度为 2～15km，但较少有与 A 型花岗岩有关的 IOCG 型矿床的报道，另外，注意到在花岗岩组合中同时具有的镁铁质岩和超镁铁质岩，部分还可能与铜镍硫化物矿床有关（Pollard，2001）。通过研究 Re-Os 同位素可以进行 IOCG 矿床的金属来源的示踪和进行有关矿床的成矿时代限定（Mathur et al.，2002），例如前人对 Candelaria（智利）矿床的研究表明矿床成矿金属起源于深成花岗岩体，而其临近的小型磁铁矿-磷灰石矿床表现出较为明显的壳源 Os 同位素特征，因此认为成矿物源具有壳-幔混合的成分特征；在我国长江中下游成矿带庐枞盆地中新发现的在矿物组合上类似于玢岩型铁矿和 IOCG 型矿床的磁铁矿-磷灰石-阳起石矿床，如马口铁矿床，成矿与 A 型花岗岩关系密切（周涛发等，2012），具有显著特色，可以作为与 A 型花岗岩有关的 IOCG 型矿床的代表。

部分学者认为中基性的岩浆活动（超基性-基性地幔分异岩浆引入镍和钴及其他的地幔金属，如铀和锌）可能是一些 IOCG 矿床中富 Cu-Au-Mo-Co-U-Ni-As 等元素组合的原因，深源挥发分的出溶形成以硅酸盐岩石为主的，富含铁氧化物、铜、金、铀以及其他元素的大型 IOCG 矿床（Hitzman et al.，2005；Sillitoe，2003），从元素组合上看，铁氧化物（磁铁矿和赤铁矿通常为 15%～35%，有时可超过 40%）阶段先于铜金形成，铀矿化通常出现有富铜的矿化带内，常以氧化铀和钛铀矿出现，并常与 Cu-Fe 硫化物矿物密切相关（Hitzman et al.，2005），此外有时还含 Ag、Ba、Bi、Co、F、Mo、P、Se、Te、REE 等其他元素（Niiranen et al.，2007）。对智利 Candeleria-Punta del Cobre 地区 IOCG 矿床的 Pb 同位素进行系统研究表明，矿石 Pb 最终来源于上地壳和地幔的混合（Marschik et al.，2006）；前人利用 Nd 同位素组成对澳大利亚 Gawler 克拉通 IOCG 系统的无矿和弱矿化区金属来源示踪，表明这些地区无矿和弱矿化 IOCG 系统的 REE-Cu 主要来自地壳（Skirrow et al.，2006）；有学者对奥林匹克坝地区和 Cloncurry 地区流体包裹体的 PIXE 分析表明（Baker et al.，2008），大型-超大型 IOCG 矿床的铜主要来自幔源岩浆流体（图 0-5），无矿或次经济 IOCG 系统的铜主要来自盆地水或者结晶基底。陈华勇通过对南美安第斯（Andes）IOCG 矿床和对全球主要 IOCG 矿床的综合对比研究，认为 IOCG 成矿系统中“铁氧化物”可能仅是早期产物或作为还原体，而“外部硫源”作为铜金等多金属矿化的条件，则对 IOCG 成矿起到决定性作用，提出 IOCG 矿床的成矿作用经历了“岩浆—岩浆热液—外部流体”等三个体系（图 0-6），并认为这是导致 IOCG 成矿复杂性的根本原因（Chen et al.，2010；Chen et al.，2013；Chen et al.，2010；Chen et al.，2011）。

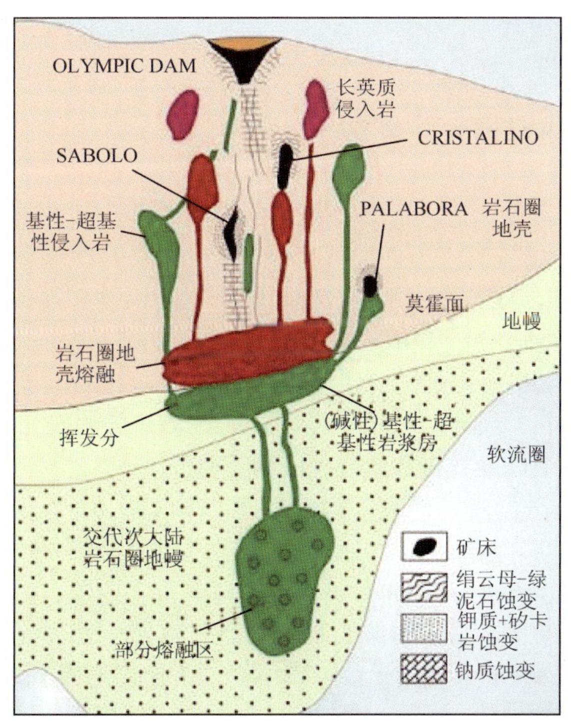

图 0-5 IOCG 矿床岩浆关系示意图（Hart et al.，2004）

综上所述，IOCG 矿床的概念本身是一个松散的定义（Hunt et al.，2007），并没有严格的成因意义。因此，根据前人的研究，IOCG 矿床的成因和来源特征可分为岩浆（Pollard，

2006)、非岩浆(Barton et al.，2000)和混合组成等几种截然不同的成矿物质和成矿流体来源，相应的对于某一具体的矿床而言，既可能是单一流体形成，也可能是几种流体混合作用，其中混合成因是目前世界大型 IOCG 矿床的研究中较为常见的(Williams et al.，2005)，并造成矿床岩浆成分的相对复杂性(Hart et al.，2004)。

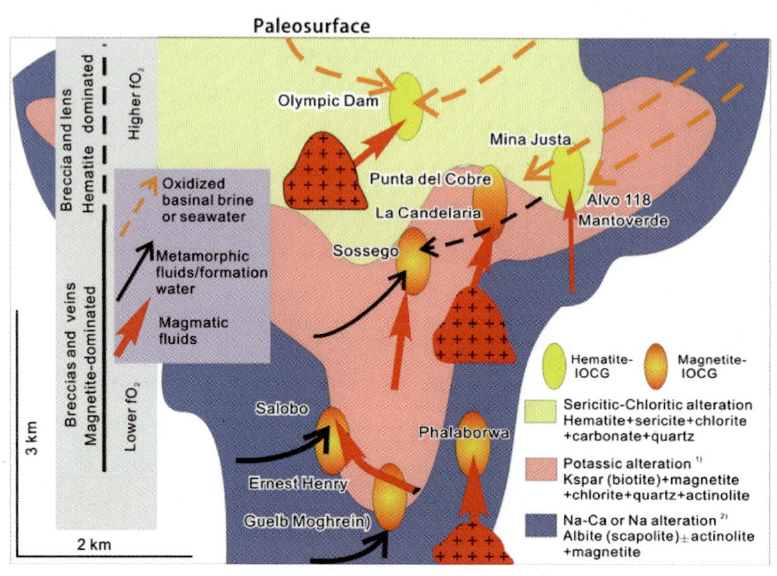

图 0-6　IOCG 矿床成矿模式示意图(Chen et al.，2013)

0.2.3　中国 IOCG 研究现状及意义

因其巨大的经济和理论价值，IOCG 在过去二十年成为矿床学研究和勘查的又一个新热点(毛景文等，2008)，并在许多方面取得重要进展(如成矿背景及环境、矿体矿石及围岩蚀变、时空分布、岩浆岩与成矿的关系、矿床成因、模式以及找矿勘查等)(Chen et al.，2012；Edfelt et al.，2005；Groves et al.，2010；Hitzman et al.，2005；Pollard，2001；Sandrin et al.，2009；Skirrow et al.，2006；方维萱等，2009；毛景文等，2008；聂凤军等，2008；应立娟等，2008；朱志敏，2011)。总之，国际上有关 IOCG 型矿床的研究正如火如荼地进行，而国内学者对于 IOCG 型矿床的重视和研究程度明显偏低。

近年来通过国内部分学者的研究，国内部分矿床(图 0-7)，如乔夏哈拉铁铜金矿床(新疆)(应立娟等，2008)、哈达门沟金矿(内蒙古)(李强之等，1999；王美娟等，2008)、雅满苏铁矿(新疆)(聂凤军等，2008)、白云鄂博矿床(内蒙古)(毛景文等，2008；张静等，2001)、长江中下游部分铁铜(磷灰石)矿床(宁芜和庐枞盆地内)(Corriveau，2006；毛景文等，2008)、石碌铁矿(海南)(许德如等，2008)、东准噶尔盆地东北缘老山口矿化集中区(路彦明等，2008)、中条山铜矿峪矿床(山西)(周雄，2007)等，被初步定为 IOCG 矿床或认为与 IOCG 矿床具有类似的特征。其中本书研究区中有四川省拉拉铜铁钼矿床(Greentree，2007；Zhao et al.，2011；李泽琴等，2002；王奖臻等，2012；周家云等，2009；周家云等，2011；朱志敏等，2009；朱志敏，2011；朱志敏等，2009)和云南省大红山铁铜矿床（方维萱等，2009；聂凤军等，2008）被认为属于IOCG矿床，东川滥泥坪“稀矿山型”含铜赤铁矿磁铁矿（方维萱等，2009）、鹅头厂（聂凤军等，2008）、滇中迤纳厂铁矿（侯林等，2013）和会理白云山铜矿也被认为具备IOCG矿床的特征（朱志敏，2011）。这表明我国在矿床勘探过程中也越来越重视对IOCG矿床的研究，因此，在我国寻找大型铁氧化物铜金型（IOCG）矿床是有可能的。

图0-7　中国的（类）IOCG矿床分布

图中IOCG矿床及矿集区分别为：①新疆乔夏哈拉铁铜金矿床（应立娟等，2008）、东准噶尔盆地东北缘老山口矿化集中区等（路彦明等，2008）、内蒙古哈达门沟金矿（李强之等，1999；王美娟等，2008）；②雅满苏铁矿（聂凤军等，2008）；③白云鄂博矿床（Hitzman et al.，1992；毛景文等，2008；张静等，2001）；④中条山铜矿峪矿床（周雄，2007）；⑤长江中下游宁芜和庐枞盆地内的铁氧化物-磷灰石矿床（Corriveau，2006；毛景文等，2008）；⑥海南石碌铁矿床（许德如等，2008）；⑦扬子地台西缘铜铁金铀多金属矿床（Greentree，2007；Zhao et al.，2011；李泽琴等，2002；王奖臻等，2012；周家云等，2009；周家云等，2011；朱志敏等，2009；朱志敏，2011；朱志敏等，2009；侯林等，2013）。

综上所述，我国IOCG理论研究刚起步，与国际相比存在一定的差距，但前景可观，主要集中于长江中下游（Williams et al.，2005；毛景文等，2008），本研究区（Greentree，2007；Zhao et al.，2011；聂凤军等，2008；宋昊等，2012），海南石碌（许德如等，2008），新疆雅满苏、天湖、老山口和乔夏哈拉（应立娟等，2008），但以本研究区和新疆最为集中，矿产地多，种类丰富，研究程度相对较高。研究本区

IOCG 矿床不仅对该地区铜铁金铀找矿勘查具有重要意义，同时对 IOCG 矿床成矿理论的完善与提高具有一定推动作用。因此，借鉴国际上有关 IOCG 型矿床的研究成果，重视研究本区典型 IOCG 型矿床的成矿规律和地质地球化学特征，加强本区铁氧化铜多金属矿床（点）与 IOCG 型矿床对比研究，确定研究区内典型 IOCG 型矿床的勘查模型，将对开展同类型矿床的勘查模型研究，和对本区 Cu-Fe-Au-U-REE 等对国民经济至关重要的多金属矿的找矿勘查具有重要意义，对国内其他地区 IOCG 型矿床的研究和勘查均具有积极推动作用。

0.3　矿床地质研究现状

研究区属于传统的扬子西南缘“康滇地轴”铜矿带，是我国著名铜多金属矿床集中区和铜产区之一，分布着早元古代拉拉—大红山式火山岩型、中元古代东川—易门式白云岩型、晚元古代滥泥坪式砂砾岩—白云岩型和中生代大姚—牟定式砂岩型铜矿床，特别是以中元古界钠质火山-变质作用有关的铜多金属矿规模大，成矿潜力好，典型矿床包括分布于大红山地区的海相火山岩型铁-铜矿床、拉拉海相火山岩型铜-铁矿床等，分别称为大红山式和拉拉式。

大红山群—河口群是本区出露的古元古界地层，曾被认为是扬子克拉通在克拉通化之后形成的最古老地层（Greentree，2007；Qiu et al.，2000；Zhang et al.，2006）。在出露相对较小的面积内，产出有大量重要的铁铜多金属矿床，其中拉拉铜矿床、大红山铜铁矿床、岔河铜矿床等是其中规模大、研究程度较高、最具代表性的矿床。

关于地层的时代，大红山群—河口群较早被厘定为古元古界地层，基本没有争议。而迤纳厂矿床的主要赋存层位为迤纳厂组，虽然曾被认为属于较新的中元古界地层下昆阳群（东川群），但根据前述，大红山群、河口群和迤纳厂组等是同时期在本区内形成的地层单元（叶现韬等，2013），特别是成矿年龄的测试结果（1617±100）Ma（杨耀民等，2005）、（1690±99）Ma（叶现韬等，2013），表明成矿时代为早元古代，赋矿的迤纳厂组也是古元古界地层。实际上根据最新的研究，曾经被确定为较新或存在较大争议的地层单元被重新厘定为早元古代：大红山群沉积始于～1711Ma，其沉积时代为 1711Ma～1659Ma（杨红等，2012），河口群的形成时代也被限定为古元古代晚期 1817Ma～1710Ma（关俊雷等，2011），东川群的沉积年龄被认为同样属于古元古代晚期 1740Ma～1690Ma（Zhao et al.，2011）。因此，无论大红山群和河口群、还是东川群，基本均属于早元古代基本同时期的地层，共同证实了扬子地块西缘古老结晶基底的存在（杨红等，2012）。

前人对该区铜铁多金属矿床系统的研究主要有：较早期的冉崇英等对本区矿床矿床层楼结构机理与地球化学标志进行了研究，并出版专著《康滇地轴铜矿床地球化学与矿床层楼结构机理》（冉崇英等，1993）；周名魁等通过对区域地质构造特征及地史演化的研究，著有《西昌—滇中地区地质构造特征及地史演化》（周名魁等，1988）；王汝植等通过对沉积盖层及其地史演化的研究，著有《西昌—滇中地区沉积盖层及其地史演化》（王汝植等，1988）；陈好寿等通过对拉拉、大红山等铜铁矿床稳定同位素地球化学研究，著有《康滇地轴铜矿床同位素地球化学》(陈好寿等，1992)；丛柏林通过对区域内攀西裂谷的形成与演化研究，著有《攀西裂谷的形成与演化》(丛柏林，1989)；耿元生等通过对本区变质基底演化的研究，著有《扬子地台西缘变质基底演化》(耿元生等，2008)；李复汉通过对本区前震旦系的系统总结和梳理，著有《康滇地区的前震旦系》(李复汉等，1988)；吴健民等通过对本区铜矿床地质的研究，对前震旦系铜铁多金属矿床的系统总结，著有《扬子地块西缘铜矿床地质》(吴健民等，1998)；吴懋德等通过对云南昆阳群的研究和总结，著有《云南昆阳群地质》(吴懋德等，1990)；杨时惠等通过对本区以磁铁矿为主的铁铜矿床地质特征及矿床成因的研究，著有《西昌—滇中地区磁铁矿特征及其矿床成因》(杨时惠等，1987)；尹福光等通过对区域构造演化及矿床特征的总结研究，著有《扬子陆块西缘构造演化及其资源效应》(尹福光等，2007)；沈苏等对区域主要矿产进行成矿规律研究，并指出找矿方向，著有《西昌—滇中地区主要矿产成矿规律及找矿方向》(沈苏等，1988)；李巨初等对本区元古宙铁铜铀金多金属矿床进行了成矿条件研究，并对主要铀矿化类型及其成矿远景进行了探讨(李巨初等，1994；李巨初等，1996)；杨应选对本区前寒武系层控铜矿进行研究，著有《西昌—滇中前寒武系层控铜矿》(杨应选等，1988)；薛步高等对昆阳群中矿床进行了论述，著有《昆阳群·矿床地质论文集》(薛步高，1995)，熊兴武等通过对云南地区昆阳群因民组地层学及沉积古地理方面的研究，著有《滇中昆阳群因民组地层学与沉积古地理》(熊兴武等，1995)。

矿床成因研究方面：前人对拉拉矿床流体包裹体(申屠保涌，1997；沈苏等，1988；孙燕等，1990)、C-H-O-S 同位素(陈好寿等，1992；申屠保涌，1997；孙燕等，2006；余祖成等，1988)的研究表明，成矿的硫来自上地幔，并认为可能存在晚期的少量海水硫混入(沈苏等，1988；杨应选等，1988)；成矿流体属于变质水、岩浆水混合，可能存在一定天水。

Greentree 在博士论文《Tectonstratigraphic Analysis of the Proterozoic Kangdian Iron Oxide-Copper Province，Southwest China》(Greentree，2007；Li et al.，2002)中通过对地质学、岩浆岩岩石学、矿床特征的系统总结和研究，首次从 IOCG 角度对拉拉、大红山等矿床进行了较深入系统的研究，首次提出康滇“氧化铁-铜(iron oxide-copper)”成矿省的概念，并认为该成矿带包括越南北部的 Sin Quyen 及本研究区内的许多铁铜矿。近年来，我国学者周美夫、赵新福等对本区内 IOCG 矿床特征和成因进行了进一步梳理和研究，正式提出本区是 IOCG 成矿省的概念，并对拉拉、大红山、东川、狮子山、迤纳厂等进行了较为深入的矿床成因研究工作(Chen et al.，2012；Zhao，2010；Zhao et al.，2011；Zhu，2013；侯林，2013；朱志敏等，2009；朱志敏，2011)。其他方面，方维萱等在云南东川滥泥坪铜矿白锡腊铁铜矿段深部找矿预测中，开展了矿山深部工程岩相学填图技术研发与试验，认为属于新类型的铁(钛)氧化物铜金型(IOCG)矿床，而明显不同于传统的以奥林匹克坝为首的低钛系列为特征的 IOCG 矿床，通过本区火山岩-侵入岩-沉积岩相组合研究了相应的大陆动力学背景，认为本区的构造-古地理单元特征属于“元古代大陆裂谷盆地+新元古代地幔柱构造”；钛矿(化)体位于铁氧化物铜金型(IOCG)矿体两侧，主要由钛磁铁矿-钛铁矿微相和金红石-钛铁矿微相构成，钛赤铁矿和钛磁铁矿微相属于钛矿化蚀变系统(方维萱等，2009；方维萱等，2012)。

该区内早元古代铜铁矿床具有高含量低钛磁铁矿，富集 Au、Ag、Mo、REE 等多元素具有 IOCG 的特征，近年来受到国内外学者的广泛重视（Chen et al.，2012；Zhao et al.，2011；Zhu et al.，2013；侯林等，2013；李泽琴等，2002；李泽琴等，2003；周家云等，2011；朱志敏等，2009）。IOCG 矿床提出至今已有 20 多年，国内有关 IOCG 矿床的研究程度相对较低，矿床归属、类型及成因依据存在争议，而对于国内那些目前已被归属为 IOCG 型的矿床，许多还有待于今后工作进行验证。特别是对于研究区中的该类铁氧化铜多金属矿总体上具有矿床（点）多、类型复杂、工作程度偏低的特点；目前除拉拉铜铁多金属矿床（李泽琴等，2002；李泽琴等，2003；王奖臻等，2012；周家云等，2009；周家云等，2010；周家云等，2011；周家云等，2011；朱志敏等，2009；朱志敏等，2009）、云南迤纳厂（杨耀民等，2005；叶霖等，2004）、东川（方维萱等，2009；吴健民等，1998）、大红山（Zhao et al.，2011；宋昊等，2012；宋世伟等，2012）的研究程度较高、基本公认属 IOCG 型矿床之外，其他绝大部分类似矿床的 IOCG 特征尚未被地质工作者所重视和认知。其研究工作大多是将国内矿床与国外 IOCG 矿床对比而识别出 IOCG 矿床的相关的特征，部分简单修改、甚至套用已有的模型，对矿床模式、成矿规律以及如何指导找矿勘查工作等方面有待更加系统的研究工作，因此，对于那些已归属为 IOCG 型的矿床及已有的成矿模型，有待更深层次的研究工作进行验证。

矿床物质来源方面：前人对成矿金属来源的讨论存在不同的认识和观点，如认为拉拉矿石的金属主要来自围岩（孙燕等，2006）（利用围岩、矿石的金属含量对比），而另一部分学者提出成矿与辉长岩时空分布密切相关（周家云，2008），金属来自于辉长岩（姜福芝等，2005；周家云等，2009），辉长岩侵位为成矿元素的重新活化、迁移、富集提供了热动力；还有认为矿石硫化物富放射性铅指示 Pb 来自上地壳（陈好寿等，1992；周家云等，2008），并认为这是河口群地层中铀的衰变所致（孙燕等，2006；朱志敏，2011）。朱志敏（2011）在博士论文《拉拉铁氧化物铜金矿：成矿时代和金属来源》中对拉拉矿床的金属来源进行了研究，认为矿床的金属来源为金属含量较高的早元古代河口群火山-沉积变质岩系，并提出成矿的硫主要来自海水硫酸盐还原，同时认为可能存在一定量的岩浆硫的混合加入。因此，矿床物质来源主要存在有地层来源和深部岩浆来源等两种观点，但不论属于哪一种来源，后期金属活化和再富集对成矿具有重要意义。

成岩成矿时代方面：前人对拉拉矿床获得的成矿年龄差距较大，如前人曾获得 887Ma（孙燕等，2006）、995Ma（脉石矿物流体包裹体 Rb-Sr 法）及 833Ma（矿石硫化物 Pb-Pb 法）（陈好寿等，1992）的等时线年龄；与此类似，前人获得脉石矿物白云母和黑云母 Ar-Ar 年龄为 860Ma～848Ma，但通过综合研究，这很可能代表的是成矿后新元古代区域变质年龄而非成矿年龄，这很可能与扬子周缘广泛存在的一期退变质-中酸性岩浆热液事件（950Ma～760Ma，Greentree，2007；Li et al.，2002；Greentree 2007））有关；前人通过辉钼矿（所测试的 4 个样品的 Re-Os 表面年龄较为分散而未获得等时线年龄）获得 1005Ma～928Ma（李泽琴等，2003），可能反映了矿床中辉钼矿形成的表面年龄；前人通过对六个黄铜矿样品 9 个测试数据所获得的 Re-Os 等时线确定铜-金成矿年龄为（1262±19）Ma（MSWD=6.3）（Zhu et al.，2013；朱志敏，2011），并认为成矿可能与华南 Grenvillian 造山事件有关。因此，不同学者对于矿床的形成时代也存在较大的争议。

成因类型方面：由于本区地层变质程度较高，成矿类型特殊，成矿时代久远，成矿作用复杂，成矿后发生过叠加改造，因此有关矿床成因争议较大；不同研究者对于该区矿床的类型争议较大，包括动力变质-热液型铜矿床（申屠保涌，1997；申屠保涌，2000）、火山喷流-沉积型硫化物（SEDEX）型矿床（陈根文等，2001；陈根文等，1992）、火山成因块状硫化物（VHMS）矿床（何德锋，2009；姜福芝等，2005）、异源共化矿床（余祖成等，1988）、火山沉积-变质成因层控型矿床（李云峰，2004）、火山沉积-变质热液矿床（申屠保涌，1997；孙燕等，2006）；近年来，有学者提出属于 IOCG（铁氧化物铜金）矿床（Greentree，2007；Zhao et al.，2011；方维萱等，2009；李泽琴等，2002；周家云等，2009；周家云等，2011；朱志敏等，2009）。

对大红山矿床，前人提出过不同的认识，如火山喷发-后期变质改造成矿、岩浆热液成矿等，研究的不断深入使得对大红山铜铁矿床有了不同的成矿认识，目前不同研究者对于该区矿床的类型争议较大，将前人有关矿床的研究观点归纳起来主要包括火山喷发（喷气）-沉积变质矿床（刘家铎等，2004；钱锦和等，1990）、受变质的火山喷气-沉积矿床（刘伟，2012；杨应选等，1988）、海底火山喷发-沉积型、变质热液富化的火山矿床（杨应选等，1988）、海底火山喷发沉积-热液改造型矿床（秦德先等，2000；吴孔文，2008；钟昆明，1993）、VHMS 矿床（侯增谦等，2003）、古火山型（陈贤胜，1995；钱锦和等，1990）、火山-次火山喷流沉积-变质-后期改造（秦德先等，2000；吴孔文，2008；钟昆明，1993）、IOCG 矿床（Greentree，2007；Zhao et al.，2011；宋昊等，2012；宋世伟等，2012）等论点，划分为四个阶段：①火山喷发（喷溢）沉积成岩、成矿阶段；②次火山气液交代充填富化阶段；③区域变质阶段；④后期钠化阶段（钱锦和等，1990）。可以看出，前人对本区矿床的大致成因模式已较为一致，即矿床形成于火山喷发（喷流）沉积，并遭受后期的变质改造作用。但由于在矿床类型上争论不休，例如缺乏火山喷流成岩和后期改造时代的精确定年、对成矿流体研究明显不足等，一定程度上阻碍了大红山地区有效勘探模式的建立，导致在深部和外围找矿进展不大。

综上所述，到目前为止，许多研究者已对本区铜铁多金属矿床进行了较为深入的研究和总结工作，提出过一些成矿模式，但在许多方面仍然存在较大的争议并有待深入研究，诸如成矿流体来源及演化、矿床的形成与岩浆岩的关系及成矿时代等，另外对该区矿床是否属于 IOCG 矿床仍存在一定的争议，缺乏火山喷流成岩和后期改造时代的精确定年、对成矿流体研究明显不足等。本书研究范围为扬子地块西南缘铁铜多金属成矿带，由于研究区域较大，因而本书选择研究区内早元古界的典型矿床大红山、拉拉、迤纳厂、岔河矿床为研究对象和突破口，通过对典型矿床的进一步深入研究，一方面可以佐证前人成果，达到对区域成矿规律进一步深入研究的目的；另一方面，随着社会对 Fe-Cu-Au-U 等金属的迫切需要，随着矿床地质理论的发展与测试技术手段的日益更新，继续加强本区铜-铁多金属矿床的深入研究，加强各矿床间综合研究及其成矿背景和成矿及地质事件演化关系的宏观研究，是十分必要的，它有助于提高区内 Fe-Cu-Au-U 等典型矿床的理论研究程度，深入同类型矿床的成因与矿床模式研究认识，并为指导本区 Fe-Cu-Au-U 多金属矿床找矿勘查提供理论依据。

0.4 存在的关键科学问题

前人对本区内拉拉、大红山等典型铜铁矿床进行了大量研究，在基础地质、矿床地质、变质原岩恢复、岩石地球化学特征、成矿流体性质等方面取得了较大成果，但在成矿物质来源、变质作用、侵入岩及其与矿床形成的联系等方面的研究则相对薄弱，在成岩成矿年代及矿床成因等方面还存在较大争议。

1. *地层归属与分类*

本区矿床的形成与地层具有密切的联系，对于大红山群、河口群的归属也存在争议，早期曾认为属于元古界会理群（倪月仙，1982），部分学者认为应属于中元古界（耿元生等，2008），而大部分学者认为大红山群、河口群应属于早元古界，也是扬子克拉通在克拉通化之后形成的最古老地层（Greentree et al.，2008；Qiu et al.，2000；Zhang et al.，2006）。因此有必要通过总结前人对本区地质演化的研究，在系统总结本区地层岩性层序、岩浆岩的成矿时代、区域构造及变质事件等的基础上，重新整理和研究各地层的层序关系及地质演化序列，厘定与成矿有关的重大地质事件。

2. *岩浆岩和成矿年龄*

各矿区内均见有基性-酸性侵入岩出露，基性侵入岩的代表是辉长辉绿岩，酸性侵入岩的代表是花岗斑岩类。大红山铁铜矿床矿区内的岩浆岩很少，且成矿年龄多测于 20 世纪 90 年代初期；拉拉铜矿不同学者的测年结果不尽相同，不同测试结果偏差较大，部分测试方法和精度有限；因此岩浆岩和成矿年龄二者是研究重点。

前人对本区岩浆岩成岩年龄存在较大争议。周家云等认为拉拉地区辉长岩群形成于850Ma（Sm-Nd 同位素）板内裂谷环境，是扬子地台西缘 Rodinia 超大陆裂解的岩浆事件，与矿床之间很可能有紧密的热动力学联系（周家云等，2009）。也有学者认为会理河口地区侵入河口组中的辉长岩形成于 1177Ma～1112Ma（角闪石 K-Ar）（武希彻等，1982）。也有学者认为形成时代更早，会理县拉拉变质岩中的辉长岩为 1620Ma（角闪石 K-Ar）（李复汉等，1988）、会理县河口地区侵入于河口群中辉绿岩体 SHRIMP U-Pb 为（1710±8）Ma（MSWD=1.11）。

本区铁-铜矿床的成矿时代一直以来都是矿床学家们研究的热点。前人研究拉拉铜矿获得矿石中单矿物的 Rb-Sr 等时线年龄为（845±2）Ma（陈好寿，1994），矿床中黄铁矿、黄铜矿的 Pb-Pb 等时线年龄为 888Ma（孙燕等，2006），以及辉钼矿的 Re-Os 同位素年龄为 1005Ma～928Ma（李泽琴等，2003）和（1086±8）Ma（Chen et al.，2012）、黄铜矿的 Re-Os 同位素年龄为（1290±38）Ma（Zhu et al.，2013）。

迤纳厂矿床的成矿时代也存在较大争议。叶霖等（2004）获得滇中迤拉厂铁铜多金属矿床中含矿石英脉的 ^{40}Ar-^{39}Ar 坪年龄为（784.25±0.95）Ma，等时线年龄为（783.93±8.59）Ma（叶霖等，2004）。杨耀民等（2005）获得该矿床中成矿期萤石和条带状矿石的 Sm-Nd 同位素等时线年龄分别为（1539±40）Ma 和（1617±100）Ma（杨耀民等，2005）。叶现韬等（2013）通过研究 6 个黄铜矿样品的 Re-Os 同位素等时线年龄认为成矿年龄为（1690±99）Ma（MSWD=3.0），并认为前人获得的 784Ma 的 ^{40}Ar-^{39}Ar 年龄很可能反映的是后期变质事件的影响（叶现韬等，2013）。

因此，岩浆岩和成矿年龄的确定是本区工作的重点，也是研究本区矿床成矿规律需要解决的重要问题。

3. 岩浆岩与成矿作用的关系

矿床的成矿与基性-酸性岩浆岩的关系不明确，加强岩浆岩与成矿的研究对于矿床成因和找矿勘查具有重要意义。

辉绿辉长岩体与成矿的关系存在较大争议：前人曾认为拉拉铜矿床中由沿近东西向主断裂侵位的辉绿辉长岩体提供的含矿流体及区域变质中产生的变质热液沿钠长岩的碎裂-糜棱构造充填交代，在其产生多种蚀变的同时，铜、钼、钴硫化物沉淀成矿，形成钠长岩型浸染状铜矿石或脉状-网脉状铜矿石（申屠保涌，2000）。也有人认为辉长岩脉对成矿无贡献，对矿体产生切割错断，起一定的破坏作用，矿床的成矿物质主要来自河口群，成矿流体为变质热液（黄从俊等，2012；李泽琴等，2003）。但近年来研究发现，辉绿辉长岩体的成岩时代明显早于铜、钼等的成矿时代，因此基本排除辉绿辉长岩为成矿提供流体的可能性。

4. 成矿的控制因素

本区的控矿因素多样。如角砾岩与成矿：IOCG 矿床的典型代表——奥林匹克坝矿床明显具有角砾岩控矿的特征，大红山铁铜矿和拉拉铜铁矿的矿区均有角砾岩的发现，但目前几乎没有发现对角砾岩与成矿关系的论述。蚀变与成矿：蚀变与本区金属矿床的成矿关系密切，特别是 Cu-Fe 矿床具有特征性的蚀变矿物组合，前人对典型矿区内的钠长石等重要蚀变作用及其与成矿的关系未足够重视。

另外，关于这些铜矿矿床的成矿物质来源尚存在较多分歧，关于流体来源分歧，目前至少存在浅源（元古代沉积层）和深源两种观点，部分学者认为成矿的硫来自上地幔，可能有少量海水硫加入；还有认为研究区成矿流体主要为岩浆水和变质水混合（晚期少量天水）（沈苏等，1988；杨应选等，1988），如东川矿床由于落雪组藻叠层石对铜等成矿物质具有吸附作用而形成东川“马尾丝”铜矿。其他学者则认为成矿物质来自深部，且有多期次叠加（肖晓牛等，2013）。根据不同认识，不同学者认为矿床可能属于动力变质-热液型铜矿床（申屠保涌，1997；申屠保涌，2000）、火山喷流-沉积型矿床（陈根文等，2001；吴孔文，2008）、火山成因块状硫化物（VHMS）矿床（何德锋，2009；姜福芝等，2005）、异源共化矿床（余祖成等，1988）、火山沉积-变质成因层控型矿床（李云峰，2004）、火山沉积-变质热液矿床（申屠保涌，1997；孙燕等，2006）。因此，有关矿床的成矿物质和流体来源是需要研究解决的重要问题。

5. 多元素耦合富集成矿

大红山、迤纳厂铁铜矿和拉拉铜铁矿具有 Cu-Fe-U-Au 等多元素富集成矿的特征，对于多金属元素的成因联系和共生组合规律尚未引起广大学者的重视，如磁铁矿、萤石在铜多金属矿成矿过程中的贡献、Cu-Fe-U-Au 等多元素特定组合规律。然而，元素成矿组合及成矿时代存在较大争议，部分学者认为 Cu-Au-Mo-Co-U 为同一期矿化（1000Ma～900Ma）（黄从俊等，2012；李泽琴等，2002；李泽琴等，2003；王奖臻等，2012），也有学者认为铜成矿时代为中元古时期 1086Ma（Chen et al.，2012）、(1290±38) Ma（Zhu et al.，2013）。

因此，对在我国具有重要资源意义的拉拉、大红山等铁铜矿床和经历较为复杂的后期改造的典型矿床进行研究，可以深入探讨和加强该类矿床的成矿理论，还能为在区域内同类型矿床提供理论依据。本书将以扬子地块西南缘中拉拉铜矿床、大红山铁铜矿床等典型 IOCG 矿床作为研究重点。通过对典型矿床成矿规律研究，同时通过典型矿床、其他代表性 Fe-Cu 矿床（点）及与国内外 IOCG 型矿床的对比研究，厘定其是否属于 IOCG 型矿床，从而为推动该类型矿床的研究和找矿勘查提供依据。

围绕区内矿床研究存在的关键科学问题，本书旨在结合拉拉、大红山等矿床产出的区域构造背景，利用矿床地质学、元素地球化学、年代学、同位素地球化学和成因矿物学，分析成矿流体来源、成矿物质来源、成矿物化条件，及成矿过程和形成机理，并结合其他 IOCG 矿床控制综合研究，总结区内矿床成矿模式。以扬子地块西南缘大红山、拉拉、迤纳厂、岔河等典型 Cu-Fe 多金属矿床为重点，针对前人研究中存在的问题，研究矿床形成的成矿规律。即在充分收集研究区前人研究资料基础上，以典型铜金多金属矿床研究为先导，将野外实地调查与室内分析研究相结合，在区域成矿地质背景和成矿条件研究的基础上，通过典型矿床研究、构造-岩石建造分析方法、岩石及矿床地球化学、同位素示踪和精确定年技术，研究构造、岩浆、变质作用事件与成矿事件的耦合关系和成矿演化历史，查明区内典型铜铁金多金属矿床的成矿地质背景、成矿作用、流体来源、成矿时代，再结合区域成矿条件研究，探讨矿床的形成、叠加和成矿物质的富集过程，研究成矿作用与重大地质事件的响应，总结成矿规律和区域成矿作用，建立成矿模式。

0.5　研究思路及主要成果

本书以扬子地块西南缘铁铜多金属矿床作为研究重点。基于前人对本区矿床研究工作存在的问题及争议，本书选择大红山、拉拉、迤纳厂、岔河等典型 Cu-Fe 多金属矿床为研究对象，在详细的野外地质、室内岩矿鉴定及前人工作基础上，借助元素地球化学、同位素地球化学（Re-Os、C-O、S、He-Ar）、锆石 U-Pb 年代学及电子探针分析等方法和手段，查明区内元古代区域地质背景、变质原岩性质、岩浆岩的地球化学特征及年代学、矿床特征、流体来源、成矿时代、矿床形成的区域构造演化等主要地质学及矿床学问题，并结合前人工作，探讨矿床的成矿模式及机制。本书取得的主要研究成果如下所述。

（1）通过对大红山、拉拉、迤纳厂、岔河等典型矿床成矿规律研究，同时通过典型矿床、其他代表性 Fe-Cu 矿床（点）及与国内外 IOCG 型矿床的对比研究，总结本区 IOCG

型矿床的地质地球化学特征；通过典型 IOCG 型矿床与研究区其他 Cu 多金属矿床的对比研究，厘定其是否属于 IOCG 型矿床，从而为推动该类型矿床的研究和找矿勘查提供依据。

对前人研究成果进行归纳与总结，有针对性地进行研究工作。在系统的野外地质调查基础上，通过较为系统的分析测试及综合对比研究，重点对扬子地块西南缘下元古界中铁铜多金属矿床成矿条件、成矿作用和控矿因素进行全面系统研究。

（2）流体来源及成矿时代的确定。本书系统梳理本区的地质背景，总结本区前人所得的岩浆岩及成矿年龄数据，对拉拉、大红山矿区的岩浆岩进行补充采样和矿物学、元素地球化学、年代学研究，查明矿床的成矿流体来源和物质来源；研究地幔流体与成矿的关系；根据金属硫化物硫同位素、方解石碳氧同位素、黄铜矿包裹体稀有气体同位素及稀土元素示踪研究，结合 Re-Os 体系对成矿物质来源进行探讨，提出地幔流体对拉拉、大红山矿床等矿床成矿具有重要意义；地幔流体在成矿过程中的参与，是本区形成（超）大型铜-铁多金属矿床的重要条件。在此基础上，本书结合区域地质背景及前人研究成果，研究本区成矿构造及地质演化规律。

同时，通过系统的矿石矿物硫化物 Re-Os 年龄测试和研究，本书确定矿区内拉拉、大红山、岔河等典型矿床成矿时代，并利用 Re-Os 体系对成矿物质的来源进行探讨，为研究矿床成矿流体来源和控矿因素提供依据。在此基础上，探讨岩浆岩与成矿的关系及成因联系。

本书对矿床形成时代进行了系统研究，提出本区多金属成矿属于不同阶段成矿作用叠加而形成多金属组合。运用黄铜矿 Re-Os 同位素体系对区内代表性铜铁矿床（拉拉、大红山、岔河）进行直接定年，三者成矿时代具有较好的一致性，表明成矿属于中元古代末同一地质事件的产物。本书尝试性进行了大红山矿床磁铁矿 Re-Os 同位素测年研究、拉拉矿床内晶质铀矿电子探针化学测年，提出本区 IOCG 矿床中铜-铁多金属矿床的元素组合成因和规律，提出本区多金属属于不同阶段成矿作用叠加而形成多金属组合，并认为：铁矿的形成早于其他金属，铜存在多次叠加成矿作用（如 1.4Ga～1.2Ga 和 1.1Ga～1.0Ga）；铜钼金等多金属（1.1Ga～1.0Ga）在热液成矿作用富集成矿；而～0.8Ga 是铀的成矿富集阶段，与区域变质和岩浆作用有关；本区 IOCG 矿床中多金属组合是由多期次成矿作用叠加而形成。

（3）选择拉拉、大红山、迤纳厂、岔河等矿床作为扬子地块西南缘下元古界中的典型代表性铁铜多金属矿床进行研究。本书通过同位素年代学、矿床地球化学分析，分析岩浆岩的成岩时代，研究构造-岩浆活动对成矿重要的控制作用，是否有深部流体参与成矿的迹象，确定典型矿床的成矿和成岩时代，探讨矿床的成矿流体和金属来源，研究矿床的成因及成矿规律。

本书运用各成矿阶段的矿物组合、蚀变矿物组合、同位素资料、包裹体分析、微量元素等资料，矿石矿物稀有气体同位素、硫、铅同位素、碳氧同位素等分析测试和研究，探讨成矿流体的来源、演化以及不同流体的混合对成矿的作用，有效揭示铜铁多金属的流体及物质来源；分析可能的物质成分和流体来源信息，如矿床成矿热液流体来源、硫的来源、主成矿金属元素的来源等。本书还研究多元素富集成矿的特征及规律，如磁铁矿、萤石在铜多金属矿成矿过程中的贡献、Cu-Fe-U-Au 等多元素特定组合规律及沉淀机制。

（4）在全面、系统地收集区内已有研究资料的基础上，通过系统的野外地质调查、室内分析测试及综合研究，通过典型矿床研究与综合对比研究相结合的方法，深入研究典型矿床的矿床成矿理论。本书通过研究扬子地块西南缘铜-铁多金属矿床的代表——拉拉、大红山、迤纳厂、岔河等典型矿床成矿地质背景和成矿地质条件，通过典型矿床的岩石学、矿石、矿物及控矿条件研究、微量元素地球化学、同位素示踪、年代学特征等多方面的综合研究，系统研究矿床成矿流体来源及其演化过程，并通过综合对比研究对扬子地块西南缘下元古界中铁铜多金属矿床的成矿规律进行总结。本书引入深部流体及 IOCG 成矿的理论和研究方法，探讨矿床的形成机理及成矿模式。在此基础上，通过对矿床成矿物质来源及矿床成因的研究，为矿床成矿规律研究提供支撑。

（5）研究 Cu-Fe-Au-U-REE 等成矿元素共生组合规律，建立和完善重要矿床类型的成矿模式；通过研究拉拉、大红山、迤纳厂、岔河等矿床沉积环境、变质作用、构造活动和岩浆活动等控矿条件及因素，全面总结和重新认识矿床的成矿地质条件和成矿规律，分析成矿作用过程及成矿机制，研究区域成矿作用，研究成矿作用与重大地质事件的响应，建立矿床成矿模式。

本书研究并建立了典型矿床成因模式，认为成矿经历了原始矿源层形成以后各种作用下的叠加改（再）造作用，矿床的形成过程是由多阶段成矿作用经过多期次的叠加后在有利空间富集成矿；多期次叠加成矿作用形成铁-铜-金-铀-钼-钴-稀土多金属组合，地幔流体的参与是形成大型铜铁多金属矿床的重要条件。

（6）区域成矿规律及成矿作用研究。在区域成矿地质背景、成矿条件研究的基础上，通过对研究区大红山、拉拉、迤纳厂矿床等典型 IOCG 型矿床矿床地质、成矿期次、控矿因素研究，结合矿床成矿时代、成矿物质和流体来源、矿质沉淀机制等问题，建立典型成矿模式，同时通过与研究区其他 Cu 多金属矿床控矿规律和找矿标志的对比总结和研究，以及对国内外典型 IOCG 型矿床的对比研究，对代表性 Cu-Fe 多金属矿床（点）是否属于 IOCG 型矿床进行厘定；在全面系统收集和总结研究与区内典型矿床有关的区域地质、物探-化探-遥信息、前人年代学、同位素地球化学数据的基础上，研究矿床在区域内的时空分布、演化规律及内在联系。重视研究扬子地块基底与超大陆的关系及成矿地质效应的调查与研究，Cu-Fe-Au-U-REE 成矿与中元古—新元古代的格林威尔造山运动及新元古代末发生的全球性裂谷作用之间的关系，分析矿产形成与分布的主要原因，研究矿床成矿流体来源和 Cu-Fe-Au-U-REE 等成矿元素成矿期次及共生组合规律，总结区域成矿规律和成矿作用，研究成矿作用与重大地质事件的响应，建立成矿系统和区域成矿模式。

本书研究区域成矿作用与重大地质事件的响应，并建立了叠加成矿模式，提出本区铜-铁多金属矿床的形成具有多期成矿作用，可以分为四期成矿作用。①早元古代末（1.75Ga～1.65Ga）板内非造山背景下火山沉积作用，与 Columbia 超大陆的裂解背景下的裂谷事件有关：研究区内早元古代末海相火山喷发沉积作用是铜铁等多金属成矿作用的预富集阶段，形成重要的矿源层。②中元古代（1.4Ga～1.2Ga）变质改造作用：发生多次构造运动的变质改造作用，形成大红山、拉拉等 IOCG 矿床中的变质改造型矿石及富矿层，以似层状、致密块状、浸染状矿石为主。③中元古代末（1.1Ga～1.0Ga）热液叠加改造成矿作用，以 Rodinia 超大陆的拼合和 Grenville 运动背景下陆缘挤压环境为主，是本区重要的铜金钼等多金属矿成矿作用，形成拉拉和大红山等矿床中后期热液成因矿石，以热液脉状铜多金属矿石为特征；该期成矿可能与主造山前期的边缘造山作用有关，在大陆板块边缘发生的成矿作用，如研究区的拉拉、大红山、岔河等矿床形成于板块边缘。④～0.8Ga 是区内 IOCG 矿床中的铀成矿阶段，形成 IOCG 矿床中的铀矿物。因此，多期次热液叠加改造成矿作用形成研究区主要的拉拉、大红山等代表性 IOCG 矿床。

第 1 章　区域地质背景

按板块学说的观点，本区属扬子古板块川滇岛弧带的西南缘，简称扬子陆块西南缘。研究区属于传统的“康滇地轴（西昌—滇中地区）”，是我国著名的经向构造带，北起四川攀枝花，南至元江，其地质构造复杂，矿产丰富，是我国著名铜矿床集中区和铜产区之一（冉崇英等，1993），如图 1-1 所示。本章介绍研究区区域地质背景、地层、构造、岩浆岩与区域地质演化，为矿床规律以及成因的研究奠定基础。

1.1　地层及含矿岩系

研究区位于特提斯—喜马拉雅与滨太平洋两大全球巨型构造域结合部位、扬子准地台西缘。区域内各时代地层均有分布，自新太古界以后各时代地层均有出露，主要地层组合有：前震旦系、震旦系、寒武系、奥陶系、志留系、二叠系、三叠系、侏罗系、白垩系和新生界。以前震旦系的变质岩系和三叠至白垩系陆相沉积（红层）为主，其他时代的地层零星分布。区内前寒武纪地层基本发育完整（表 1-1）。

根据前人的观点（耿元生等，2008；冉崇英等，1993；周名魁等，1988），研究区地层分为结晶基底、褶皱基底和盖层等三大部分。其中，早元古代以前的康定群（为一套古老变质岩系）构成结晶基底，自上而下表现出火山-沉积旋回建造，其上部为一套复理石建造，中部为一套中酸性火山碎屑岩，下部为一套中基性火山岩建造；古元古界大红山群、苴林群、河口群主要为一套“细碧角斑岩”建造（吴健民等，1998），构成褶皱基底结晶基底；早元古界—晚元古代早期盐边群（存在海底火山喷发形成的蛇绿岩套）、昆阳群、会理群构成褶皱基底，后二者岩性为一套巨厚的碳酸盐岩与细碎屑岩（含钠质火山岩）组成的复理石建造；东川区域内以麻塘—踩马水—菜子园断裂为界，北部为中元古代晚期的会理群（自下而上分别为淌塘组、力马河组、凤山营组和天宝山组），其岩性为一套浅变质的细碎屑岩、变碳酸盐岩夹少量变质火山岩及火山碎屑岩（耿元生等，2007；尹福光等，2012；周邦国等，2013）；褶皱基底河口群、昆阳群、会理群发育一套早期为“海相优地槽型具浊流沉积特征的”远源火山混生沉积的岩石建造、晚期“冒地槽型的浅-滨海相沉积的”砂泥质-碳酸盐建造，经过“会理运动”和晋宁运动，结束本区的地槽发展阶段。新元古界震旦系及古生代、中新生代各系地层构成沉积盖层。震旦系下部为一套酸性火山岩和粗粒碎屑岩建造所组成，中上部则主要为细碎屑岩建造，顶部为一套碳酸盐岩建造所组成；其他盖层的沉积环境比较稳定，主要为陆表浅海相，间有部分陆缘海陆交互相或陆相碳酸盐岩。

表 1-1　区域前寒武纪岩石地层及含矿性简表

界	系	统	组	代号	厚度/m	岩性	有关矿产
晚元古代	震旦系		灯影组		200～1300	白云岩，条带状燧石白云岩，底部为紫红色页岩、粉砂岩、燧石层	铅锌矿、磷矿
			陡山沱组/观音崖组		0～178	陡山沱组为滨海相碎屑岩；观音崖组主要为碳酸盐岩	
			南沱组/列古六组		0～282	南沱组下部冰碛砾岩，上部紫红色砂、页岩；列古六组紫红色粉砂岩、泥岩。与下伏地层不整合接触	
			开建桥组		2000～5700	酸性火山岩及火山碎屑岩	
			苏雄组		229～1173	中-基性夹少量酸性火山岩、火山碎屑岩。与下伏地层呈不整合接触	
中元古界	大营盘群				1600	板岩、千枚岩、砂岩、粉砂岩等	赤铁矿或菱铁矿
	昆阳群（会理群、盐边群、峨边群、元谋群、盐边群、峨边群）		美党组		8800	砂板岩，夹少量火山岩	铅锌矿，大龙口组似层状菱铁矿
			大龙口组			浅变质碳酸盐岩	
			富良棚组			浅变质的中、基性火山岩、火山碎屑岩和粉砂岩	
			黄草岭组			浅变质砂岩、粉砂岩、板岩、千枚岩。与下伏地层不整合接触	
	东川群		绿汁江组	Pt_2lz	＞3300	灰黑、青灰色板岩和白云岩	铜
			鹅头厂组	Pt_2e	＞913	灰黑色板岩夹灰岩、白云岩和砂岩	
			落雪组	Pt_2l	50～268	白云岩，局部夹板岩，含铜钴矿层	铜、钴
			因民组	Pt_2y	＞300	紫红色白云岩、板岩和砂砾岩	
下元古界	大红山群（河口群）		见第 3 章				铁、铜、金
	康定群		瓦斯沟组原岩主要为沉积碎屑岩、酸性火山岩、凝灰岩。				
			泸定组斜长角闪岩、麻粒岩、变粒岩、闪长质混合岩、混合片麻岩、混合质石英闪长岩、云英闪长岩。原岩主要为拉斑玄武岩-钙碱性玄武岩，上部夹火山碎屑岩。				
太古界	哀牢山群		底巴都组/乌都坑组	Ard/Arw	＞684/2887	混合岩、片岩、片麻岩及变粒岩/条带状混合岩、片岩、斜长片麻岩、大理岩	含金
			风港组	Arf	1415	斜长片麻岩、斜长角闪岩、变粒岩、浅粒岩及大理岩	
			阿龙组	Ara	4280	黑云斜长片麻岩、角闪岩、混合岩及变粒岩	
			小羊街组	Arx	＞1067	石榴十字二云片岩、斜长片麻岩、角闪岩、混合岩	

注：刘家铎等，2004；钱锦和等，1990。

其中，大部分地层时代已确定，部分依旧存在争议，如主要分布在滇中地区的昆阳群（图 1-1）地层，该套地层厚度近万米，岩性主要为一套浅变质的碳酸盐岩、陆源碎屑岩和少量的火山岩所组成。从出露和分布情况来看，该群可以划分成为两部分：其中在皎平—铜厂—杨武断裂以东，自下而上出露黄草岭组、黑山头组、大龙口组和美党组等地层岩系；在断裂以西，自下而上出露因民组、落雪组、鹅头厂组和绿汁江组；本区内以西、东这四组地层为代表的对比关系长期存在争议（王汝植等，1988；吴懋德等，1990；周名魁等，1988），存在“倒八”和“正八”的争议，即东 4 组在上的“倒八”和有东 4 组在下的“正八”等两种不同观点（李复汉等，1988；吴懋德等，1990）。

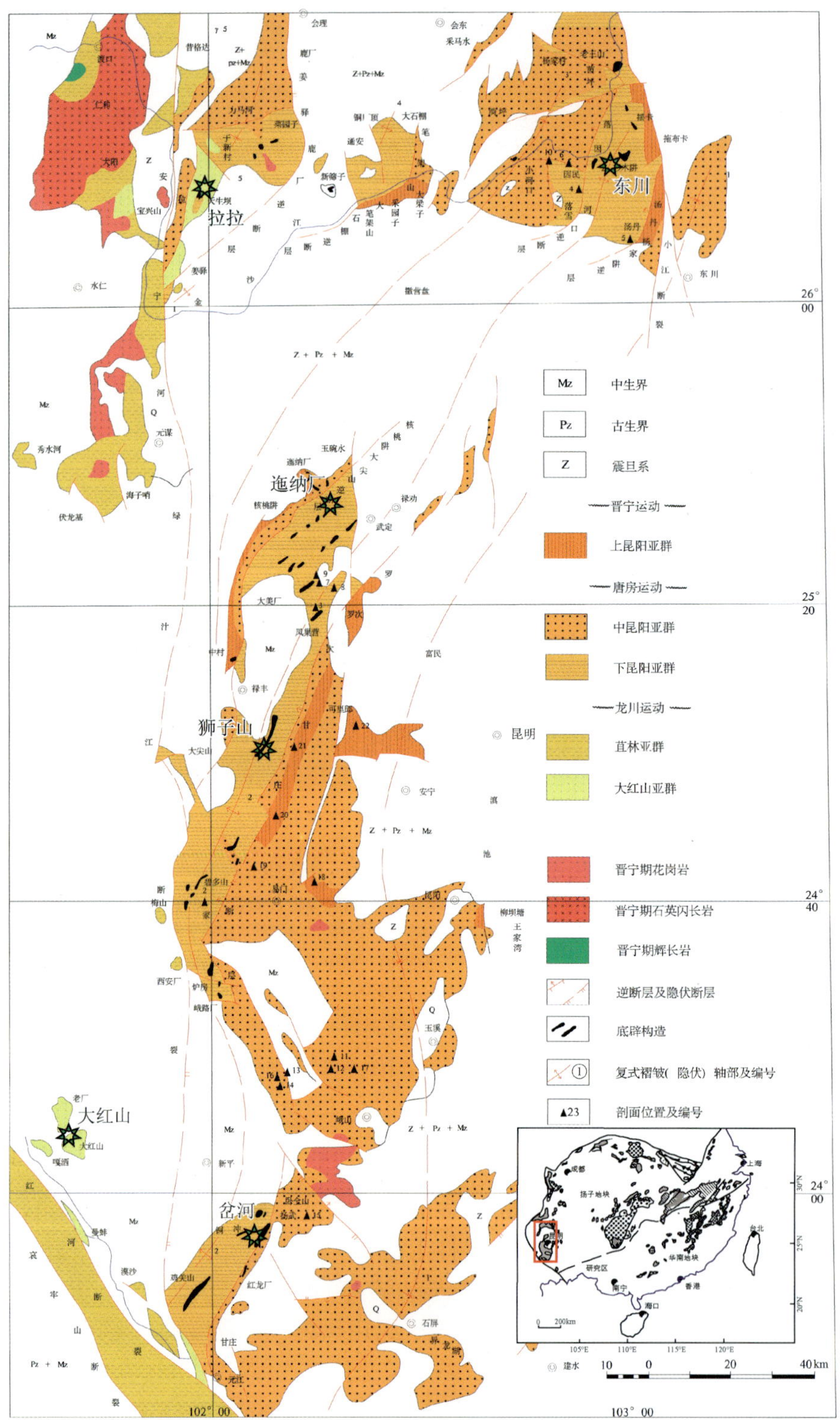

图 1-1　研究区地质简图

（据 Zhao et al.，2010；Zhao et al.，2011；耿元生等，2007；侯林，2013；李复汉等，1988；吴懋德等，1990；张传恒等，2007；周名魁等，1988；李复汉等，1988；王鼎云等，1993；吴懋德等，1990；周名魁等，1988；宋昊等，2014；修改）

笔者通过跟踪最新的研究动态，结合本次对河口群、大红山群的年代学工作，同时综合近年来不同学者对大红山群、东川群、昆阳群等的研究成果（Zhao et al.，2010；Zhao et al.，2011；耿元生等，2007；侯林，2013；张传恒等，2007），重新梳理了本区存在争议的前寒武系含矿层位（表 1-2），认为昆阳群（黄草岭组、黑山头组、大龙口组、美党组）与会理群同属于 1.1Ga～0.9Ga 的沉积地层；东川群（含东川地区的东川群、汤丹群、滇中地区的下昆阳群、迤纳厂组等）虽然岩性组合与滇中地区昆阳群、会理群类似，变质程度均较低，但沉积时代为古元古代晚期至中元古代早期（周邦国等，2013；朱华平等，2011），与河口群、大红山群相同，应该属于同一时期 1.8Ga～1.5Ga 不同沉积相的地层[古元古界（代）与中元古界（代）之间的界线年龄采用国际上的全球标准地层年龄 1600Ma，下同]。因此，河口群、大红山群和东川群同属于古元古代晚期较大规模的拉张环境下，在断陷环境中沉积的、与大规模岩浆活动同期的沉积地层（郭阳等，2014）。

表 1-2　本次研究确定的区域元古代地层简表

<table>
<tr><td colspan="2" rowspan="4">震旦系</td><td colspan="2">灯影组</td><td colspan="2">灯影组</td><td>灯影组</td></tr>
<tr><td colspan="2">观音崖组</td><td colspan="2">陡出沱组</td><td>陡出沱组</td></tr>
<tr><td colspan="2">列古六组</td><td colspan="2">南沱组</td><td>南沱组</td></tr>
<tr><td colspan="2">苏雄组</td><td colspan="2">澄江组</td><td>澄江组</td></tr>
<tr><td colspan="2" rowspan="4"></td><td rowspan="4">会理群</td><td>天宝山组</td><td rowspan="4">昆阳群</td><td>美党组</td><td>麻地组</td></tr>
<tr><td rowspan="2">凤山营组</td><td>大龙口组</td><td rowspan="2">小河口组</td></tr>
<tr><td>黑山头组</td></tr>
<tr><td>力马河组</td><td>黄草岭组</td><td>小营盘组</td></tr>
<tr><td rowspan="5">大红山群</td><td>坡头组</td><td rowspan="5">河口群</td><td rowspan="2">顶沉积变质岩段</td><td rowspan="5">东川群/迤纳厂组</td><td rowspan="2">绿汁江组</td><td rowspan="2">青龙山组/绿汁江组</td></tr>
<tr><td>肥味河组</td></tr>
<tr><td>红山组</td><td>上火山变质岩段</td><td>鹅头厂组</td><td>黑山组</td></tr>
<tr><td>曼岗河组</td><td>上沉积变质岩段</td><td>落雪组</td><td>落雪组</td></tr>
<tr><td>老厂河组</td><td>上火山变质岩段</td><td>因民组</td><td>因民组</td></tr>
<tr><td colspan="2">哀牢山群/底巴都群</td><td colspan="2">康定群</td><td colspan="2">苴林群</td><td></td></tr>
<tr><td colspan="2">大红山</td><td colspan="2">会理</td><td colspan="2">滇中</td><td>东川</td></tr>
</table>

（据 Zhao et al.，2010；Zhao et al.，2011；耿元生等，2007；侯林，2013；李复汉等，1988；吴懋德等，1990；张传恒等，2007；周名魁等，1988 等资料综合修改）

1.2　构　　造

本区是川滇南北向构造带的主体部位，东界为小江断裂，西界为金河—箐河断裂，构造带向南交于金沙江—江河断裂带上，向北于石棉一带略有收敛，其内还有普定河断裂、安宁河断裂、绿汁江断裂等南北走向的深切层区域大断裂（图 1-2）。区域内除新太古—古元古界结晶基底中的构造呈现东西向走向之外，南北向构造显示具有非常明显的特征，如小江断裂带、武定—易门断裂带、绿汁江断裂带等。总之，本区的南北向构造带是该区演化历史长、活动强烈、规模较大的构造体系，控制该区沉积作用、变质作用、岩浆作用及各种成矿作用的发生和发展，形成许多与本区成矿相关的地质产物。这些断裂活动表现出长期性的特点，前人的研究表明，这种构造格局是多次古裂谷作用的表现，对成矿起重要的控制作用（潘杏南等，1987），即从元古代以来直至喜马拉雅期都有活动，其对应的断裂构造性质也经历多期次的改变。

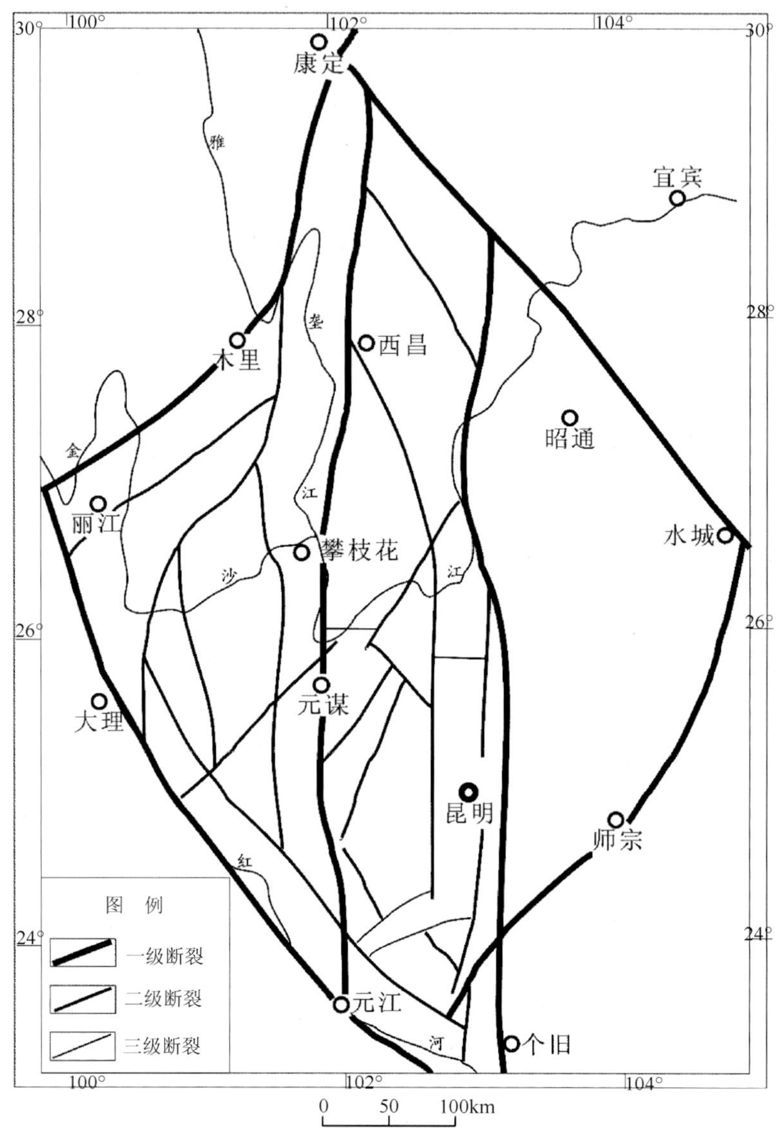

图 1-2　扬子地台西南缘主要断裂构造分布图（刘家铎等，2004）

本区基底构造为晋宁中期的东西向和晋宁末期的北西向或其叠加形成的构造格架。研究区自晋宁运动之后，基本上长期隆起，之后经历多次构造运动，直至印支期以后，才开始接受沉积，并受到加里东—华力西—印支—燕山—喜马拉雅运动的长期影响，尤其以燕山期的工作作用和运动的影响最为强烈和明显，继承和改造了早期构造，形成目前的以北东向、南北向构造为主的构造体系。同时在本区地质史的各时期的构造运动中，均形成了一系列性质存在差异、规模和强度大小不一的断裂构造，如安宁河大断裂、小江断裂带等。

安宁河大断裂：位于研究区的中部，呈近南北向分布，为长期活动、性质复杂的复活断裂带，北起金汤，向南经西昌、会理延入云南，纵贯康滇地块（地轴）。根据野外研究，安宁河大断裂次生断裂、节理发育，断层三角面较多，低等级的叠瓦式冲断层很常见，此断裂带对两侧地层的出露具明显的控制作用。

小江断裂带：位于研究区的中部偏东，走向为北北西—南南东，为逆断层带，从云南沿小江入川直达石棉。此断裂带具有强烈的挤压特征，东西两侧均有大量分支断裂及褶皱发育，这些分支断裂与主干断裂相交，但不越过主干断裂，它们的走向大多为北东—南西，与主干断裂之间所夹的锐角在东面朝南，在西面朝北。

箐河断裂带：位于本区中部偏北西，为具左行平移的逆冲推覆断裂带，北起石棉西油房，向南经里庄、箐河插入云南走向北北东至北东。

南丹—紫云（紫云—水城）断裂带：位于研究区域东侧，北西—南东走向，左行走滑，两端分别延至南宁及康定一带，为大型强烈挤压变形带，宽 20～50km。地层组成为泥盆系—侏罗系；断裂带两侧可见牵引构造，两边的岩石挤压破碎极为强烈，在断裂带北东侧，牵引构造与断裂带所成锐角指向西，在南西侧所成锐角指向东。

金沙江—红河断裂带：位于研究区南西侧，断裂带的总体走向北西—南东，为地壳拼接带，对两侧沉积相、建造有显著控制作用。岩浆活动强烈。

次要断裂：研究区内分布着大量次要断裂，总体方向以北东—北北东向为主，其次为南东向。总体来讲，这些次级断裂在一定程度上受区内区域性深大断裂带的控制。

1.3　岩　浆　岩

研究区内出露岩石主要以变质岩（杂）岩为主，并有少量中-新元古代基性岩浆岩如基性杂岩体、辉长岩体（岩脉）及玄武岩出露；本区前震旦纪岩浆活动表现为：随时代变新，岩浆向中-酸性岩性方向演化。其中，较早的古元古代、中元古代主要以碱质-基性岩浆活动为标志，形成一套与铁、铜金属为主的矿化关系极为密切的富钠质的火山岩系；至新元古代则主要以中酸性岩浆活动为主，形成一系列与钨、锡等矿化具有一定差异联系的花岗岩类和流纹岩类。从空间分布上看，岩浆岩从西至东，岩浆活动显示出较好的规律性，即随着时间由早到晚，岩性呈现由基性向中酸性演化的趋势。

其中，在古元古代沉积河口群地层时，有四次大规模的中偏基性-中酸性火山喷发活动，表现为远源火山凝灰、碎屑与正常成分的砂泥质、炭质和钙质的混生沉积（具浊流沉积特征）。大规模的火山喷发活动，为本区铜、铁矿床的形成提供了丰富的物质来源。总之，本区岩浆活动强烈，具多期次、多旋回的特点，但主要为晋宁早期的中、酸性的火山喷发活动和晋宁中、晚期的基性侵入作用最为强烈。

本区岩浆岩可分为八期（表 1-3），最早的有大规模海底基性火山喷发形成康定群，并伴有小型超基性岩群侵入；晋宁期以花岗岩为主，分布在研究区南北带，此外还有为数众多的基性-超基性岩体（群）；澄江期产出早震旦系火山岩及岩浆岩，是基底褶皱成陆后碰撞造山的产物；加里东—华力西期在本区分布有基性岩群；华力西—印支（燕山）期主要表现为在拉张环境下产生的基性超基性岩系列。晚二叠纪为鼎盛时期的峨眉山玄武岩

(大陆溢流拉斑玄武岩系)，广布于本成矿区中西部；二为与此同源浅成侵入岩-岩墙状、岩床状辉绿岩，与玄武岩形影相随并零星分布；三为零星分布的地幔深处分异的富镁质基性岩浆侵位形成的偏碱性超基性岩；四为在安宁河断裂西侧约 300km 宽的带状狭长区域内所出露的与 $P_2β$ 及“层状杂岩”有关的正长岩-花岗岩；喜马拉雅期，四川段有壳幔混源型富碱浅成-超浅成侵入岩、幔源型碱性岩组合、钾质煌斑岩类及碱性杂岩体。

表 1-3　区域岩浆岩建造简表

活动时代	岩石建造	火山岩			侵入岩			已知矿产
		岩石类型	特点	分布	岩石类型	产状特点	分布	
燕山期白垩纪	花岗岩建造				花岗岩 超基性岩	岩墙、小岩株 岩墙、岩脉	哀牢山之哀牢山群中	
印支期三叠纪	花岗岩建造				碱长花岗岩、花岗斑岩	呈岩株、岩墙、岩脉状产出		
华力西期二叠纪	泛流玄武岩建造	玄武岩（致密状、斑状、杏仁状）、玄武质集块岩及砾岩、	脉状、岩墙状分布于二叠统之中	峨眉山火成岩省	苦橄玢岩、橄榄辉绿岩、辉绿岩、辉绿玢岩	呈岩株、岩墙、岩脉状产出		铁、铜、铂
加里东期早古生代					辉长辉绿岩 白云石钠长岩 闪长岩	岩墙、岩床	大红山、河口、元江大红山群中	
澄江期早震旦世	流纹质火山岩建造+辉长辉绿岩建造	流纹质凝灰岩、流纹质沉凝灰岩。		层状分布于澄江期各组	辉长辉绿岩、辉绿岩、辉绿玢岩、橄榄辉绿岩、闪长岩	岩株、岩墙、岩床、岩脉		铁、磷、滑石
晋宁期—昆阳期	玄武质-流纹质双峰式火山岩建造	角闪质凝灰岩、熔岩、杏仁状玄武岩 凝灰岩、基性杏仁状熔岩	海底喷发，成层产出 海底喷发，成层产出	昆阳群因民组 昆阳群鹅头厂组				金、铜、铁、铅、锌、磷、稀有稀土等
早元古代	钠质中基性细碧-角斑岩建造	变钠质熔岩（角斑岩）、角闪变钠质熔岩（细碧岩） 角闪钠长片岩、钠长角闪片岩、斜长角闪岩	中基性熔岩，海底中心式喷溢 海底中心式喷发，中基性火山碎屑岩	大红山群、河口群	石英钠长斑岩 变钠长岩 变辉绿岩 变斑状辉绿岩	岩床、岩株、岩盘、岩盆	大红山群、河口群	金、铜、钼、钴、铁、黄铁矿
太古代	基性-中酸性混合岩建造	斜长角闪岩、黑云角闪片岩	基性火山碎屑岩，成层产出	哀牢山群底巴都组	基性-超基性岩体，及斜长角闪岩、混合质石英闪长岩、云英闪长岩	与沉积碎屑岩互层，呈层状、似层状分布	康定群上部	金

注：据潘杏南等，1987；钱锦和等，1990；尹福光等，2007。

1.4　变　质　岩

研究区所在的扬子地层区广泛分布以前震旦系康定群、普登群为结晶基底，以大红山群、河口群、会理群、昆阳群为褶皱基底的区域变质岩系。

康定群代表区域是一套以中基性间有中酸性火山岩及沉积岩、混合岩化显著的中深变质地层，主要岩性为斜长角闪岩、变粒岩、条带状、角砾状混合岩、混合片麻岩以及云母片岩、石英片岩和少许大理岩。

河口群、大红山群是一套富钠质的火山-沉积岩（常具有浅、中等变质），该套地层的主要岩性为细碧岩、石英角斑岩、角斑岩、变霏细岩、变凝灰岩、炭质板岩、大理岩、变钠斑岩。另外，会理群、昆阳群的特点是变质浅，岩石类型为千枚岩、板岩、石英岩、变质砂岩、大理岩和变火山岩类，仅个别地段有云母雏晶出现而使岩石向片岩过渡。变质矿物组合以绢云母、绿泥石为主，变质强度均匀，为绿片岩相的单相变质，岩石应力作用明显，褶皱、劈理等发育，变质作用类型当属区域动力变质。浅变质的原岩都是正常的海相沉积岩，属陆源碎屑岩-碳酸盐岩建造，是陆壳的组成部分。金沙江流域变质的震旦系—下二叠统是华力西期低压型区域动力热流变质作用的产物。三叠系经受印支期区域低温动力变质作用。

此外，在区内广泛发育有后期热接触变质和动力叠加变质作用。综上所述，研究区内变质作用非常复杂，根据前述，除了前震旦纪发生的比较强烈的区域变质作用外，在晚古生代还存在有与峨眉大火成岩省有关的热接触变质作用，另外喜马拉雅期的动力变质作用也较为剧烈和明显，且多期次的各种变质作用常叠加在一起，使在恢复原岩过程中变得非常复杂。区域动力变质发生后，随着区内不同类型、不同规模的断裂和褶皱的发生、发展，沿着主要断裂带（如安宁河—绿汁江深大断裂）及褶皱轴部产生叠加变质。在绿片岩相的绿泥石带上，形成黑云母带、绿帘石带或高级绿片岩相的绿帘石角闪石带。热接触变质则主要发生在辉绿辉长岩岩体与围岩的接触带上，出现角岩化。角岩带中岩石类型有钠化石英角岩、云母角岩、粗晶大理岩等。

1.5 区域矿产

区域矿产中主要金属矿产有铜、铁、镍；其他非金属矿产、矿物原料和建筑材料有黄铁矿、石膏、滑石、陶瓷黏土、高岭土、白云石、石英岩等。由于本书主要研究和讨论的是前寒武纪地层中的铜铁多金属矿床，因此以下主要是关于基底铜铁多金属的论述。

根据上述内容，该区地质构造非常复杂，岩浆作用、变质作用叠加在沉积作用之上广泛发育，这也为区域金属矿产资源的形成提供了较为有利的条件。其中，在区域基底形成阶段所形成的康定群、河口群、大红山群、东川群、会理群、昆阳群、盐边群等，是铜、铅、锌、金、银矿床的重要赋矿建造，而且被认为是本区的原始矿源层，与成矿具有非常密切的成因联系。因此，研究区形成我国重要的铁、铜多金属大型矿集区（图 1-3），在我国钢铁和有色、贵金属工业发展中处于举足轻重的地位。由于该区产出的矿种之多、矿化之集中、矿床类型之复杂，长期以来，备受关注。

从已发现的矿床（点）分析，研究区主要可以分为以下几类成矿系统。①元古宇与火山-沉积-变质作用有关的铁铜多金属成矿系统（本书的主要研究对象）：包括沉积-变质铜矿成矿亚系统和海相火山岩型铁-铜成矿亚系统（本书的主要研究矿床）。铁铜矿床主要分布于基底；以安宁河断裂为界可以分为两部分，其中东侧主要以浅变质的

图 1-3　区域断裂构造与主要矿产分布图（刘家铎等，2004）

东川式为主，西侧多以海相火山沉积-变质成因为主。②晋宁—澄江期与岩浆-热液有关的成矿系统：其中可以分为与偏碱性花岗岩类有关的铌钽类成矿亚系统、与镁铁-超镁铁岩体有关的铜、镍、铂族等元素组合为主的成矿亚系统、与中酸性侵入体有关的锡多金属类成矿亚系统。③以新元古—早古生代沉积-改造型为主要类型的铅锌多金属成矿系统，可以分为两类：如火山沉积-热液改造铅锌成矿亚系统、热水沉积-改造层间破碎带型铅锌为主的成矿亚系统等。④峨眉火成岩省成矿系统：与深成层状镁铁-超镁铁杂岩体有关的铁-钛-钒成矿亚系统；与超浅成镁铁-超镁铁岩体有关的铜-镍-铂族元素成矿亚系统；与花岗岩-碱性岩系有关的稀有金属成矿亚系统；与峨眉山玄武岩浆活动有关的热液成矿亚系统。⑤喜马拉雅期构造-岩浆-流体活动成矿系统：与碱性岩有关的稀土成矿亚系统；与富碱斑岩有关的斑岩型铜-钼-金多金属成矿亚系统；与动（热）变质作用有关的韧性剪切带型金成矿亚系统。

表 1-4　研究区矿床类型划分

<table>
<tr><th>类型</th><th colspan="2">亚类（矿床式-亚式）</th><th colspan="2">层位</th><th>实例</th></tr>
<tr><td rowspan="3">海相火山岩型铜矿</td><td colspan="2">海相火山岩浸染状铜矿（大红山、拉拉式）</td><td colspan="2">大红山群、河口群落凼组</td><td>大红山、拉拉落凼、老羊汉滩</td></tr>
<tr><td colspan="2">海相火山岩铁-铜矿（稀矿山式）</td><td colspan="2">东川群因民组中下部</td><td>东川稀矿山、黎溪铜矿、通安腰棚子—香炉山</td></tr>
<tr><td colspan="2">海相火山岩铜-金矿（小青山—小溜口式）</td><td colspan="2">河口群小青山组</td><td>东川燕子崖、通安小青山</td></tr>
<tr><td rowspan="10">海相沉积岩型（即海相火山碎屑岩-细碎屑岩-碳酸盐岩型）铜矿</td><td colspan="2">硅质岩-杂砂质石英砂岩层状铜矿（蓑衣坡式）</td><td colspan="2" rowspan="2">东川群因民组顶部</td><td>东川滥泥坪</td></tr>
<tr><td colspan="2">硅质白云岩-硅质岩层状铜矿（汤丹马柱铜式）</td><td>东川汤丹马柱铜</td></tr>
<tr><td rowspan="3">凝灰质细碎屑岩-硅质白云岩（藻叠层石白云岩）层状铜矿（东川式层状铜矿）</td><td>因民（面山）亚式</td><td rowspan="3">东川群</td><td>落雪组下部</td><td>东川因民、石将军、会理通安红旗沟</td></tr>
<tr><td>落雪（龙山）亚式</td><td>落雪组中部</td><td>东川落雪、通安红岩、黎溪黑箐</td></tr>
<tr><td>汤丹亚式</td><td>落雪组上部</td><td>东川汤丹、新塘、会东新田、通安铜厂顶</td></tr>
<tr><td colspan="2">炭质板岩-炭泥质白云岩型铜型（桃园式）</td><td colspan="2">东川群黑山组底部</td><td>东川汤丹桃园、水库山</td></tr>
<tr><td colspan="2">火山-沉积岩组合中菱铁矿铜-金矿（小街式）</td><td colspan="2">会理群凤山营组</td><td>会东小街二台子</td></tr>
<tr><td colspan="2">砂砾岩-白云岩型铜矿（滥泥坪式）</td><td colspan="2">震旦系陡山泥组</td><td>东川滥泥坪、通安火山</td></tr>
<tr><td colspan="2">碱基性次火山-侵入角砾岩-白云岩型铜矿（中老农式）</td><td colspan="2">围岩为东川群落雪组</td><td>东川白锡腊中老农</td></tr>
</table>

注：据潘杏南等，1987；钱锦和等，1990；沈苏，1975；沈苏等，1988；孙克祥等，1991；吴健民等，1998；尹福光等，2007。

其中，本区与元古宇火山-沉积-变质作用有关的铜多金属矿集中分布在“双会”（会理和会东县）、东川和滇中地区（图 1-3）。典型矿床包括河口拉拉地区海相火山岩型铁-铜矿床、大红山地区的海相火山岩型铁-铜矿床、以及东川——易门地区的沉积-变质铜矿床等，分别称为拉拉式、大红山式及东川式。

本区与元古宇火山-沉积-变质作用有关的铜多金属矿产可以根据地质特征分为以下 2 种成矿亚系统（表 1-4）。

（1）沉积-变质铜矿成矿亚系统：海相沉积-变质铜矿成矿亚系统主要以区域内的东川式铜矿（如因民、落雪、汤丹、淌塘等矿床）为例。其中淌塘式铜矿主要赋存于会理群淌塘组地层中；而东川式铜矿资源量可观，该类矿床主要赋存于昆阳群落雪组一套碳酸盐岩系（少量碎屑岩）沉积-变质岩系中，虽然属于早元古界的古老地层，但其变质程度相对而言很浅。

（2）海相火山岩型铁-铜成矿亚系统（本书的主要研究矿床）：四川拉拉、云南大红山铜多金属矿床是该成矿亚系统的典型代表，也是区内非常重要和具有代表性的矿床类型。该类矿床主要赋存于前震旦系大红山群、河口群一套典型的细碧-角斑岩建造中，变质程度相对较深。

综上所述，该区铜多金属矿产资源富集，可划分为海相火山岩型和沉积-变质型矿床亚系统。本书所研究的拉拉、大红山等矿床属于海相火山岩型铁-铜成矿亚系统。

第2章 原岩恢复及地层沉积环境

在扬子地块西南缘广泛发育有变质作用及所形成的变质岩，如大红山群、河口群、会理群、昆阳群等区域变质岩系，构成了本区的地层特色。恢复原岩是变质岩研究的主要方向之一。对变质岩进行岩石学特征研究和原岩恢复，不仅能够了解变质岩的原岩类型、物质成分、原岩形成的地质背景、变质作用条件、变质过程中的物质演化、区域构造运动，还对于查明该地区的铜铁多金属成矿地质背景具有重要的意义。由于前人对本区进行过较多的原岩恢复工作，本章在收集前人成果的基础上，通过总结和补充研究，对本区的变质岩原岩属性和特征进行探讨。拉拉和大红山等矿区内出露的各类岩石均遭受了成岩之后较强烈的变质、变形和改造作用及影响，使得研究区前震旦系的火山-沉积环境研究存在不同的观点，并使变质围岩的原岩恢复、地质演化、地层序列对比等许多方面的研究存在争议。而这些矿床的矿石本身就赋存在这些变质的岩石之中，因此原岩恢复是探讨矿床成因的一个重要方面。变质岩中存在多期次的矿物组合，是变质作用不同演化阶段的记录，变质原岩恢复对成岩期地质演化及成矿作用有重要意义，因而变质岩恢复是矿床研究最基础也是最重要的工作之一。通过区分不同的变质作用，重塑该区前震旦纪的地质环境及演化历史是本项研究的重要内容之一。其中拉拉矿区各类岩石遭受了后期变质和改造作用最强烈，并与大红山等矿床具有很好的可比性，因此对拉拉矿区的原岩恢复最有意义。

2.1 地层沉积环境概述

大红山与拉拉地区的地层具有很好的一致性，岩性也较为相似（吴健民等，1998；周名魁等，1988）。前人对拉拉地区进行了较多的原岩恢复工作，认为以中—低温、中—低压高绿片岩变质相为主，至绿帘角闪岩相，如肖渊甫和孙燕（1992）根据矿物共生组合确定了拉拉矿区新元古代大规模区域变质作用的变质条件，并根据岩石的地球化学特征对变质原岩进行恢复（肖渊甫等，1992）；前人根据矿区钠长岩的地球化学特征及变质变形特征，讨论了矿床的可能成因机制（申屠保涌，2000）；何德锋采用石榴石-黑云母地质温度计和多硅白云母地质压力计并结合电子探针分析技术所估算出的变质条件与矿物共生组合所确定的温度和压力范围相吻合，认为拉拉铜矿区新元古代大规模区域变质作用为高绿片岩相（何德锋，2009）；矿区的变质原岩地球化学判别结果表明，本区钠长岩的变质原岩为火山岩，而云母片岩的变质原岩为沉积岩（何德锋，2009）。综合前人研究，古元古界河口群地层原岩恢复情况如表2-1所示。而前人对大红山矿区高绿片岩相-低角闪岩相地层的原岩恢复研究表明黑云母片岩原岩中泥质沉积物含量较高，白云母钠长石岩原岩中包括火山质物质和喷流沉积物，而白云石大理岩原岩则以喷流热水沉积为主（吴孔文，2008）。

因此，拉拉、大红山等矿床的含矿岩石可能由火山凝灰岩、火山熔岩、泥质碎屑沉积岩和热水喷流沉积岩等不同成因沉积岩组成，之后经历明显的变质作用而形成。

表 2-1　拉拉地区古元古界河口群地层原岩恢复对照表

组	段	厚度/m	变质岩组合	原岩恢复		火山旋回	含矿性
				沉积岩	火山岩		
天生坝组	三段	＞367	钠长变粒岩、云母钠长片岩、白云石英片岩、白云石大理岩	少	角斑质石英岩、角斑质凝灰岩、火山角砾岩及熔岩	上火山喷发沉积旋回	官地、李家坟、天生坝铁矿
	二段	140	炭质白云片岩、云母钠长片岩、硅化白云石大理岩、石榴角闪片岩、石榴角闪黑云片岩	页岩、砂泥质、炭质碳酸盐沉积岩	细碧质凝灰岩及熔岩		底部红泥坡铜矿
	一段	350	钠长变粒岩、云母钠长片岩、磁铁钠长岩、钠长白云片岩	少	细碧质石英角斑质凝灰岩、火山角砾岩及熔岩		顶部铜矿化层
新桥组	二段	70～112	石榴角闪黑云母片岩夹黑云母片岩及薄层白云母片岩	少	细碧质凝灰岩		
	一段	68～118	钠质白云片岩，底部有一层含石榴钙质白云片岩	少	细碧质凝灰岩		
		123～370	深灰色夹紫色薄层变砂岩，中部夹少量白云石英片岩	页岩、砂泥质沉积岩			
落凼组	三段	129～161	白云片岩、钙质白云片岩、钠长云母片岩、透镜状白云大理岩、钠长变粒岩	页岩、砂泥质、碳酸盐、含凝灰质沉积岩	角斑质钠长岩、凝灰岩	中火山喷发沉积旋回	落凼、小厂铜矿
	二段	100～300	块状石英钠长岩、云母钠长片岩、石榴黑云片岩、黑云石英片岩、二云石英片岩、白云石英片岩	少	石英角斑质凝灰岩、火山角砾岩及凝灰岩，少量细碧质凝灰岩、熔岩		老虎山铜矿、石龙东铁矿
	一段	25～200	含铁钠长变粒岩、白云钠长片岩、白云片岩、白云石英片岩	少	含铁粗面状角斑岩、火山角砾岩及凝灰岩、钠长岩		老羊汗滩铜矿、石龙铜矿

注：据陈好寿等，1992；何德锋，2009；吴健民等，1998；朱志敏，2011 等资料综合修改。

本书对矿区片岩类样品，如白云钠长片岩、钠长黑云片岩、黑云钠长片岩、二云钠长片岩、石榴石黑云母片岩等进行了微量元素测试；据前人研究，这些片岩类样品的原岩为正常沉积岩，且变质沉积岩的原岩以页岩为主（何德锋，2009；何德锋等，2010）；将所测数据投在 Th-Sc-Zr/10 沉积岩构造判别图解中，可以看到拉拉、大红山矿区片岩样品存在一定差异，分别落到 B 大陆岛弧和 A-大洋岛弧的范围内及附近（图 2-1），仅有少量样品可能因含有少量的碎屑锆石而落到了其他相应岛弧范围附近；表明拉拉地区沉积环境为大洋岛弧，而大红山矿区片岩样品指示其形成于大陆岛弧，前人工作表明岩石原岩形成中有泥质沉积物、火山质物质和喷流热水的共同作用（吴孔文，2008）。根据研究区变质沉积岩（片岩类）的 Th-Hf-Co 构造判别图解（图 2-2），各矿床片岩样品落于 E-杂砂岩（弧）范围内，表明为与岛弧环境有关的杂砂岩，还有个别样品落于 B-页岩（克拉通盆地）和 D-长石砂岩区域，岔河矿区样品有一个落于 A-长英质火山岩内，表明其物质来源可能为长英质火山岩，这与岔河地区赋矿层位的火山质岩性是一致的。

前人对拉拉地区钠长岩微量元素判别（何德锋，2009）与上述片岩判别结果类似，因此，本区矿床的赋矿围岩如变质沉积岩和变钠质火山岩的构造环境可能形成于岛弧背景的弧后拉张盆地环境。由于前人对拉拉矿床、大红山矿床围岩的变质原岩恢复的研究已较为深入，因此本书重点对云南武定迤纳厂矿床、云南元江岔河铜矿床赋矿围岩进行进一步的变质原岩恢复工作，以揭示本区矿床赋矿围岩的沉积环境和变质原岩主要成分。其中，样品的常量元素分析由西南冶金测试中心完成，微量元素分析由核工业北京地质研究院分析测试中心和成都理工大学地学核技术四川省重点实验室完成。

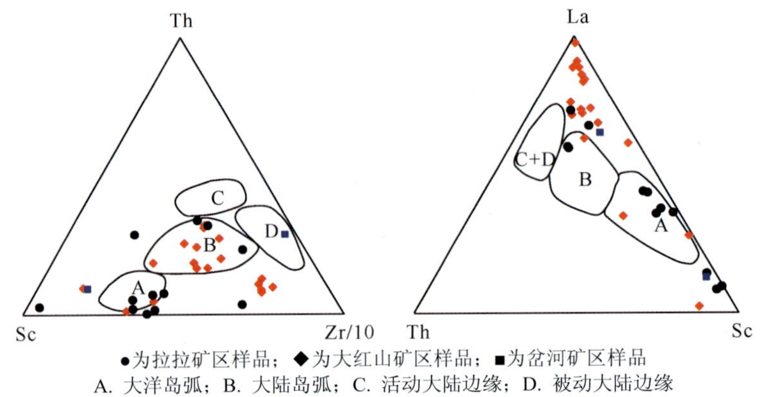

●为拉拉矿区样品；◆为大红山矿区样品；■为岔河矿区样品
A. 大洋岛弧；B. 大陆岛弧；C. 活动大陆边缘；D. 被动大陆边缘

图 2-1 研究区变质沉积岩（片岩类）的 Sc-Th-Zr/10（左）和 La-Th-Sc（右）构造判别图解（底图据 Bhatia et al.，1986）

（图中样品数据除本文测试外，部分数据值引自何德锋，2009 和吴孔文，2008。）

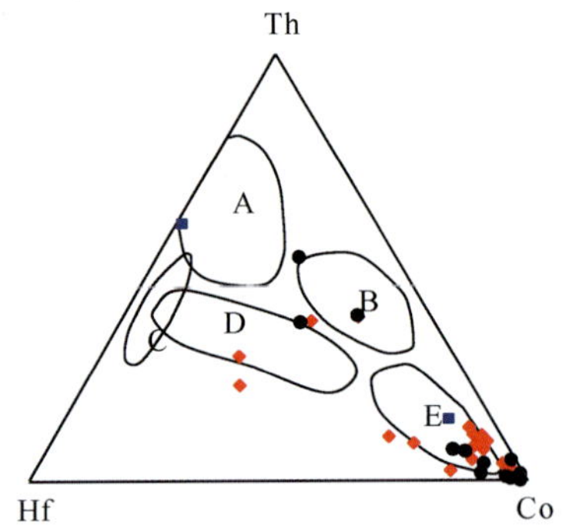

A. 长英质火山岩；B. 页岩（克拉通盆地）；C. 石英岩（克拉通盆地）；D. 长石砂岩；E. 杂砂岩（弧）
●为拉拉矿区样品；◆为大红山矿区样品；■为岔河矿区样品

图 2-2 研究区变质沉积岩（片岩类）的 Th-Hf-Co 构造判别图解（底图据 Bhatia et al.，1986）

（图中样品数据除本文测试外，部分数据值引自何德锋，2009 和吴孔文，2008。）

2.2 云南武定迤纳厂矿床变质岩原岩恢复

云南中部北起武定、禄丰，南至昆明、易门、峨山、元江一带的滇中片区，是云南元古代地层出露最广、最完整的地区，主要由元古代的浅变质碎屑岩和碳酸岩组成。在滇中地区下昆阳群众多的 Fe-Cu-Au-REE 矿床中，武定迤纳厂矿床位于滇中地区中段位置，无论从资源储量类型、所处的构造位置还是矿床特征上来看，都是滇中地区该类型的典型代表。所谓迤纳厂组，指的是主要分布在迤纳厂地区的唐房、狮子口、东方红、大宝山、百里岩一带的东西长近 10km，南北宽 2～5km，出露面积约为 17km^2 的元古代浅变质岩系（侯林，2013）。

迤纳厂矿区出露的各类岩石成岩后均受到较强烈的变质作用及影响，虽然对变质岩进行原岩恢复的方法已比较成熟，应用已比较广泛（黄华等，2013；李曙光等，1989；李天斌等，2006；马光等，2004；马林等，2008；宋新华等，2010；汪百齐，2009；吴家富等，2010），但前人对该区变质岩的原岩恢复及沉积环境的研究相对薄弱，研究程度较低，而迤纳厂矿床矿石赋存在变质的岩石中，因此，原岩恢复就成为探讨矿床成因的一个重要内容。选取迤纳厂地区 15 个有代表性的片岩类及炭质板岩类样品如表 2-2 所示。

表 2-2　迤纳厂矿床围岩常量元素分析结果（扣除烧失量/%）

原样编号	YNC003-3	YNC006-3	YNC008-3-2	YNC020	YNC037-2	YNC049	YNC049-2
岩性	炭质板岩	黑云母片岩	炭质板岩	炭质板岩	云母片岩	石榴石片岩	石榴石片岩
采样位置	过水沟	过水沟	东方红	大宝山	大宝山	大宝山	大宝山
SiO_2	19.02	48.75	75.51	80.05	64.49	42.93	30.24
Al_2O_3	1.52	13.75	14.31	9.96	21.12	14.95	11.72
Fe_2O_3	1.38	4.07	1.60	3.82	2.15	11.93	9.82
FeO	5.42	17.23	0.67	0.42	1.71	18.80	18.57
MgO	28.12	7.37	1.69	1.52	2.17	3.06	7.91
CaO	42.68	0.84	0.21	0.13	0.21	2.36	16.03
Na_2O	0.16	0.13	0.16	0.14	0.31	0.05	0.06
K_2O	0.51	6.53	5.16	3.25	6.69	3.37	2.27
TiO_2	0.08	0.66	0.65	0.52	1.03	0.59	0.49
MnO	0.87	0.52	0.01	0.07	0.004	1.78	2.66
P_2O_5	0.24	0.16	0.03	0.11	0.11	0.20	0.23
TFe_2O_3	6.66	20.88	2.11	3.85	3.64	29.51	27.39
总量	100.00	100.01	100.00	99.99	99.99	100.02	100.00
K_2O+Na_2O	0.67	6.66	5.32	3.39	7.00	3.42	2.33
K_2O/Na_2O	3.19	50.23	32.25	23.21	21.58	67.40	37.83
SiO_2/Al_2O_3	12.51	3.55	5.28	8.04	3.05	2.87	2.58
Al_2O_3/TiO_2	20.27	20.83	22.02	19.15	20.50	25.34	23.92
MnO/TiO_2	11.60	0.79	0.02	0.14	0.004	3.02	5.43
DF	0.74	−9.53	−4.61	−7.06	−2.22	−7.83	−2.30
*F*1	88.92	−3.11	6.93	3.21	5.10	−20.41	−22.54
*F*2	525.58	4.07	4.67	3.12	3.61	−14.33	−3.99

注：*DF* 计算公式见式（2-1），*F*1 和 *F*2 计算公式见式（2-2）和式（2-3）。

2.2.1　主量元素特征

由表 2-2 可见，根据不同岩性，围岩 SiO_2 含量变化较大（19.02%～80.05%），Al_2O_3 含量较高，为 1.52%～14.95%，Al_2O_3 含量与 SiO_2 含量相关，K_2O 与 Na_2O 的总含量为 0.67%～7%，K_2O/Na_2O 为 3.19～67.40，表现出富 K 的特征，具有较低含量的 TiO_2（0.08%～1.03%）、MnO（0.004%～2.66%）、P_2O_5（0.03%～0.24%）。过水沟 YNC003-3 号硅化炭质板岩样品 MgO（28.12%）和 CaO（42.68%）较其他样品 MgO（1.52%～7.91%）、CaO（0.13%～16.03%）高出很多，这是由于该样品含有较高的碳酸盐类矿物。SiO_2/Al_2O_3 可以反映沉积

岩成熟度。SiO_2/Al_2O_3 为 2.58～12.51，平均值为 5.41，反映其成熟度一般。K_2O/Na_2O 为 3.19～67.40，平均值为 33.67，值高的样品一般表明受过强烈的淋滤作用，使 Na 大量淋滤丢失，而 K 较多地保留。在本书研究中，云母片岩和石榴石片岩样品 K_2O/Na_2O 明显高于其余样品，这可能是因为这两类样品的原岩为泥岩（图 2-3），含有较多黏土矿物土控制了主量的组成，吸附更多 K 而 Na 流失所致。

表 2-3　迤纳厂矿床围岩微量元素分析结果（$\times10^{-6}$）

原样编号	YNC003-3	YNC006-3	YNC008-3-2	YNC020	YNC037-2	YNC049	YNC049-2
岩性	炭质板岩	黑云母片岩	炭质板岩	炭质板岩	云母片岩	石榴石片岩	石榴石片岩
采样位置	过水沟	过水沟	东方红	大宝山	大宝山	大宝山	大宝山
Co	11.2	40.2	6.08	9.76	10.9	31.2	270
Ni	15.1	46.1	30.1	78.5	19.9	37.9	38.2
Cu	374	86	86.5	140	26.3	31.7	430
Zn	33.5	69.8	35.1	168	40.3	31.4	29.5
Y	9.92	17.7	14.8	73.5	27.5	9.77	15.4
Mo	3.86	4.72	25.9	3.77	0.619	7.94	3.3
Cs	1.3	38.8	2.29	4.4	4.81	42.8	13.8
Re	0.024	0.014	0.041	0.009	0.007	0.007	0.012
Tl	0.102	1.68	0.578	2.1	0.505	1.56	0.621
Pb	2.32	1.87	7.81	16.6	5.98	0.835	1.17
Bi	0.185	0.111	3.07	0.642	0.063	0.013	0.283
Th	1.11	10.4	11.6	8.22	18.8	13.3	8.01
U	1.37	3.44	11.8	5.69	2.01	3.79	2.82
La	2.4	22.5	8.96	26.1	98.5	10.5	11.5
Ce	5.58	37.5	16.6	46.1	181	16.3	20.2
Pr	0.737	4.01	1.84	6.09	20.7	1.7	2.29
Nd	3.18	14.6	6.82	23	77.3	6.09	9.01
Sm	0.911	2.78	1.44	4.61	12.4	1.4	2.16
Eu	0.241	1.37	0.273	0.912	2.25	1.56	1.06
Gd	1.05	3.11	1.85	5.77	11.1	2.2	3.18
Tb	0.259	0.549	0.327	1.18	1.29	0.372	0.584
Dy	1.44	2.82	2.15	7.48	5.6	2.16	3.39
Ho	0.31	0.56	0.604	2.05	1.14	0.353	0.662
Er	0.731	1.57	1.73	5.85	3.06	1.23	1.63
Tm	0.131	0.269	0.362	1.07	0.47	0.232	0.254
Yb	0.74	1.7	2.07	6.64	2.56	1.14	1.68
Lu	0.105	0.234	0.276	1.04	0.447	0.188	0.288
Y	9.92	17.7	14.8	73.5	27.5	9.77	15.4
ΣREE	17.82	93.57	45.30	137.89	417.82	45.43	57.89
LREE	13.05	82.76	35.93	106.81	392.15	37.55	46.22
HREE	4.77	10.81	9.37	31.08	25.67	7.88	11.67
LREE/HREE	2.74	7.65	3.84	3.44	15.28	4.77	3.96
La_N/Yb_N	2.33	9.49	3.10	2.82	27.60	6.61	4.91

续表

原样编号	YNC003-3	YNC006-3	YNC008-3-2	YNC020	YNC037-2	YNC049	YNC049-2
岩性	炭质板岩	黑云母片岩	炭质板岩	炭质板岩	云母片岩	石榴石片岩	石榴石片岩
采样位置	过水沟	过水沟	东方红	大宝山	大宝山	大宝山	大宝山
δEu	0.75	1.42	0.51	0.54	0.57	2.71	1.24
δCe	1.02	0.89	0.95	0.86	0.93	0.86	0.91
La/Yb	3.24	13.24	4.33	3.93	38.48	9.21	6.85
Sm/Nd	0.29	0.19	0.21	0.20	0.16	0.23	0.24

表 2-4　迤纳厂矿床围岩微量元素分析结果（$\times 10^{-6}$）

样品编号	YNC-001	YNC-003-4	YNC-008-3-1	YNC020-1	YNC-064	YNC-070-1	YNC-077	YNC-127
岩性	云母片岩	片岩	炭质板岩	炭质板岩	炭质板岩	片岩	炭质板岩	炭质板岩
采样位置	过水沟	过水沟	东方红	大宝山	大宝山	大宝山	大宝山	辣椒矿
As	0.44	6.23	31.55	21.69	1.13	2.97	8.54	2.17
Y	23.40	7.49	15.64	82.54	24.61	37.33	58.35	20.66
Co	27.64	6.13	6.81	5.97	14.68	36.68	37.20	35.44
Cr	38.58	4.23	99.69	51.10	122.01	110.7	52.35	101.58
Cu	4.93	280.52	29.25	43.25	17.13	9.47	365.69	18.99
Ge	1.89	0.18	1.18	2.48	1.27	2.27	2.52	2.20
Hf	1.89	0.27	6.15	5.85	6.11	4.95	3.11	4.07
Mn	1959.28	4024.2	51.96	37.68	1176.3	4193.6	3738.1	379.04
Nb	5.96	2.45	13.03	14.67	18.35	32.24	242.72	15.05
Ni	33.54	7.20	33.71	68.86	40.44	55.41	18.85	56.94
Ta	0.45	0.11	0.95	1.19	1.24	1.92	3.61	1.02
Th	6.34	0.31	13.93	8.99	22.04	69.43	1.84	17.21
Tl	0.40	0.11	0.67	2.56	1.11	2.73	1.13	0.93
U	0.39	0.78	14.73	6.37	4.95	11.59	8.20	6.54
Zn	59.23	3.38	8.39	107.45	42.09	77.40	34.20	42.39
Zr	75.51	9.98	238.23	210.17	241.43	180.12	125.71	150.71
Fe	14.42	4.31	1.53	2.59	12.49	29.38	38.73	16.84
Li	30.99	3.24	22.26	38.94	59.20	110.66	68.24	59.83
Sc	7.03	0.69	11.19	10.08	15.90	2.88	4.31	20.06
La	36.82	1.98	12.21	22.82	32.07	835.70	30.01	6.25
Ce	71.36	5.26	21.30	38.12	61.71	1273.27	57.47	11.93
Pr	7.90	0.72	2.15	5.28	6.87	120.58	6.67	1.43
Nd	28.62	3.28	7.74	19.72	24.44	381.29	25.51	5.72
Sm	4.84	0.95	1.84	4.32	5.23	45.89	7.19	2.61
Eu	0.96	0.33	0.52	1.01	2.07	24.85	8.32	1.66
Gd	4.87	1.20	1.56	4.84	4.72	36.45	8.29	2.27
Tb	0.71	0.22	0.31	1.05	0.78	3.48	1.84	0.51
Dy	4.05	1.40	2.32	8.38	4.65	12.42	12.39	3.74
Ho	0.76	0.24	0.55	1.98	0.85	1.47	2.31	0.74

续表

样品编号	YNC-001	YNC-003-4	YNC-008-3-1	YNC020-1	YNC-064	YNC-070-1	YNC-077	YNC-127
岩性	云母片岩	片岩	炭质板岩	炭质板岩	炭质板岩	片岩	炭质板岩	炭质板岩
采样位置	过水沟	过水沟	东方红	大宝山	大宝山	大宝山	大宝山	辣椒矿
Er	2.42	0.62	1.68	6.33	2.55	4.06	6.13	2.17
Tm	0.39	0.09	0.28	1.10	0.40	0.32	0.87	0.37
Yb	2.55	0.46	1.92	6.68	2.61	1.63	4.50	2.28
Lu	0.39	0.06	0.33	1.20	0.42	0.21	0.54	0.35
ΣREE	166.66	16.81	54.70	122.84	149.37	2741.62	172.05	42.01
LREE	150.51	12.52	45.76	91.29	132.40	2681.59	135.18	29.60
HREE	16.15	4.29	8.94	31.55	16.97	60.03	36.87	12.42
LREE/HREE	9.32	2.92	5.12	2.89	7.80	44.67	3.67	2.38
La_N/Yb_N	10.34	3.12	4.57	2.45	8.82	367.61	4.79	1.97
δEu	0.60	0.95	0.91	0.67	1.25	1.80	3.28	2.04
δCe	0.98	1.08	0.94	0.82	0.97	0.87	0.95	0.94
Sm/Nd	0.17	0.29	0.24	0.22	0.21	0.12	0.28	0.46

2.2.2　原岩类型判别

已有研究资料表明，即使在变质很深的岩石中，原岩的某些特征也可能残留下来或有所反映，查明其原岩是可能的。自五十年代以来，开始广泛应用岩石化学方法，到七十年代中期，已提出了一系列方法，除常量元素、微量元素外，稀土元素地球化学和稳定同位素地球化学在原岩恢复及岩石成因研究中，也取得了极大的发展。我国目前采用的方法有岩相法、岩石化学法、地球化学法、稳定同位素法、副矿物法和数学地质法（胡恭任，1999；张海祥，2003）。通过元素地球化学研究，可以较好的判别变质原岩类型。前人已提出过较多判别方式，例如根据 Shaw（Shaw，1972）建立的变质岩的判别式：

$$DF = 10.44 - 0.21SiO_2 - 0.32TFe_2O_3 - 0.98MgO + 0.55CaO + 1.46Na_2O + 0.54K_2O \quad (2\text{-}1)$$

DF>0 为正变质岩，*DF*<0 则为副变质岩。根据迤纳厂围岩常量元素分析测试结果，计算出围岩样品的 *DF*（表 2-2），除 YNC003-3 硅化炭质板岩 *DF*>0 外，其余变质围岩 *DF*<0，由此可以看出，迤纳厂变质岩的原岩应为副变质岩。

将数据投在 c-n-f 原岩恢复图解上（图 2-4），所有点均落在 II 区，显示迤纳厂矿床变质围岩的原岩大部分为沉积岩。在［（Al+fm）–（Alk+C）］-Si 图解（图 2-3）中，样品均落在沉积岩区域，其中 YNC003-3、YNC006-3、YNC049、YNC049-2 号样品原岩为泥岩，YNC008-3-2、YNC020、YNC037-2 号样品原岩为砂岩。在砂岩分类图解（图 2-5）中，绝大部分样品都投影在长石砂岩区，个别样品投在亚长石砂岩区。岩石微量元素地球化学特征往往很好地保存了关于成岩物质来源的信息，成为独特的地球化学“指纹”（韩吟文，2003），一般可以将活动性较低或者基本不活动的元素作为原岩恢复的标志，如常用 La/Yb-ΣREE 图解作为变质原岩的判别。根据所测微量元素数据投点于 La/Yb-ΣREE 图（图 2-6）上，结果表明，迤纳厂地区片岩类和板岩类的原岩为钙质或泥质沉积岩，少数为碳酸盐岩。总体来说，从上述岩石化学图解及岩石样品的地球化学特点来看，该套岩系主要属副变质岩范畴；迤纳厂矿床原岩为沉积岩，并以钙质或泥质沉积岩为主。

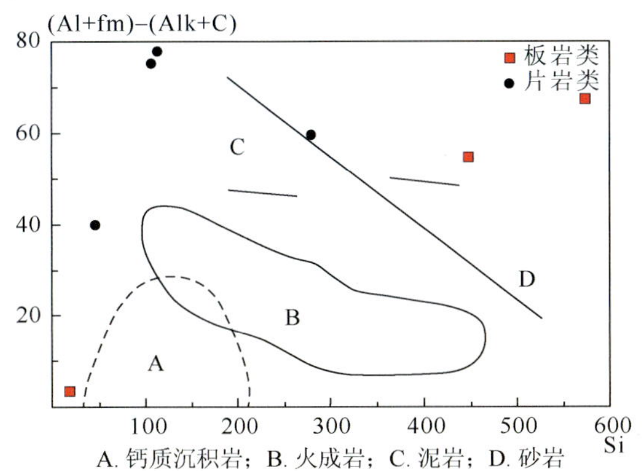

图 2-3　尼格里指数-Si 原岩恢复图解
（底图据王仁民等，1987）

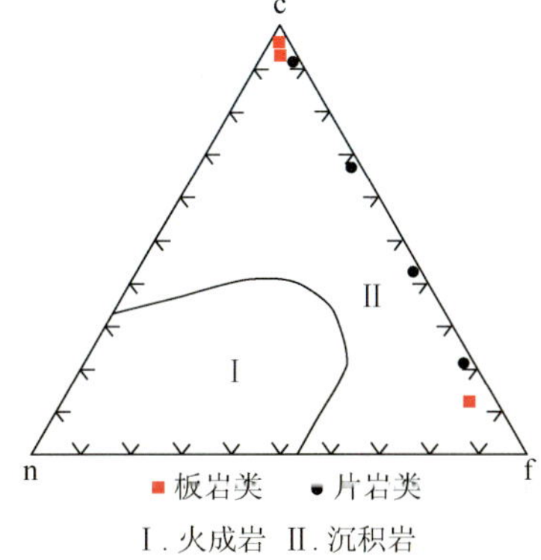

图 2-4　原岩恢复 c-n-f 三角图
（底图据王仁民等，1987）

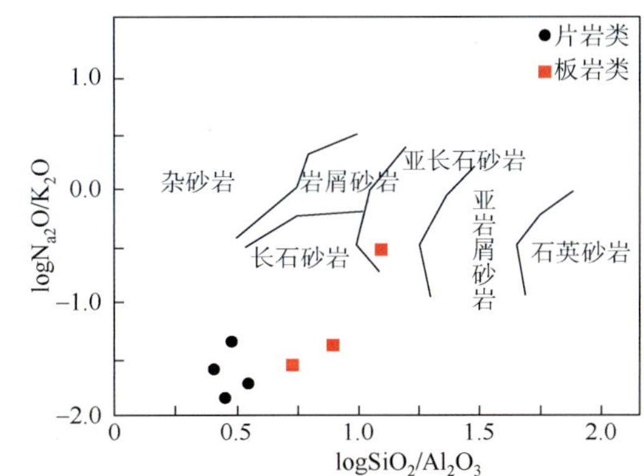

图 2-5　砂岩分类图解（底图据 Mclennam et al.，1993）

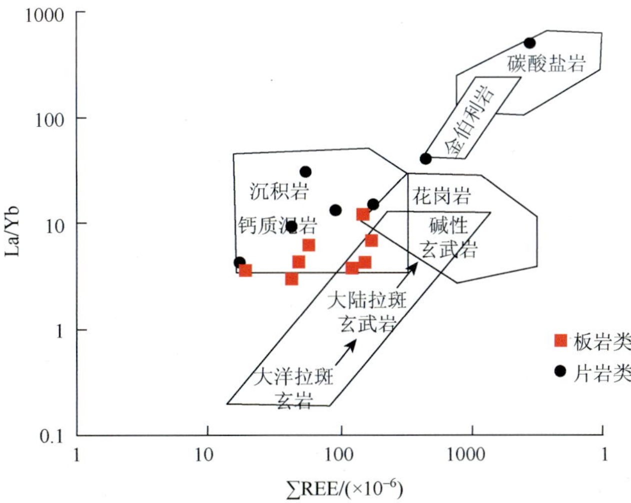

图 2-6　地壳不同类型岩石的 La/Yb-ΣREE 图解（底图据赵振华，1997）

2.2.3 沉积岩物源性质

利用元素地球化学可以为沉积岩物质来源探讨提供依据，本书借助岩石特征和地球化学特征研究相结合的方法来进行迤纳厂矿床原岩物源性质探讨。

（1）Girty（1996）提出，根据 Al_2O_3/TiO_2 可以推断沉积物的物源，来源于镁铁质岩石的沉积物，Al_2O_3/TiO_2＜14；来源于长英质岩石的沉积物，19＜Al_2O_3/TiO_2＜28，迤纳厂矿床变质岩样品 Al_2O_3/TiO_2（表 2-2）为 19.15～25.34，推断物源以长英质岩石为主。

（2）Sm/Nd 不仅是反映 ΣREE 分馏程度的重要参数之一，也是反映物质来源的一个重要参数，地幔来源为 0.26～0.375，大洋玄武岩来源为 0.234～0.425，壳层花岗岩类及各类沉积岩一般小于 0.3，本次研究的 Sm/Nd（除 YNC127 为 0.46 外）为 0.12～0.29，属于壳层花岗岩类及各类沉积岩范围内。

（3）Roser 和 Korsch（1988）根据 Ti、Al、Fe、Mg、Ca、Na、K 的氧化物建立判别函数图［*F*1 和 *F*2 根据式（2-2）和式（2-3）计算得出］，此图将物源区划分为长英质、中性岩、铁镁质火成物源区和石英质沉积物源区，通过对迤纳厂矿床样品进行图解投点（图 2-7），除个别点投点于图外（主要原因是 Mg 含量过高），其余点均投落于石英质沉积物源区。根据刘建辉等建立的 $Ni-TiO_2$ 图解（刘建辉等，2005）（图 2-8），迤纳厂矿床变质围岩样品绝大多数投点于长英质区域，少量在砂岩区域，明显远离铁镁质区域，根据以上研究，反映出物源可能为长英质岩石、石英质岩石。

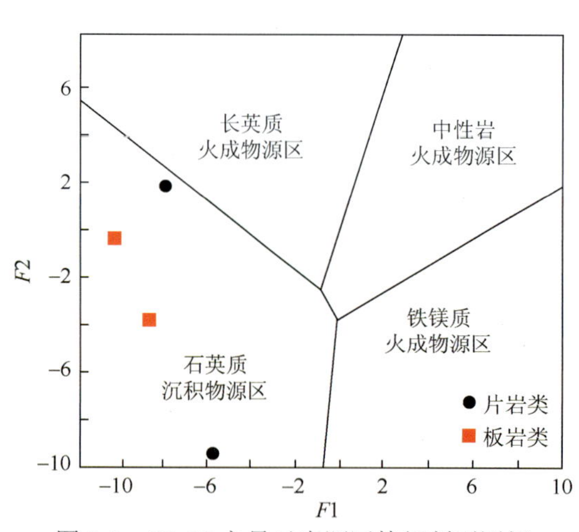

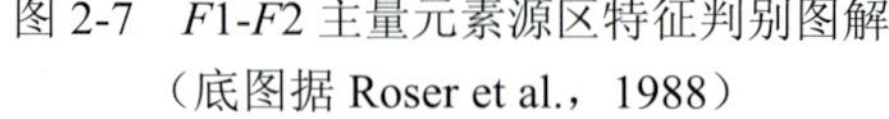
图 2-7　*F*1-*F*2 主量元素源区特征判别图解
（底图据 Roser et al.，1988）

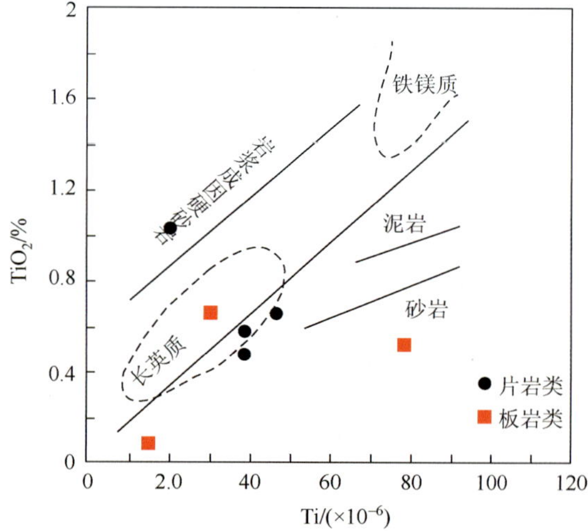

图 2-8　$Ni-TiO_2$ 图解（底图据 Floyd et al.，1989）

$$F1 = -1.773TiO_2 + 0.607Al_2O_3 + 0.76TFe_2O_3 - 1.5MgO + 0.616CaO + 0.509Na_2O - 1.224K_2O - 9.09 \tag{2-2}$$

$$F2 = 0.445TiO_2 + 0.07Al_2O_3 - 0.25TFe_2O_3 - 1.142MgO + 0.438CaO + 1.475Na_2O + 1.426K_2O - 6.86 \tag{2-3}$$

（4）由于变质作用期间稀土元素的活动性比较弱，沉积原岩的稀土元素特征往往被保留在变质沉积岩中，为沉积岩源区提供了重要线索。因此，可利用不活泼的微量元素及其

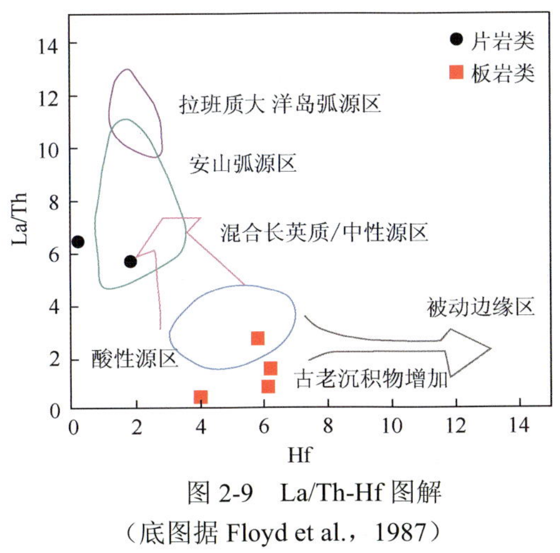

图 2-9　La/Th-Hf 图解
（底图据 Floyd et al.，1987）

比值和稀土元素进行岩石物源区的判别（Floyd and Leveridge，1987）。对遮纳厂矿床样品进行 La/Th-Hf 图解投图（图 2-9），样品部分落在酸性物源区，并显示有古老沉积物的加入，部分落在混合长英质/中性岩源区，表明沉积物可能主要来源于上地壳酸性源区及古老沉积物，部分来源于长英质源区；结合本区地质研究，也可能是由陆源碎屑岩经强烈挤压破碎后，由后期区域内较为广泛的热液流体交代而形成。

综上所述，推测遮纳厂矿床变质岩的物源成分可能以长英质、石英质岩石为主，并且含有火成物源（酸性物源）及古老再循环沉积物。

2.2.4　地层沉积环境判别

K_2O/Na_2O 同样受沉积盆地构造环境的制约，不同构造环境沉积岩的 K_2O/Na_2O 存在差异，根据现代沉积物的组成特征，火山活动强烈环境的现代深海浊积岩中的砂岩 $K_2O/Na_2O<1$，沉积盆地边缘砂岩的 $K_2O/Na_2O>1$（Mclennan et al.，1990），据此可以判断该区样品主要应为沉积盆地边缘的砂岩。

研究表明，海洋沉积物中热水的参与会产生 Fe、Mn 的富集，而陆源物质介入会导致 Al、Ti 的富集，沉积岩中 MnO 含量与大洋深部热液作用有关，TiO_2 含量与陆源物质的介入有关（Boström et al.，1973；Adachi et al.，1986），遮纳厂样品 MnO/TiO_2 变化范围较大，为 0.004～11.6，说明与大洋深部及大陆源均有关系。

收集前人资料总结出大洋岛弧、大陆岛弧、活动大陆边缘、被动大陆边缘环境的稀土元素特征如表 2-5 所示，对比遮纳厂矿床稀土元素特征，得出遮纳厂矿床变质原岩形成于大陆岛弧环境。

表 2-5　遮纳厂变质岩原岩形成的构造环境判别

序号	构造环境	样品数量	La	Ce	ΣREE	La/Yb	La_N/Yb_N	LREE/HREE	δEu
1	大洋岛弧	9	8±1.7	19±3.7	52±10	4.2±1.3	2.8±0.9	3.8±0.9	1.04±0.11
2	大陆岛弧	9	27±4.5	59±8.2	146±20	11±3.6	7.7±2.5	7.7±1.7	0.79±0.13
3	活动大陆边缘	2	37	78	186	12.5	8.5	9.1	0.6
4	被动大陆边缘	2	39	85	210	15.9	10.8	8.5	0.56
5	遮纳厂	14	23	42	110	9.3	6.6	5.4	1.25

注：序号 1～4 据 Bhatia（1985），序号 5 为遮纳厂矿床变质岩的平均值。

将所测数据分别投点在 La-Th-Sc 沉积岩构造判别图（图 2-10）、Th-Sc-Zr/10 构造判别图（图 2-11）和 La/Sc-Ti/Zr 构造判别图（图 2-12）中，可以看出，大部分数据均落在大陆岛弧区（图 2-12 B）及附近，得出遮纳厂地区变质岩原岩沉积构造环境主要为大陆岛弧环境。

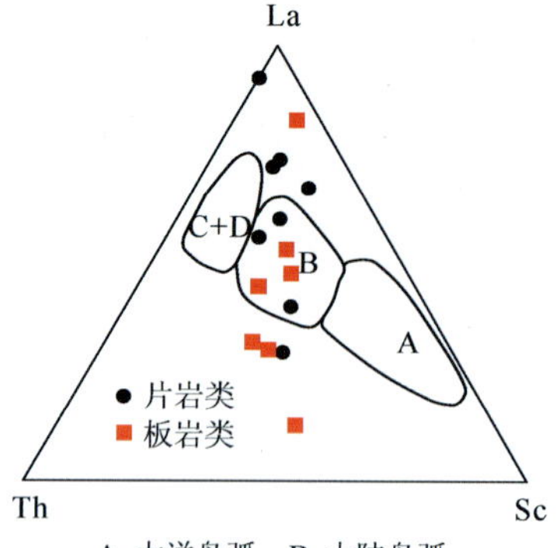

A. 大洋岛弧；B. 大陆岛弧；
C. 活动大陆边缘；D. 被动大陆边缘

图 2-10　La-Th-Sc 构造判别图解
（底图据 Bhatia et al.，1986）

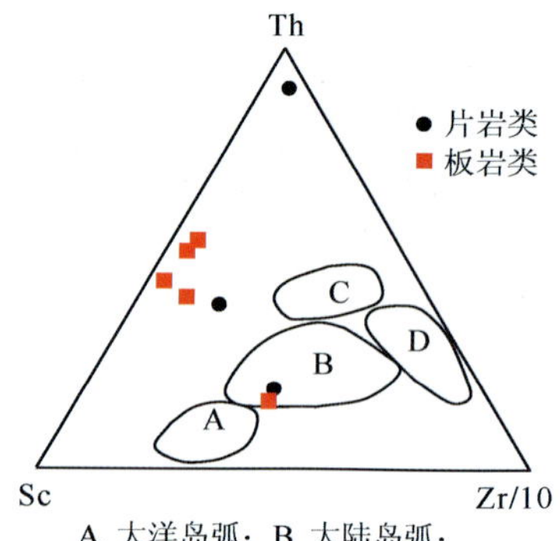

A. 大洋岛弧；B. 大陆岛弧；
C. 活动大陆边缘；D. 被动大陆边缘

图 2-11　Th-Sc-Zr/10 构造判别图解
（底图据 Bhatia et al.，1986）

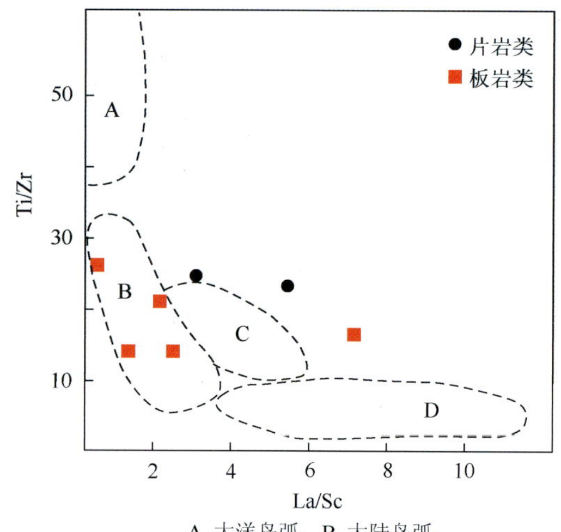

A. 大洋岛弧；B. 大陆岛弧；
C. 活动大陆边缘；D. 被动大陆边缘

图 2-12　La/Sc-Ti/Zr 构造判别图解
（底图据 Bhatia et al.，1986）

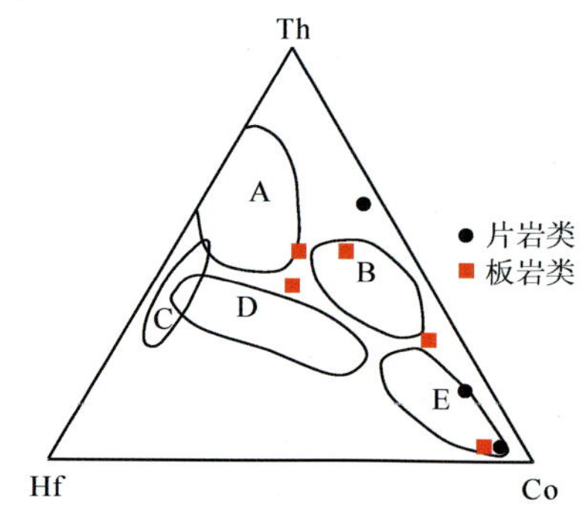

A. 长英质火山岩；B. 页岩(克拉通盆地)；
C. 石英岩(克拉通盆地)；D. 长石砂岩；E. 杂砂岩(弧)

图 2-13　Th-Hf-Co 构造判别图解
（底图据 Bhatia et al.，1986）

根据野外地质情况，迤纳厂矿床矿区主要为一套紫红、肉红色英绢片岩、绢云板岩，局部见石榴子石细晶，顶部为白云质板岩；部分地层夹薄层状变质砂岩，风化面见“核桃皮”状凹凸不平的溶蚀面（赵秀鲲等，1993），底部与白云岩、硅质白云岩过渡。以上特征与区域上鹅头厂组岩性一致。结合地球化学特征，根据研究区变质岩微量元素的 Th-Hf-Co 图解（图 2-13），迤纳厂矿床的片岩和板岩均落在页岩区（图 2-13 B）和杂砂岩区（图 2-13 E），而且是 E 区比较集中，因此，可以推断迤纳厂矿床变质原岩以与岛弧有关的杂砂岩为主，也有部分克拉通盆地的页岩，并加有一定的碳酸盐岩成分。

综合以上分析，从微量元素、稀土元素比较及大部分图解显示，迤纳厂矿床的变质围岩沉积构造环境主要以大陆岛弧环境为主，但个别图解显示出具有被动大陆边缘的特征，这可能是由于后期受到大陆边缘活动的影响造成的。

2.3 云南元江岔河铜矿床变质岩原岩恢复

对岔河铜矿床变质岩的原岩恢复，已有学者进行过研究，孙克祥（1991）认为岔河铜矿床中钠质火山岩系的原岩可能是细碧-角斑岩，也可能是玄武岩-安山岩，老厂河组白云质大理岩、石英岩和变砂岩、混合岩的原岩分别为白云岩、石英砂岩和碎屑岩；胡煜昭（1996）利用岩石化学成分及微量元素对变质岩进行原岩恢复，结果表明，混合岩、片麻岩和浅粒岩的原岩以流纹岩为主，砂岩次之，板岩和千枚岩原岩是泥质岩，大理岩原岩为泥灰岩，绿泥石片岩的原岩可能为安山岩，石英岩的原岩为石英砂岩。本书通过变质岩常量元素特征及稀土元素、岩石化学参数变异图解和野外地质资料的搜集，对矿床变质岩做原岩恢复，以探讨其原岩性质。常量元素的分析测试在西南冶金地质测试所完成，测试结果如表 2-6 所示。

表 2-6 岔河铜矿床围岩常量元素分析数据统计表[$\omega(B)/\times10^{-2}$]

编号	SiO_2	Al_2O_3	Fe_2O_3	FeO	MgO	CaO	Na_2O	K_2O	TiO_2	MnO	P_2O_5	总和	里特曼指数
C01	70.39	15.86	1.49	1.59	2.07	2.04	0.49	5.08	0.27	0.04	0.68	100	1.13
C03	73.2	12.69	1.31	2.74	3.98	0.76	0.11	4.67	0.35	0.06	0.13	100	0.76
C11	74.01	15.36	1.62	1.38	1.44	0.4	0.65	4.91	0.18	0.017	0.028	99.9	1
C16-5	60.8	15.13	2.08	7.03	5.42	2.45	2.01	3.79	0.98	0.08	0.23	100	1.89

在扣除烧失量，将主氧化物总量换算成百分数之后，岔河铜矿床围岩 SiO_2 含量变化较大，为 60.8%～74.01%，MgO 含量为 1.44%～5.42%，CaO 含量为 0.4%～2.45%，Al_2O_3 含量为 12.69%～15.86%，TiO_2 含量为 0.18%～0.98%，Fe_2O_3 含量为 1.31%～2.08%，FeO 含量为 1.38%～7.03%，Na_2O 含量为 0.11%～2.01%，K_2O 含量为 3.79%～5.08%，岔河铜矿床岩石 K_2O 含量普遍大于 Na_2O，K_2O/Na_2O 均大于 1，为 1.89～42.45，说明原岩经历了不同程度的物理化学作用（周雪瑶，2015），钠流失较为严重，钾保留的较多。所有样品具有高 Al_2O_3、K_2O，低 CaO 和 Na_2O 的特点。样品的 SiO_2/Al_2O_3 为 4.02～5.77，平均值为 4.76，说明岩石中等的成熟度，各样品成熟度变化不大，显示相似的成熟度。经计算，全碱含量（Na_2O+K_2O）为 4.78%～5.80%。

为探讨岔河铜矿床围岩原岩性质，将四个围岩样品常量及稀土元素投点到[(Al+fm)–(Alk+C)]-Si 图解［图 2-14（a）］和 La/Yb-ΣREE 图解［图 2-14（b）］中，从图 2-14 可以发现，岔河铜矿床片岩类和石英岩的原岩应该是沉积岩，而石英岩的原岩可能为砂岩或杂砂岩。

Bhatia 等（1986）认为砂岩中的（Fe_2O_3+MgO）%、TiO_2%和 Al_2O_3/TiO_2 与源区成分及构造环境相关，（Fe_2O_3+MgO）%、TiO_2%和 Al_2O_3/TiO_2 从大洋岛弧、大陆岛弧、活动大陆边缘、被动大陆边缘变化而减小。因此，变异图解可以直接反映砂岩的形成环境。岔河铜矿床样品数据投点除样品 C16-5 外均落在活动大陆边缘杂砂岩及附近（图 2-15），而样品 C16-5 数据投点落在大洋岛弧杂砂岩内，暗示其形成于岛弧背景。围岩样品的类型应属于大陆边缘杂砂岩。

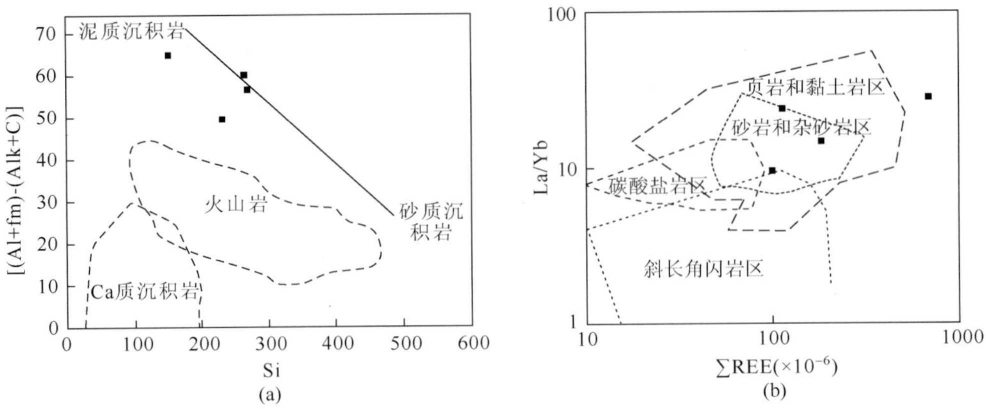

图 2-14　[(Al+fm)−(Alk+C)]-Si 图解和 La/Yb-ΣREE 图解

（底图据胡恭任，1999；张海祥，2003；有改动）

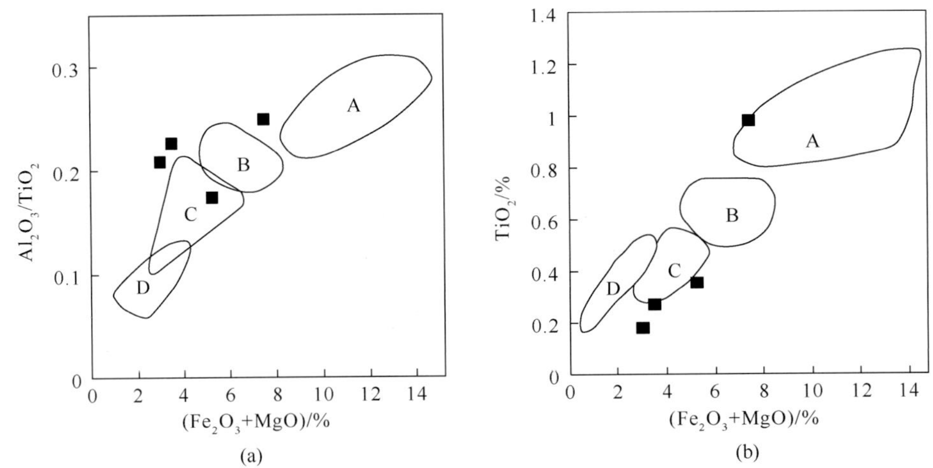

A. 大洋岛弧杂砂岩；B. 大陆岛弧杂砂岩；C. 活动大陆边缘杂砂岩；D. 被动大陆边缘杂砂岩

图 2-15　（Fe_2O_3+MgO）%-Al_2O_3/TiO_2 和（Fe_2O_3+MgO）%-TiO_2%图解

（底图据张海祥，2003）

将岔河铜矿床围岩数据投图在 K_2O/Na_2O-SiO_2 构造环境判别图（图 2-16）上（Roser et al., 1986），样品 C16-5 投在活动大陆边缘区域内，其余样品均落在被动大陆边缘区域内。

本书研究变质岩的原岩主要是针对炭质板岩类和片岩类进行的，结合区域及矿床地质地层岩性特征，区域出现的板岩具有特殊的板状构造，并且常保存变余沉积构造，原岩的矿物无明显的重结晶现象，少见新生矿物；而片岩类具有明显的片状构造，原岩矿物组合普遍重新定向排列，原生组分和结构构造几乎无保留，多为新生矿物。迤纳厂矿床出露地层主要为昆阳群迤纳厂组的变质岩，该组出露岩性包括石英砂岩、粉砂岩、变质粉砂岩、砾状砂岩等，结合原岩恢复图解（图 2-3，图 2-4，图 2-6）以及砂岩分类图解（图 2-5），再根据围岩常量元素 SiO_2 含量可以判断，该区变质原岩为大陆岛弧环境下形成的泥页岩及石英砂岩。在判断构造环境的 Al_2O_3/TiO_2 和 K_2O/Na_2O-SiO_2 两种图解中，岔河铜矿床围岩数据投点结果略有差异，原因在于两种图解划分的依据不同。结合前人观点和矿床地质特征，本书认为岩石形成环境可能为被动大陆边缘环境（图 2-16）。

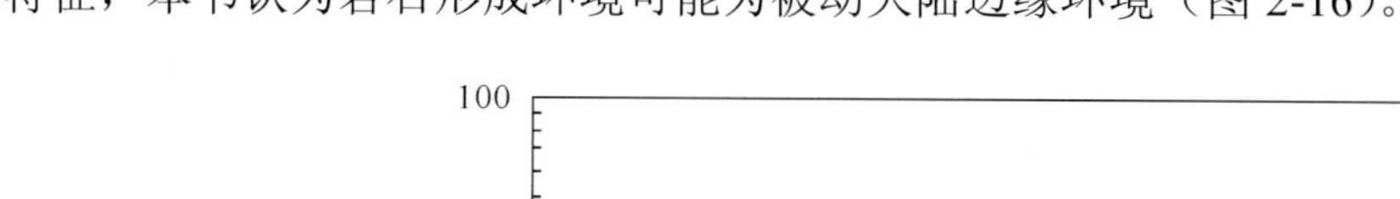

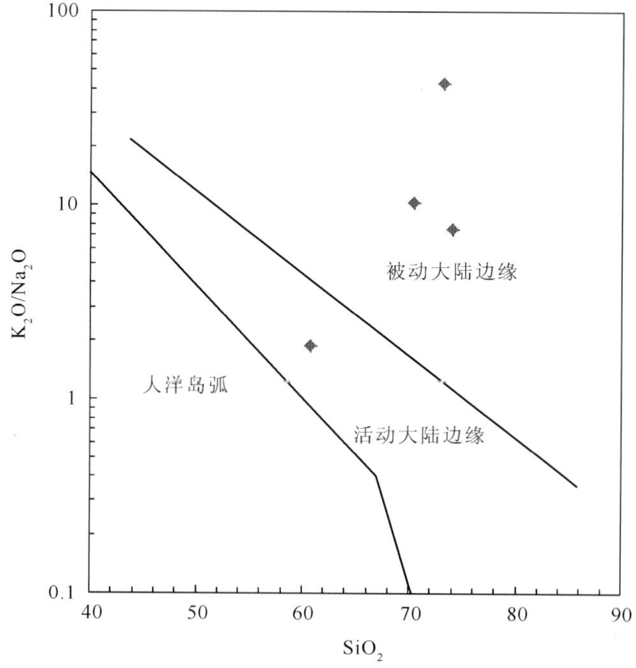

图 2-16　K_2O/Na_2O-SiO_2 构造环境判别图（底图据 Roser et al.，1986）

2.4　小结与讨论

研究区内矿床成因存在着火山、热液、沉积变质等不同看法，分歧较大程度上在于不同研究者对赋矿原岩的认识不一。前已述及，在研究区内有广泛发育有变质作用及所形成的变质岩，如大红山群、河口群、会理群、昆阳群等区域变质岩系，构成了本区的地层特色。通过总结和补充研究，结合本书研究，对本区的变质岩原岩属性和特征进行了探讨。

（1）大红山与拉拉地区的地层具有很好的一致性，岩性也较为相似（吴健民等，1998；周名魁等，1988），拉拉铜矿区新元古代大规模区域变质作用为高绿片岩相（何德锋，2009）；矿区的变质原岩地球化学判别结果表明，本区的钠长岩的变质原岩为火山岩，而云母片岩的变质原岩为沉积岩（何德锋，2009），黑云母片岩原岩中泥质沉积物含量较高，白云母钠长石岩原岩中包括火山质物质和喷流沉积物，而白云石大理岩原岩则以喷流热水沉积为主（吴孔文，2008）。矿区片岩类岩石较为常见，如白云钠长片岩、钠长黑云片岩、黑云钠长片岩、二云钠长片岩、石榴石黑云母片岩等，其中，白云母片岩的成因可从矿物组成的角度进行解释，如“斜长石+钾长石+水=白云母+石英+钠长石”，与矿物组合相吻合，表明这可能就是区内通过变质作用形成白云片岩的原因；此外，碱性长石在有流体参与变形条件下常易分解成其他矿物，如在低角闪岩相条件下，易分解成白云母和石英，在高角闪岩相条件下，易分解成矽线石和石英（胡玲，1998）。

（2）所测元素地球化学分析结果表明，迤纳厂地区片岩类和板岩类的原岩为钙质或泥质沉积岩，少数为碳酸盐岩，总体来说，迤纳厂矿床原岩为沉积岩，并以钙质或泥质沉积岩为主；成分可能以长英质、石英质岩石为主，如泥页岩及石英砂岩等，并且含有火成物源（酸性物源）及古老再循环沉积物，物源可能主要为上地壳酸性源区及古老沉积物，部分来源于长英质源区；形成于大陆岛弧环境，也有部分克拉通盆地的页岩。

（3）通过变质原岩恢复研究表明，拉拉、大红山等矿床的含矿岩石可能由火山凝灰岩、火山熔岩、泥质碎屑沉积岩和热水喷流沉积岩等不同成因沉积岩组成，之后经过明显的变质作用形成。在区域范围内，少数岩石（地层）可由基性脉岩蚀变而来，但主要地层还是由正常陆源碎屑沉积岩被强烈挤压后，后期可能经历了热液（碱质）交代而形成。而岔河铜矿床围岩的常量元素特征及相关地球化学图解显示，片岩和石英岩的原岩应为沉积岩，石英岩的原岩可能是大陆边缘杂砂岩。根据构造环境判断图解认为，围岩可能形成于被动大陆边缘环境。

第 3 章　主要矿床地质特征与成矿地质条件

本书以扬子地块西南缘下元古界中大红山、拉拉、迤纳厂、岔河等典型 Cu-Fe 多金属矿为重点，现以其中拉拉、大红山、迤纳厂和岔河矿床为代表，各矿床地质特征如下所述。本章重点叙述区内主要铜铁多金属矿床所在的地层层序、沉积建造、构造格局与演化、矿床分布，侧重于拉拉、大红山、滇中各铜铁多金属矿区的区域地质构造背景。

3.1　拉 拉 矿 床

四川拉拉铜矿位于四川省会理县，是四川省最大的铜矿床，具有较大的资源量，也是我国西南地区重要的铜矿生产基地，并且共（伴）生有较为可观的的铁、钼、钴、金、稀土等，可进行综合开发和利用。拉拉铜矿矿区位于河口组复式背斜南翼的次一级双狮拜象背斜南端两侧。矿区含矿岩系主要为前震旦系会理群河口群落凼组浅变质火山沉积岩系，是近年来基本公认的一个典型的铁氧化物型铜金矿床（IOCG）。矿区矿石物质组分复杂，是一个以铜为主的金属硫化物矿床。拉拉矿床特征如表 3-1 所示。

表 3-1　拉拉矿床特征简表

成矿要素	描述内容
特征简述	产于早元古代河口群落凼组中的火山沉积-变质热液改造型铜矿床
含矿岩系	早元古代河口群落凼组（第二段）火山-沉积变质岩系。含矿岩性为黑云母石英片岩、二云石英片岩、石榴黑云石英片岩及层纹-条带状的磁铁钠长岩
沉积环境	弧后拉拉断陷盆地海底钠质火山活动带；该建造属于稍远火山中心相的海底喷发集中堆积而成
沉积相	浅海-滨海远源火山混杂沉积
构造控矿条件	受河口复式背斜之次级构造红泥坡向斜控制；同时受基底断裂及火山机构控制，分布于钠质火山岩与辉绿辉长岩的接触带
岩浆岩	辉绿辉长岩、花岗斑岩；还见有少量闪长岩脉和煌斑岩脉
含矿岩石	石英钠长岩、斑状石英钠长岩、石榴黑云母片岩、白云母石英片岩、碳质板岩及大理岩透镜体，为一套钠质火山沉积
矿体特征及矿床规模	主矿体长 1000m 左右、厚度＞20m，中小矿体长 100～1000m，厚度为 7～20m，呈层状、似层状、透镜状产出，膨胀现象明显，有分叉复合、尖灭再现等现象。铜品位一般为 0.67%～1.26%，平均品位约为 0.9%。探获资源储量 87.23 万吨
变质作用	以区域变质作用为主，变质级别为以中—低温、中—低压高绿片岩变质相为主，至绿帘角闪岩相
围岩蚀变	黑云母化、磷灰石化、阳起石化、萤石化、硅化
矿物组合	黄铜矿、黄铁矿、磁铁矿、斑铜矿、辉铜矿、辉钴矿、自然铜、孔雀石、钠长石、黑云母、白云母、石英、方解石
元素组合	矿床铜平均品位为 0.92%，钼为 0.031%，钴为 0.022%，金为 0.016g/t，银为 1.89/t；有害组分为砷、锌、镁
附近矿床（点）	近 10 个，主要有老羊汗滩、石龙、红泥坡

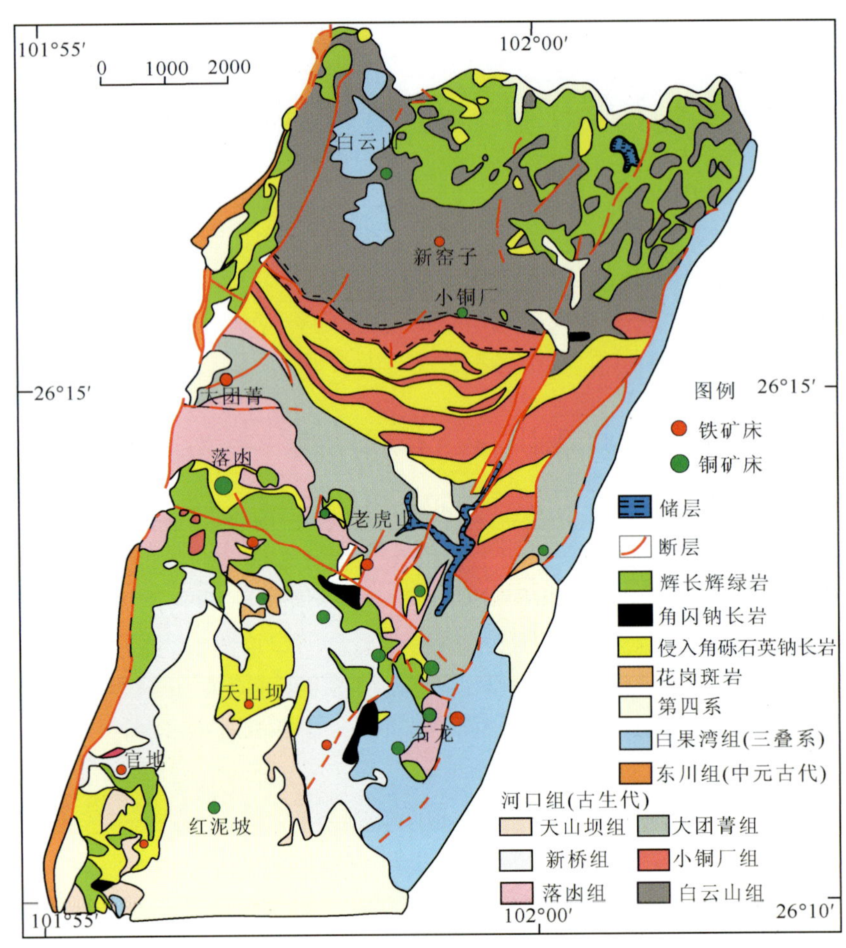

图 3-1　拉拉矿床地质略图

（据 Chen et al.，2012；Zhu et al.，2013；修改）

矿区出露地层（表 3-1）主要为前震旦系河口群火山-沉积变质岩的小铜厂组（Pt_1x）、大团箐组（Pt_1d）、落凼组（Pt_1n）、新桥组（Pt_1s）、天生坝组（Pt_1t）和会理群通安组（Pt_2t），其次为三叠系白果湾组（T_3b）第四系（Q）。其中，落凼组二段是拉拉地区的最主要含矿层位，岩性为白云石英片岩、二云石英片岩、黑云角闪钠长片岩和层纹-条纹状石英钠长岩。该区岩石均系变质岩类，主要含矿岩系为黑云母片岩和石英钠长变粒岩类。黑云母片岩类是该区最主要的含矿岩系，包括黑云角闪片岩、黑云母化钠长片岩、黑云母片岩、二云石英片岩、二云片岩及含石榴石二云片岩等。石英钠长变粒岩类含矿性仅次于黑云母片岩类，包括石英钠长变粒岩、黑云石英变粒岩、角闪钠长变粒岩等。根据前人研究，拉拉铜矿区出露的这两类岩石的变质原岩分别为正常沉积岩和火山岩（何德锋，2009），可能为一套远源火山凝灰、碎屑及正常成分砂泥质、碳质、钙质组成的岩石。

拉拉式矿床是与火山-沉积-变质作用有关的铜多金属矿床，其矿体的产出形态明显地受地层岩性和层位特征的控制。矿床的赋存围岩、矿体形态、围岩产状、矿石矿物、围岩蚀变、控矿条件等见表 3-1。总体来看，铜、铁元素的富集，主要出现在片岩与钠长岩过渡带上，与单一的岩性无正相关。

(a)

(b)

(c)

(d)

（a）、（b）拉拉矿床落凼露天采场，侵入落凼组围岩的的蚀变煌斑岩脉，宽约 0.5m，岩石呈细粒致密块状；（c）拉拉矿床落凼露天采场边的辉长岩，侵入落凼组地层中，与钠长岩围岩界限清晰；（d）拉拉矿区蚀变煌斑岩脉镜下照片

图 3-2　拉拉矿床矿石特征

矿区矿石构造多样，其中最为典型的应属浸染状构造（图 3-3）、条带状构造（图 3-4）、网脉状构造（图 3-5）、致密块状构造（图 3-6），另外有角砾状、蜂窝状、不规则致密块状、斑点状构造、眼球状构造等构造，其中主要的金属矿物呈粒状集合体、单体及细脉状沿脉石及围岩的裂隙（或岩石片理成层富集）呈不规则、不均匀分布。

图 3-3　浸染状构造

图 3-4　条纹条带状构造

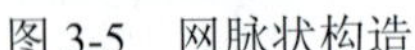
图 3-5　网脉状构造

图 3-6　致密块状构造

矿石的结构较为多样，主要有包含结构、固溶体分离结构、交代残余结构、反应边结构、充填交代结构、填隙结构、骸晶结构、岛状结构、压碎结构、揉皱结构、共边结构、枝状结构及少见的胶状结构等，以自形-半自形粒状结构和他形粒状结构为主。

拉拉矿床矿石物质组分复杂，是一个以铜为主的金属硫化物矿床。该矿区共有 70 余种矿物。矿物成分主要为铜、铁的金属硫化物和金属氧化物，其中金属矿物以黄铜矿、磁铁矿、黄铁矿为主，其次还含有较多的辉钼矿、斑铜矿、辉钴矿、辉砷钴矿、赤铁矿，此外还有少量的自然金、自然银等矿物，脉石矿物以钠长石、石英、方解石、云母为主。

黄铜矿、斑铜矿、黄铁矿、辉钼矿、辉砷钴矿等是拉拉铜铁矿床的主要矿石矿物，多金属组合是研究矿床的重要内容；根据本书对拉拉铜铁矿床中含硫矿物的电子探针分析，研究其多金属共生组合规律：拉拉矿床中主成矿元素铜是以黄铜矿的形式存在、铁以磁铁矿形式存在、钼以辉钼矿形式、铀以晶质铀矿形式存在、钴以辉钴矿形式；稀土总量较高，火山岩型矿石为 1843～5223ppm[①]，均值为 2822ppm；沉积岩型矿石为 901～3705ppm，均值为 1924ppm（何德锋，2009），稀土以氟碳铈矿、磷钇矿形成存在于磷灰石、萤石等矿物中。金较为多样，拉拉矿床中黑云母片岩型含矿岩石中含有丰富的伴生金，以细分散系微粒自然金形式为主存在于黄铜矿、黄铁矿粒、黑云母片间及辉钼矿矿物中，以类质同象形式存在；另外，还有 Ge、In、Cd 和 Ga 的少量富集，锡以类质同像方式进入黝铜矿和黄铜矿中，而镓主要分散在硫化物中（许远平等，1995）。

拉拉矿床矿石矿物成分比较复杂，通过野外观察及室内综合研究，结合前人资料研究，该矿区共有 70 余种矿物，其中有用矿物有 12 种，主要为铜、铁的硫化物和铁的氧化物。根据以上研究，将拉拉铜矿区的成矿过程划分为三个成矿期：火山沉积-岩浆热液期、热液流体成矿期、表生氧化期，矿物生成顺序如表 3-2 所示。拉拉矿床的形成经历了复杂的多金属共生组合，这对应于其多期次成矿期，其中黄铜矿、黄铁矿、辉钼矿、辉砷钴矿等是拉拉铜铁矿床的主要矿石矿物，多金属元素及矿物组合是研究本矿床的重要内容；根据

注①：$ppm = 10^{-6}$。

本项目对拉拉铜铁矿床中金属硫化物的电子探针分析，研究其 Au、Cu、Mo、Co、Fe、U 等多金属共生组合规律。结合前人研究（Chen et al.，2012；李泽琴等，2002；王奖臻等，2012；朱志敏，2011）及矿物组合、元素分析，同时依靠金属硫化物的电子探针分析和地质特征对拉拉铜矿 Cu、Au、Mo、Co、Fe、U 等多金属成矿期次进行划分：Fe$_{①}$-P（第一、二、三期）；Fe$_{②}$-Co-Cu$_{①}$（二期）；Mo-Au-Cu$_{②}$-U（三期）。其中，第一期与岩浆作用较为密切，形成磁铁矿和磷灰石等矿物，该期富集 Fe$_{①}$-P 矿化；第二期为铜的主要成矿阶段，形成黄铜矿、斑铜矿、辉钴矿等金属矿物，产生 Fe$_{②}$-Co-Cu$_{①}$矿化；第三期热液成矿期是热液流体成矿阶段，主要形成硅化-碳酸盐化矿化，形成辉钼矿、黄铜矿、斑铜矿以及自然金等金属矿物，成矿元素 Mo-Au-Cu$_{②}$-U。后期热液成矿作用对早阶段所形成的磁铁矿、黄铜矿有一定的改造作用，形成赤铁矿和孔雀石。

表 3-2　拉拉矿床矿物生成顺序表

成矿期	火山沉积-岩浆热液		热液流体期			表生氧化期
成矿阶段	钠化阶段	磁铁矿阶段	早期硫化物阶段	晚期硫化物阶段	碳酸盐	
角闪石						
钾长石						
钛铁矿						
磁黄铁矿						
钠长石						
磷灰石						
电气石						
磁铁矿						
石榴子石						
菱铁矿						
萤石						
石英						
黄铜矿						
黄铁矿						
白云母						
氟碳铈矿						
黑云母						
辉钼矿						
绢云母						
自然金						
自然银						
方解石						
铁白云石						
绿泥石						
孔雀石						
赤铁矿						

注：黑体为主要矿物，白体为次要和微量矿物。

3.2　大红山矿床

云南大红山铁铜矿床属于云南省玉溪市新平县戛洒镇境内，区内大面积出露晚三叠世及侏罗纪地层，早元古代大红山群在中生代盖层中呈“天窗”出露，由一套富含铁铜的浅-中等变质的钠质火山-沉积岩系——大红山群海相火山喷发-沉积变质岩系所组成，岩石组合有火山岩、次火山岩、火山-沉积岩及沉积岩等，是本区主要的大型铁铜矿床，伴生金、银、铁、硫等多种元素。

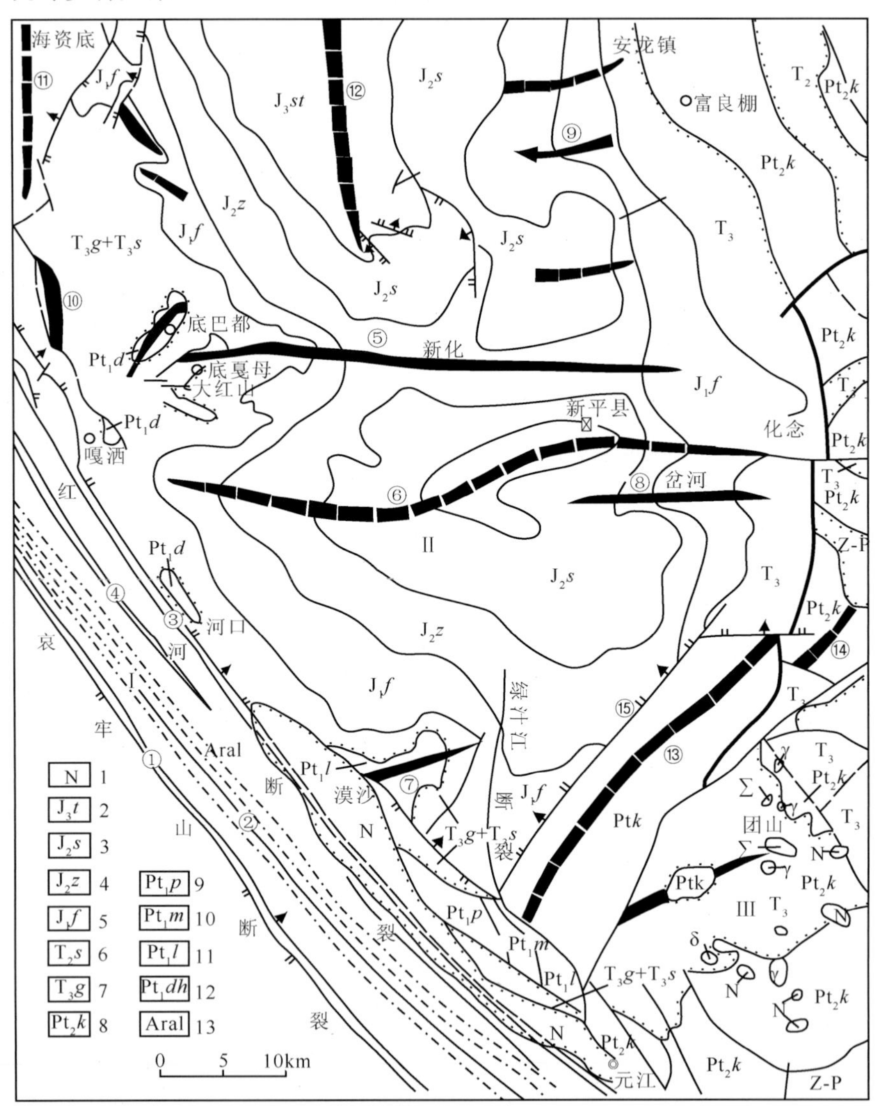

1. 古近—新近纪；2. 妥甸组；3. 蛇甸组；4. 张河组；5. 冯家河组；6. 舍资组；7. 干海子组；8. 昆阳群；9. 坡头组；10. 曼岗河组；11. 老厂河组；12. 大红山群；13 哀牢山群

①哀牢山断裂；②挤压带；③红河断裂；④哀牢山褶皱带；⑤新化背斜；⑥新平向斜；⑦底巴都背斜；⑧红山向斜；⑨海资底向斜；⑩底土向斜；

Ⅰ. 哀牢山构造带；Ⅱ. 滇中盖层构造区；Ⅲ. 昆阳群褶皱区

图 3-7　区域构造纲要图（据钱锦等，1990）

大红山铜矿位于区域性底巴都背斜南翼的单斜地层中（图 3-7），赋存于古元古代大红山群曼岗河组和红山组火山沉积地层中，Ⅰ号铁铜矿床受背斜控制，围绕背斜南翼呈单斜展布。其中，铁矿与次火山岩机构有关，铜矿主要赋存在火山喷发间歇期的凝灰岩和沉凝灰岩中（钱锦和等，1990）。大红山矿区位于东西向、北西向和南北向三组构造的交汇部位。东西向构造是矿区的主要控矿构造，由一系列褶皱和断裂组成，如大红山向斜、肥味河向斜以及 F_1、F_2 断裂是矿区主要控矿构造。本区铁铜矿明显地受红山组古火山构造的控制（包括火山锥、火山口、火山通道、次火山岩体等机构）。大红山式铁铜矿地质特征如表 3-3 所示。

表 3-3　大红山式铁铜矿地质特征表

地质特征	特征描述
控矿因素	区域由北背斜-南向斜断层三角夹持（红河断裂—绿汁江断裂）；矿区沿东—西向断裂（F_1）喷发的火山机构。矿体由火山旋回和火山机构控制
含矿围岩性质	变钠质熔岩变斑状次火山岩、夹盐酸岩建造大理岩。岩性主要为石榴黑云变钠质凝灰岩、石榴黑云白云石大理岩，石榴钠长黑云片岩中、黑云片岩、钠长片岩、白云石大理岩、石榴白云大理岩
盖层	上三叠纪干海子组和舍资组杂砂岩和碳质砂页岩，不整合接触
下伏地层	老厂河组和底巴都组片岩和硅质大理岩（含铜矿）混合岩，与上覆地层（假）整合接触
侵入岩	辉长辉绿岩、石英斑岩
岩石组构	变钠质熔岩有变余交织结构 变钠质熔岩有变余豆状构造 变基性火山岩具变余气孔和绿帘石充填的变余杏仁构造
变质程度	高绿片岩相-低角闪岩相，最高可达绿帘-角闪岩相
主要围岩蚀变	与矿化关系密切蚀变有硅化、绿泥石化、黑云母化、菱铁矿化、碳酸盐化、钠长石化、绢云母化等
主矿体形态	矿体长度大于 7000m，倾向宽 200～1500m，平均厚 8.65～11.42m，呈层状和似层状产出。Ⅰ矿带，自上而下划分 $Ⅰ_3$、$Ⅰ_2$、$Ⅰ_1$ 三个平行矿体。$Ⅰ_3$ 和 $Ⅰ_2$ 层状、似层状；$Ⅰ_1$ 不稳定，小透镜状
矿石结构构造	他形细粒不等粒结构为主，交代残余结构，细脉或网脉交代结构次之。矿石构造主要是浸染状和条带状。顺层板状体、层间浸染体、切层脉体
矿石矿物组合	黄铜矿、磁铁矿为主，黄铁矿、赤铁矿、菱铁矿、斑铜矿次之，辉钼矿、辉钴矿极少。脉石矿物以钠长石、石英、黑云母、绿泥石、白云石为主，磷灰石、电气石、金红石极少
伴生元素	以铜、铁为主，伴生金、银、铂钯。平均品位：Au 为 0.12×10^{-6}、Ag 为 0.6×10^{-6}、Co 为 0.012%
上表储量	174.0772 万吨（4 处）

大红山铁铜矿床是赋存于古元古界大红山群海相火山喷发-沉积变质岩系中（图 3-8），矿区范围内的大红山群地层，以一套钠质火山岩为主，伴随着小规模的岩浆侵入（石英钠长斑岩），火山岩产物为细碧-角斑岩，该期火山活动是形成“大红山式”铜矿和“大红山式”铁矿的物质来源。主要含矿围岩为钠质火山岩，属海相喷发的细碧角斑岩组合。自下而上分为老厂河、曼岗河、红山、肥味河及坡头 5 个组。与下伏底巴都组眼球状混合岩连续过渡，后者按其岩性和变质程度可与哀牢山群对比。曼岗河组、红山组为矿区主要含矿层位。

时代	地层 群	地层 组	地层 段	地层 代号	柱状图 1:20000	厚度/m 分段	厚度/m 分组	岩性描述	同位素年龄/亿年	矿产	火山旋回
中生代	上三叠统	舍资组		T_3s		>150	>150	中厚至厚层状石英砂岩及至粗粒长石石英砂岩，局部夹泥岩。			
		干子海组		T_3g		120	120	上部为炭质页岩、泥岩。下部为长英砂岩。		煤	
早元古代	大红山群	坡头组	五	Pt_1dp^5		50		白云石大理岩。			
			四	Pt_1dp^4		78		绢云母片岩。			
			三	Pt_1dp^3		98		炭质石英岩夹炭质板岩。			
			二	Pt_1dp^2		290		炭质白云石大理岩。			
			一	Pt_1dp^1		110	626	石榴二云母片岩。			
		肥味河组	二	Pt_1df^2		215		块状白云石大理岩夹碳质板岩。	8.08		
			一	Pt_1df^1		160	375	块状白云石大理岩，下部含方柱石。	8.19		
		红山组	三	Pt_1dh^3		480		角闪变钠质熔岩，顶部产Ⅴ号铁矿，下部产Ⅳ号铁矿。	5.90	铁 铁	红石旋回
			二	Pt_1dh^2		80		石榴绿泥角闪片岩，产Ⅲ号铜铁矿。	5.19	铁、铜	
			一	Pt_1dh^1		320	120	浅灰色变钠质熔岩，产Ⅱ号铁矿，底部为火山角砾岩、集块岩。	8.18 8.12 5.91	铁	
		曼岗河组	四	Pt_1dm^4		85		黑云白云石大理岩，下部含方柱石。	8.19	菱、铁	曼岗河旋回
			三	Pt_1dm^3		135		上部为白云石大理岩，黑云片岩、钠长片岩，产Ⅰ号铜铁矿，下部为石榴角闪片岩。	8.00 7.06 8.28	铁、铜	
			二	Pt_1dm^2		200		顶部为方柱白云石大理岩，中上部含镜铁片状钠长岩，长Ⅵ号铁矿，下部绿帘钠长角闪片岩。		铁	
			一	Pt_1dm^1		250	650	上部条带状白云石大理岩，中部绿帘钠长角闪片岩，下部角闪钠长片岩，底部产Ⅶ号含铜铁矿。		铜、铁	
	Pt_1d	老厂河组	四	Pt_1dl^4		10		顶部为白云石大理岩；上部石榴白云片岩夹大理岩、碳质板岩；下部为混合钾长石英岩与云母片岩互层。	5.87 19.00	金	
			三	Pt_1dl^3		79					
			二	Pt_1dl^2		24					
			一	Pt_1dl^1		264	>377				
太古代	哀牢山群	底巴都组	二	Ard^2		394		二云英、黑云英眼状混合岩夹片岩六层。	17.06		
	Aral		一	Ard^1		290	684	二云英眼球状、斑点斑块状、条痕状混合岩夹片岩十层。			

图 3-8　大红山综合地层柱状图（邓明国，2007；钱锦和等，1990）

(a)

(b)

（a）大红山矿区附近的地层呈角度不整合接触（基底与盖层），二者沉积时间间断达 1500Ma，表明本区在中元古界以后长期隆起遭受风化剥蚀，中生界才有地层沉积；基底为大红山群地层（Pt_1d），二者的产状不同，上覆的干海子组（T_3g）产状近水平。在此不整合面上可见有较薄的古土壤层，形成古风化壳，是原下伏基底地层中的矿体被风化后残积原地表。大红山群地层以构造窗的形式出露于中生代地层中。（b）大红山深部铁矿（二道河矿段）。在不整合面附近的三叠系砂岩中，局部有铜的带状、分散状分布富集，与下伏地层中的矿体分布（古地表露头的风化）关系密切一致，形成规模小的砂岩型铜矿。（c）、（d）与大红山铁矿相关的岩浆流体。照片中 A 含磁铁矿火山岩；B 红山组（Pt*dh*）角闪变钠质熔岩；表明早期铁矿化属火山气液加岩浆热液充填交代，岩浆流体形成贫矿体，而后期的叠加改造形成富铁矿。（e）、（f）大红山矿床铜矿石，主要矿物黄铜矿、黄铁矿、脉石矿物等呈脉状及块状，围岩为凝灰片岩。（g）、（h）大红山矿床铁矿石，主要矿物磁铁矿、黄铁矿、黄铜矿等呈层状及块状，围岩为凝灰片岩及熔岩。

图 3-9　大红山矿床野外典型照片

大红山矿区内由火山碎屑沉积向正常沉积相的过渡岩性对成矿最为有利（宁佐金，2010），其中Ⅰ号、Ⅲ号铁铜矿带明显产于不同的地层（不同岩性层）接触带中（图 3-10），Ⅰ号含铁铜矿带赋存于曼岗河组三、四岩性段的接触部位，Ⅲ号含铁铜矿带，赋存于大红山组一、二岩段的接触部位，而每个岩性段之间都有一个火山喷发间歇，其间都会有含火山碎屑的碳酸盐岩沉积，碳酸盐岩相对于火山岩具有较差的渗透性，有效地阻止了成矿流体的垂向运移，迫使成矿流体顺层运移而最终交代成矿。此外，大红山铁铜矿床中铁矿主要受红山组地层控制，铜矿主要受曼岗河组地层控制。红山组地层上覆于曼岗河组地层，为曼岗河组火山岩喷发形成之后，经过一段较长时间的正常沉积之后火山再次喷发所形成。大红山铁铜矿床这种整体上呈“上铁下铜”的矿体分带模式，十分符合同一成矿流体在成矿作用过程之中“上氧化、下还原”的流体相分离模式，进而说明大红山铁铜矿床铁、铜紧密共生，符合IOCG型矿床的特点。

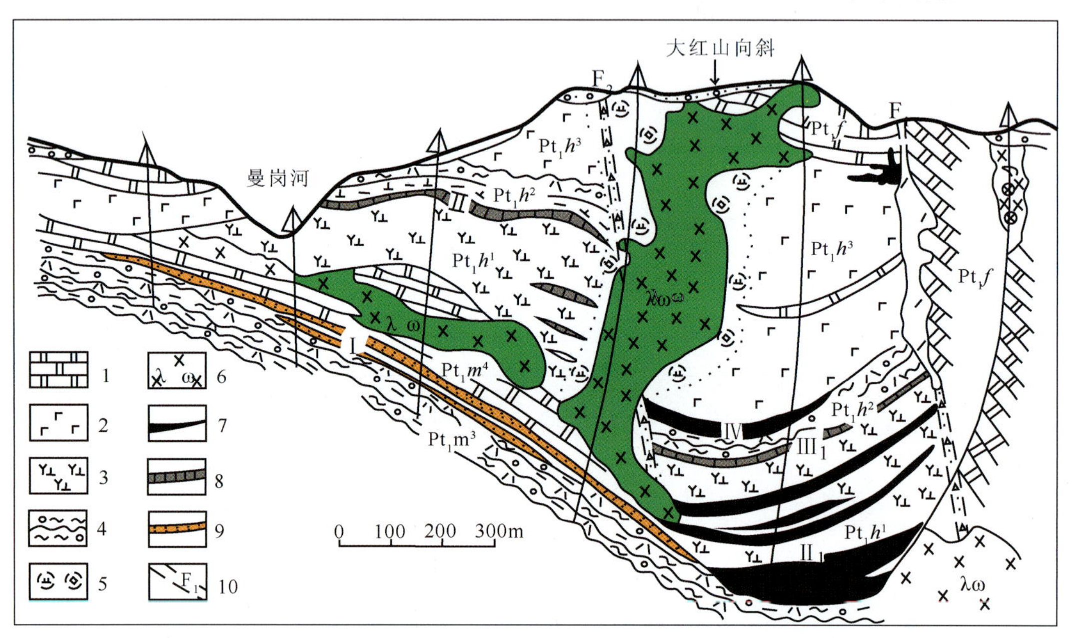

1.白云石大理岩；2.角闪变钠质熔岩；3.变钠质火山岩；4.石榴绿泥片岩；5.钠化退色带；6.辉长灰绿岩
7.富铁矿体；8.贫铁矿体；9.铜矿体；10.压扭性断层及编号

图 3-10　大红山矿床剖面图（据钱锦和等，1990，有修改）

大红山矿区除大红山群火山、次火山岩外，矿区广泛发育的侵入岩主要为斑状辉绿岩及斑状钠长岩（次火山岩）与后期的辉长辉绿岩，其次有侵入产状的石英白云石钠长石岩和极少的辉绿岩脉。

大红山矿床共有五个主矿带，71个矿体，分别为：第Ⅰ铁铜矿带，位于曼岗河旋回中上部；第Ⅱ铁矿带位于红山下旋回中部；第Ⅲ铁铜矿带位于红山下旋回上部；第Ⅳ铁矿带，位于红山—肥味河旋回底部；第Ⅴ铁矿带，位于红山—肥味河旋回中部，以Ⅰ、Ⅱ矿带为主。其中Ⅰ矿带，由三层含磁铁矿铜矿和五层菱铁矿相间产出，赋存于元古宙中、上部石榴子石、黑云母、白云石大理岩及石榴子石黑云母片岩中。矿体与围岩大致整合，菱铁矿呈规模不大的透镜体。Ⅱ矿带，为主要铁矿带，是全区最大、最厚、最富的铁矿，长1969m，平均厚72.85m，含全铁（TFe）50.15%～61.68%。贫矿品位（TFe）为28.63%，含硫0.07%～0.32%，磷0.04%～0.43%。矿体以似层状、透镜状为主，围岩为变钠长岩，部分为大理岩。矿体与围岩界线渐变过渡。

以最重要的Ⅰ号矿带铜铁矿体为例可以发现明显具有火山喷发-沉积变质型矿床特征；矿体呈层状、似层状，相互平行，多层产出，与围岩产状一致，分布面积大，厚度、品位较稳定。矿体均位于火山喷发沉积旋回中上部的过渡岩相中，严格受地层层位及沉积旋回控制。矿体产于变质火山-沉积岩中，与凝灰沉积岩关系密切，呈正相关关系。矿石具明显的条纹条带构造特征，磁铁矿、菱铁矿多形成条带，硫化物多呈星点状、斑点状、浸染状，沿层理、片理分布。由于后期变质改造，铁矿物有重结晶和变晶加大现象，铜矿物呈细脉沿片理、层理及微细裂隙分布。

矿石特征对矿床类型的判别具有直观和重要意义。大红山铁铜矿床矿石矿物组成：主要金属矿物有黄铜矿、磁铁矿、菱铁矿，次要金属矿物有斑铜矿、黄铁矿。主要脉石矿物有黑云母、绿泥石、钠长石、石英、方解石、白云石等，次要脉石矿物有石榴石、角闪石、白云母等。

矿石结构主要为粒状结构或粒状变晶结构。铜矿中常见有固溶体分解结构或交代状结构。矿石构造主要为浸染状构造或条纹条带状构造，铜矿石中常见不规则脉状构造或团块状构造（图 3-11），铁矿石中可见块状构造。

(a) 黄铜矿及方解石密切共生

(b) 方解石脉中见黄铜矿，围岩为大理岩

(c) 黄铜矿分布于方解石-石英中，围岩为黑云片岩

(d) 方解石中黄铜矿，围岩片岩

图 3-11　大红山铁铜矿床热液脉状矿石照片

大红山铁铜矿床铁矿物以磁铁矿为主，其蚀变也主要表现为钠化蚀变，矿体主要赋存在变钠质火山-沉积岩之中，矿体的脉石矿物中也含大量的钠长石。此外，变质矿物组合中也含 IOCG 型矿床常见的变质矿物方柱石。

关于大红山矿床成矿期次。前人曾将大红山铁铜矿床划分为四个阶段（钱锦和等，1990）：①火山喷发（喷溢）沉积成岩、成矿阶段；②次火山气液交代充填富化阶段；③区域变质阶段；④后期钠化阶段。陈贤胜（1995）认为大红山式铁铜矿床为火山喷流（喷气）-沉积变质后期改造层控矿床，成矿阶段包括早元古代的火山喷流沉积阶段、吕梁期变质富集阶段和更后期的改造阶段。秦德先等（2000）认为大红山式铜矿床为火山-喷流沉积-变质-后期改造成因，并将其成矿阶段划分为：火山喷流沉积成矿阶段、区域变质改造成矿阶段和后期改造成矿阶段。本书在前人研究的基础上，通过野外考察和室内矿物学、地球化学的研究，对矿床的成矿期次与矿物生成顺序经行进一步研究（表 3-4）。

表 3-4　大红山矿床成矿期及各期矿物生成顺序表

成矿期	岩浆-火山热液期		热液流体期			次生氧化期
成矿阶段	钠化阶段	磁铁矿阶段	早期硫化物阶段	晚期硫化物阶段	碳酸盐化阶段	
钠长石						
方柱石						
磁铁矿						
磷灰石						
钾长石						
阳起石						
绿泥石						
赤铁矿						
黄铜矿						
斑铜矿						
黄铁矿						
磁黄铁矿						
辉钼矿						
石英						
方解石						
菱铁矿						
铁白云石						
黑云母						
白云母						
金云母						
电气石						
钛铁矿						
榍石						
孔雀石						

大红山铁矿的元素组合主要为 Fe-Cu-Au-Ag-U；金属矿物组合主要为：铁矿物以磁铁矿为主，次为菱铁矿、赤铁矿，铜矿物主要为黄铜矿，有少量斑铜矿和辉铜矿，金和银与铁铜矿伴生，前人在大红山矿床采样实验，查明含铁铜矿体含金较高，伴生金达大型规模（攀西地质大队，1984）；脉石矿物主要为钠长石、石英、黑云母、碳酸盐类矿物、绿泥石。与拉拉矿床相类似，大红山矿床也以两种矿石类型为主：可以分为条带-条纹状矿石及明显后期特征的脉状-网脉状矿石。

大红山矿床的成矿作用包括岩浆-火山热液期、热液流体期和次生氧化期，三期成矿作用均形成相应的代表该环境特征的矿物及其组合。表 3-4 直观明了地列出大红山矿床成矿作用过程及各期形成的矿物。其中，大红山矿床第一期为岩浆-火山热液期，形成菱铁矿、磁铁矿和磷灰石，伴有稀土矿化；第二期为热液成矿流体期，包括硫化物和碳酸盐化两个阶段，形成铜、金、钼等矿化与绿泥石化，并发生磁铁矿的改造再沉淀，伴随广泛的钠长石化、钾长石化，晚期还有黑云母化和碳酸盐化。

由以上可见，拉拉和大红山矿床存在较多相似性，二者地质特征对比如表 3-5 所示。

表 3-5　大红山—拉拉矿床特征对比

	大红山	拉拉	异同点
成矿元素	铁多金多	稀土多磷多	铜铁铀金
矿物成分	菱铁矿、自然铜	黄铁矿、黑云母	氧化铁大于硫化铁 辉钼矿？
岩浆岩	较少 与沉积（层控）关系更密切	多 与岩浆岩关系密切	多样化 层控+变质成矿
斑岩	石英钠长斑岩	花岗斑岩	岩性存在差异，产状类似
基性岩	辉长辉绿岩	辉绿辉长岩	岩性基本相同，产状不同
火山机构	火山中心相	近火山相	海相火山岩
矿体形态组合	铜铁在一起	铜铁分开	层位上铁上铜下
构造控制	褶皱为主	断层为主	断层加褶皱控矿
资源分布	①号矿体占整个储量的近 90%	落凼矿区占整个储量的 70%	

3.3　岔河铜多金属矿床

元江撮科地区岔河铜矿处于岔河断裂及河底江断裂所夹持的三角形构造带中，其间形成一个背斜和一个被北东向纵断层复杂化的向斜构造（图 3-12）。岔河背斜西翼是岔河矿床矿化带矿体贮存的有利部位。背斜控制了岔河岩系含矿层的空间展布，并在西翼 FL1 纵向断层产生重复的含矿层并形成矿体。

岔河铜多金属矿床主含矿岩系为底巴都组和老厂河组，属于大红山群。矿床具有多金属元素组合特征，除主要金属元素 Cu-Fe 外，伴生有 Au、Ag、U 等，规模接近中型铜矿。

元江岔河地区地层中存在两类火山岩，在地层沉积剖面上构成上下两个火山喷发旋回，下部为中酸性-酸性火山岩组合，分布在岔河岩系第一岩性段中，为第一旋回。上部为基性-中性钠质火山岩组合，分布在岔河岩系第五及第六岩性段中，为第二旋回。含铀铜矿即赋存于第一火山旋回末期石英岩、云母石英片岩中（表 3-6）。

表 3-6　岔河式铁铜金矿床地质特征表

矿区	撮科岔河式铁铜金矿床
区域构造	绿汁江断裂以东少见的基底断块，由红河深大断裂、河底江断裂、青扬断裂等组成本区的区域构造格局
容矿岩石	已知铜矿体位于底巴都岩组与老厂河岩组之间，层位较大红山式低，容矿为石英云母片岩和石英岩。较大铁（铜）矿体尚待工程对磁异常验证，推测赋存于曼岗河组
构造	位于岔河断裂及河底江断裂所夹持的三角形构造带之中，其间形成一个背斜和一个被北东向纵断层复杂化的向斜构造
矿体规模与形态	矿床由近于平行的 13 个铜矿体组成，铜矿体严格受层位控制，总体走向 N30°E，倾向北东，倾角为 50°～80°。铜矿为透镜状、脉状。地表铁矿仅见脉状，规模极小
主要矿石矿物	铜矿体为黄铜矿-斑铜矿组合，含沥青铀矿、铜铀云母、板菱铀矿 铁矿体为赤铁矿-镜铁矿
矿石结构构造	铜矿为不同程度的浸染状和不规则的囊状、网脉状、角砾状。铁矿不具流动构造
矿石主要有益成分	铁、铜、金等
围岩蚀变	近矿岩石碎裂化、硅化、绿泥石化为主，蚀变程度远低于大红山式，无蚀变分带
岩浆性质	矿区内岩浆、火山活动较发育，表现为呈侵入体产出的基性岩浆岩和呈似层状产出的海底火山喷发-沉积作用形成的火山岩

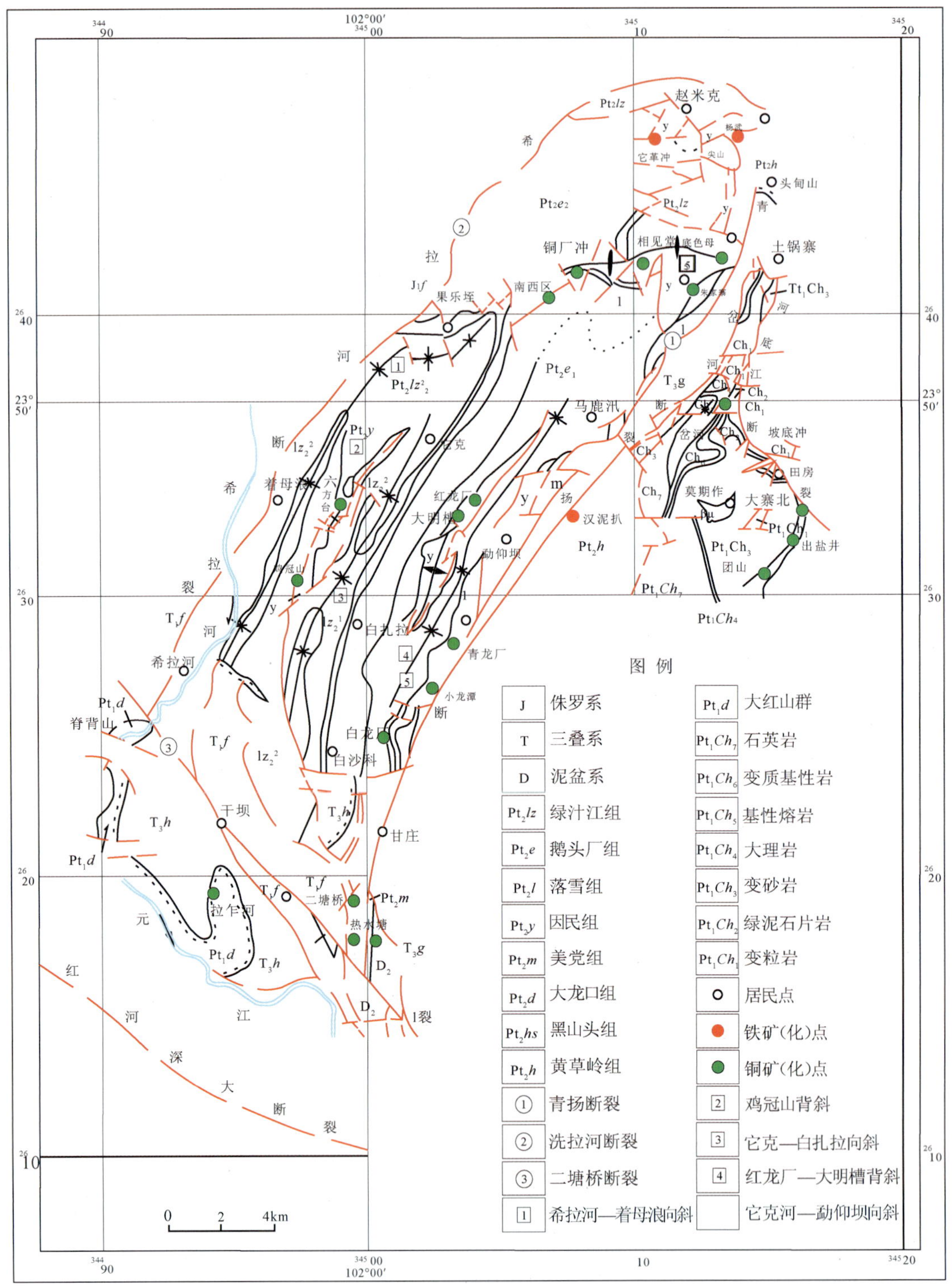

图 3-12　元江—岔河地区区域地质简图

（据生产一线报告修改）

岔河铜矿床是古元古代时期形成的海相火山岩型铜矿床（图 3-13），赋矿层位为早元古界大红山群岔河岩系第二段（Pt_1Ch_2），主要赋矿岩性为石英岩、云母石英片岩，次要赋矿岩性有绿泥石片岩和混合岩。含铜矿物主要为黄铜矿、斑铜矿、赤铜矿、辉铜矿、孔雀石（图 3-14）。围岩蚀变以绿泥石化为主。

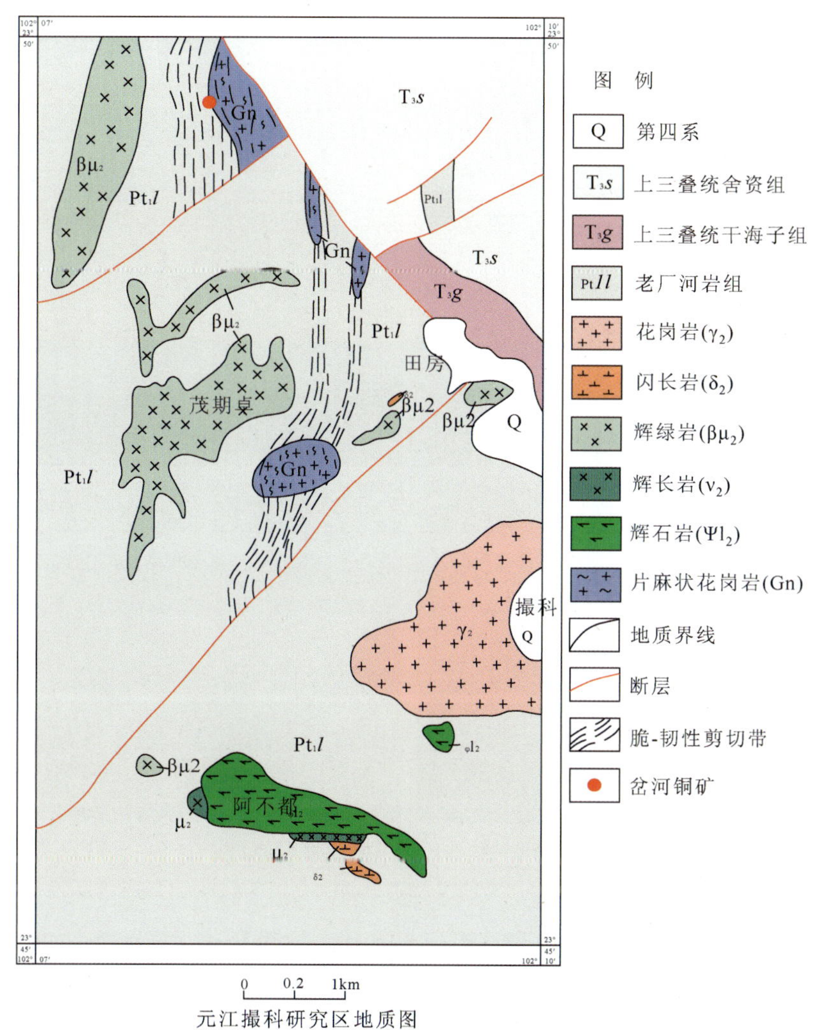

图 3-13　岔河矿区地质简图（据邓明国，2007 修改）

矿体主要赋存于老厂河岩组顶部及老厂河岩组地层中。矿床由近于平行的 13 个铜矿体组成，铜矿体赋矿层位为早元古界大红山群岔河岩系第二段（Pt_1Ch_2），主要赋矿岩性为石英岩、云母石英片岩，次要赋矿岩性有绿泥石片岩。各矿体特征简述如下。

（1）①号矿体：产于岔河岩系第二岩性段地层顶部石英岩、石英片岩中。矿体呈似层状产出，并且严格受层位控制。控制长 1200m，除局部被横断层错移外，均较连续。铜品位为 0.50%～2.12%，平均为 1.21%。部分矿体出露于地表，从地表至深部产状变化很大，出现上缓下陡、上厚下薄、膨缩分支等现象。

（2）另外 12 个小矿体产于岔河岩系第二岩性段的中偏下部，呈零星沿层分散产出，无固定部位，含矿岩石为云母石英片岩或绿泥石片岩。

铜矿体严格受层位控制，总体走向 30°，倾向北东，倾角为 50°～80°。矿体有用组分分布均匀，伴生有用组分含量较低。矿床铜矿工业矿体平均品位为 1.20%，低品位矿平均品位为 0.39%。在笔者对岔河铜矿的野外考察中，发现 5 号勘探线 900m 中段赋矿围岩主要为岔河变质岩系（称撮科组）石英岩、云母石英片岩，局部矿化与破碎带发育有关，铜矿化与硅化密切伴生（图 3-15）。

图 3-14　石英片岩中的铜矿化照片

注：岔河铜矿 5 号勘探线 900m 中段，围岩主要为岔河变质岩系（称撮科组）石英岩、云母石英片岩

岔河铜矿为中型规模矿床。地表铁矿仅见脉状，规模极小。控矿条件主要有地层、岩性、构造及蚀变。

(a) 岔河铜矿5号勘探线900m中段，为石英岩中的黄铜矿，围岩主要为岔河变质岩系（称撮科组）石英岩、云母石英片岩

(b) 氧化的黄铜矿石

(c) 孔雀石　(d) 石英脉中的黄铜矿、黄铁矿脉

(e) 石英岩中的黄铜矿，呈网脉状分布　(f) 方解石与黄铜矿紧密共生

(g) 石英岩中的黄铜矿，黄铜矿呈团块-脉状分布　(h) 围岩，岩性为绿泥石片岩，未见金属矿物发育

图 3-15　岔河铜矿床铜矿化照片

3.4　迤纳厂稀土铁铜矿床

云南武定迤纳厂稀土铁铜矿床位于研究区的中南段，区内构造为一东西向短轴复式背斜，其间还有很多次一级褶皱，断裂构造也很发育（图 3-16），主要由狮子口向斜、迤纳厂背斜、东方红向斜以及大宝山背斜组成，对成矿具有明显的控制作用；以东西向断裂为主，次为北西向和北北东向。岩浆岩主要有前寒武纪变辉绿岩及石英钠长斑岩。

矿区已发现铁矿体 2 个，产于昆阳群因民组板岩、粉砂岩的构造裂隙中，常与石英钠长斑岩相伴出现，矿体呈脉状产出。矿区发现铜矿体 1 个，分布于矿区北部，F2 断裂南东侧的昆阳群落雪组白云岩中，呈似层状产出。矿石主要分为条纹条带状、浸染状矿石及块状矿石。矿体形态主要为层状、似层状或透镜状，矿层沿走向厚度变化不大，与围岩主要呈整合接触。迤纳厂铁铜矿床代表性元素组合为铁-铜-稀土-铀等；其中主要的金属矿物有磁铁矿、黄铜矿、黄铁矿、辉钼矿等；常见的脉石矿物主要为方解石、石英、萤石、钠长石、磷灰石等矿物（图 3-17）。迤纳厂铁铜矿地质特征如表 3-7 所示。

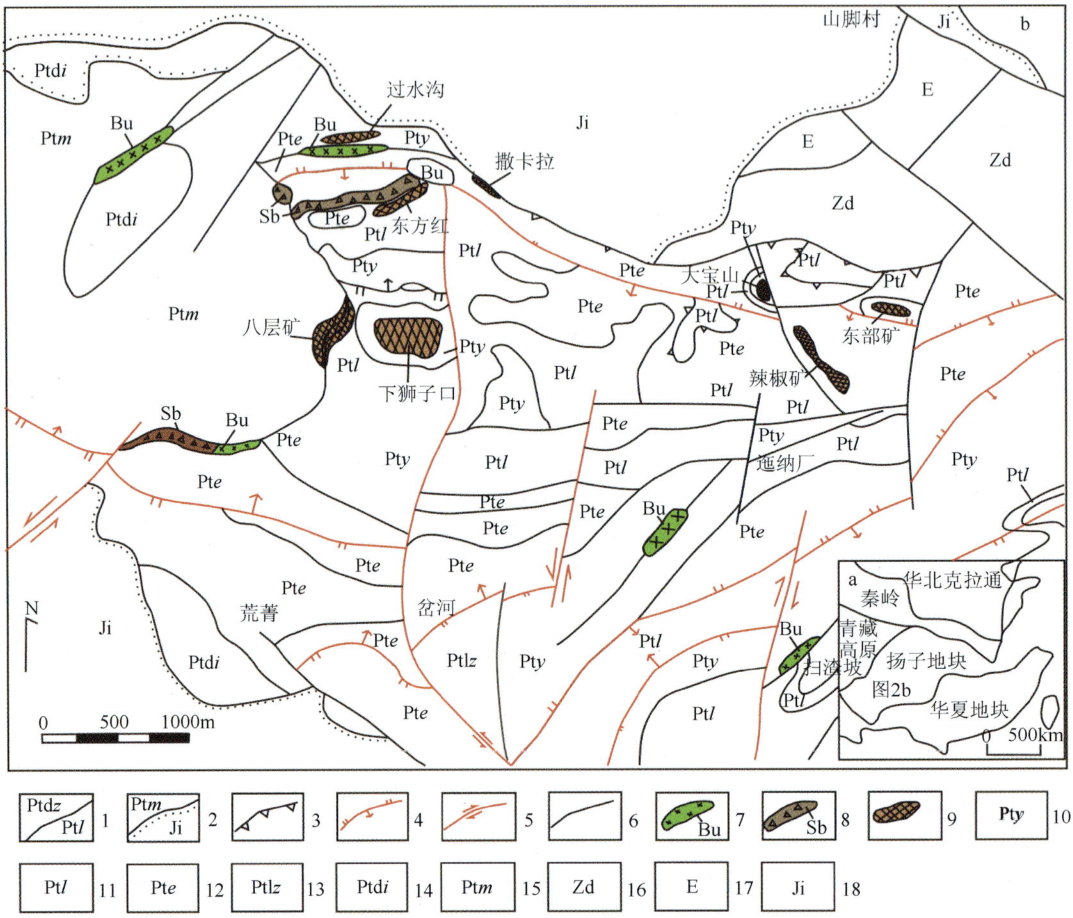

1. 整合接触界线； 2. 不整合接触界线； 3. 推覆构造； 4. 逆断层； 5. 走滑断层； 6. 断层； 7. 辉绿岩； 8. 角砾岩； 9. 矿体； 10. 中元古代东川群因民组； 11. 中元古代东川群落雪组； 12. 中元古代东川群鹅头厂组； 13. 中元古代东川群绿枝江组； 14. 中元古代昆阳群大营盘组； 15. 中元古代昆阳群美党组； 16. 震旦系； 17. 寒武系； 18. 侏罗系

图 3-16　武定迤纳厂铁铜稀土矿床地质简图（侯林等，2013；杨耀民，2003）

(a)　　(b)

(c)　(d)　(e)　(f)　(g)　(h)

（a）迤纳厂主采矿区；（b）矿化与钠长石化密切相关；（c）迤纳厂铁铜矿共生矿石；（d）铜矿石中硅化及萤石化，萤石沿裂隙充填分布，同时伴生铀含量的局部升高；（e）钠长石蚀变。局部围岩为黑云母片岩，沿裂隙有方解石脉，呈树枝状，同时黄铜矿呈脉状或团块状沿方解石裂隙充填。总体上矿化与方解石关系密切。局部细粒黄铜矿分布在钠长石的裂隙中，呈浸染状分布；（f）铁铜矿石，磁铁矿中间见石英脉，与磁铁矿渐变过渡脉，黄铁矿多，浸染状分布。后期 2mm 宽石英细脉，切穿围岩和矿石，不含矿，同时有后期方解石脉贯入，不含矿，与围岩平行、突变的接触关系；（g）、（f）：迤纳厂铁铜稀土矿床，磁铁矿石中见方解石脉呈多次弯曲旋回肠状分布，方解石脉中可见部分黄铜呈星点状或团块状分布，磁铁矿中可见黄铜矿呈浸染状分布。同时可见后期黄铜矿、石英细脉切穿早期方解石和磁铁矿。

图 3-17　迤纳厂铁铜矿典型矿石照片

表 3-7　迤纳厂铁铜矿地质特征表

矿区	迤纳厂
区域构造	绿汁江—安宁河断裂东侧，区域构造呈南北向，但矿区处于与东西向构造复合部位
容矿岩石	石榴石黑云母片岩、黑云母微晶片岩、黑云片岩、含石榴石黑云片岩、钠长黑云片岩等，其特点是以铁黑云母组成主要矿物，含有铁铝榴石，对其原岩恢复，主要为变碱性粗面安山岩
构造	矿区处于核桃箐逆冲断层西侧，核桃箐逆冲断层是滇中巨大的 NE 向因民—大尖山断裂的派生体
矿体规模与形态	矿体主要赋存于因民组顶部与上覆落雪组白云岩过渡部位，矿床分为 8 个矿段，各矿段矿体均赋存于因民组中上部。矿体与顶底板围岩呈整合接触，其部位距因民组和落雪组分界线约 20m。矿体呈似层状、透镜状产出，一般长 400～700m，最长大于 1000m，厚 3.93～4.31m，宽 200m。铜平均含量为 0.85%～0.97%，铁含量为 41.93%～44.53%。矿体局部有膨胀、分支、复合现象
主要矿石矿物	矿物组成复杂，矿石矿物主要有磁铁矿、菱铁矿、黄铜矿、黄铁矿，次为辉铜矿、辉钴矿、毒砂、方铅矿、辉铬矿、斑铜矿等；脉石矿物有石英、萤石、磷灰石、透闪石、透辉石、白云石、黑云母、钠长石、铁铝榴石；稀土矿物有氟碳铈镧矿、独居石、含铈磷灰石、褐帘石等
矿石结构构造	矿石类型包括铁铜矿石（块状、似层状、条纹条带状、浸染状）和单一铜矿石（含铜白云石、含铜片岩板岩矿石）两类。矿石结构构造主要为他形、自形晶粒结构，并常见交代结构、变斑状结构
成矿元素	Fe-Cu-U-REE
围岩	东川群因民组（Pt_2y）中上部、落雪组铁白云石碳酸岩建造
围岩蚀变	近矿围岩蚀变强烈，与变质作用叠加在一起，种类比较多，包括角岩化、钠化、磷灰石化、萤石化、金云母化、硅化及碳酸盐化、菱铁矿化等
岩浆性质	矿区岩浆侵入岩比较复杂，但岩体规模较小，按形成先后分为 3 期：①元古宙的斑岩、次火山岩及岩脉；②晋宁期辉长岩、辉绿岩，呈岩脉、岩床产出，侵入于东川群下亚群的因民组至鹅头厂组中；③燕山期辉绿岩，呈岩墙产出

3.5 小　　结

本章对拉拉、大红山、迤纳厂、岔河等矿床进行系统的基础地质、岩石学、矿石学研究，对控矿因素进行梳理和总结；研究多金属的组合特征及规律、金属元素的赋存形态、矿物的共生组合关系，对多金属成矿期次进行划分。

根据对拉拉铜铁矿床中含硫矿物的微量元素、电子探针分析，研究 Cu-Au-Mo-Co-Fe-U 等多金属共生组合规律及成矿元素的赋存形态，铜是以黄铜矿的形式存在、铁以磁铁矿形式存在、钼以辉钼矿形式、铀以晶质铀矿形式存在、钴以辉钴矿形式；稀土以氟碳铈矿、磷钇矿形式存在于磷灰石、萤石等矿物中；金以细分散系微粒自然金形式为主存在于黄铜矿、黄铁矿粒、黑云母片间及在辉钼矿矿物中以类质同象形式存在。

将拉拉矿床分为三个成矿期：火山沉积-岩浆热液期、热液流体成矿期、表生氧化期，并对矿物生成顺序进行划分；对拉拉矿床 Cu-Au-Mo-Co-Fe-U 等多金属成矿期次进行划分：$Fe_①$-P（1 期）；$Fe_②$-Co-$Cu_①$（2 期）；Mo-Au-$Cu_②$-U（3 期）。1 期形成层状磁铁矿、黄铜矿和富稀土元素的磷灰石等矿物，该期富集 $Fe_①$-P 矿化；2 期热液成矿期为铜主成矿阶段，形成黄铜矿、斑铜矿、辉钴矿等金属矿物，产生 $Fe_②$-Co-$Cu_①$矿化；3 期热液成矿期是热液流体成矿阶段，主要形成硅化-碳酸盐化矿化，形成辉钼矿、黄铜矿、斑铜矿以及自然金等金属矿物，成矿元素为 Mo-Au-$Cu_②$-U。后期热液成矿作用对早阶段所形成的磁铁矿、黄铜矿有一定的改造作用，形成赤铁矿和孔雀石，并在流体的作用下形成独立的稀土矿物——氟碳铈矿、磷钇矿等。

本章通过以上总结和研究，为矿床成矿规律的研究奠定了基础。

第 4 章　成矿年代学研究

成矿时代的精确厘定，对于研究矿床的形成背景、形成过程以及确定其成因都具有十分重要的意义，热液金属成矿系统中的重要金属矿物辉钼矿、黄铜矿的 Re-Os 精细定年为讨论矿床成矿时代提供了很好的手段和依据。特别是近年来，各种分析技术突飞猛进，测年精确度大大提高，又有部分研究者进行了年龄的测定（Chen et al.，2012；Greentree et al.，2008；Zhu et al.，2013；叶现韬等，2013），对本区成矿时代进行了重新的厘定，但仍旧存在较大争议，因此有必要对本区重要成矿年龄进行精确测定。迤纳厂矿床近期已有 Re-Os 精细定年的发表（Zhao et al.，2013；侯林，2013；叶现韬等，2013），本章选取拉拉、大红山、岔河矿床，采用黄铜矿 Re-Os 同位素体系直接确定矿床铜成矿年龄，对成矿时代进行 Re-Os 同位素研究，结合前人研究成果，精确限定成矿时代。

4.1　硫化物铼锇同位素分析测试方法

选择黄铜矿 Re-Os 测年方法对本区的意义：①研究区矿床研究程度较高，多种测年方法已有报道，但成矿年龄仍然存在较大争议；②辉钼矿虽然准确，但不能直接示踪铜矿成矿年龄，且不一定与主成矿期同期成矿；③已有对拉拉矿床的黄铜矿 Re-Os 定年分析结果，为本区铜矿的成矿年龄提供了新数据，进一步证明黄铜矿 Re-Os 定年在本区是可行的（Zhu et al.，2013；叶现韬等，2013），但存在数据偏少、可靠系数偏低、样品不系统等问题；④本区矿床中黄铜矿作为最主要的具经济意义的金属矿物，相对易于采集和挑选（黄铜矿 Re-Os 定年需要保证一定的样品量）；⑤几个矿区基本均采集到辉钼矿，由于只能间接指示成矿年龄且已有研究者做过（Chen et al.，2012；李泽琴等，2003），因此未进行辉钼矿 Re-Os 定年，但会充分收集已有数据。因此，本书同位素测年研究以矿体中挑选的黄铜矿为测试对象，因为黄铜矿中 U、Th 等亲石元素的含量低，是矿床最主要的经济矿物，具有最直接的指示意义，同时黄铜矿也是封闭性较好的矿物（Zhu et al.，2013；叶现韬等，2013）。本书研究过程中采集黄铜矿进行同位素分析。

Re、Os 在中国科学院地球化学研究所 Re-Os 实验室完成，实验参照前人（黄小文等，2012；漆亮等，2013）的方法，采用 PE ELAN DRC-e ICP-MS 进行测试，Re 和 Os 全流程空白分别为 6.4×10^{-12}g 和 2×10^{-12} g。在含 Re、Os 待测溶液中加入适量的 Ir 溶液，按照前人方法（Schoenberg et al.，2000）进行数据质量校正。分析结果的绝对不确定度（2σ）为分析过程中的所有误差传递所得，包括称量误差、质谱测定的误差，空白校正的误差及稀释剂校正误差等。

4.2　拉拉矿床铼锇成矿年代

4.2.1　测试结果

本书所测试的拉拉矿床中黄铜矿样品的 Re-Os 同位素测试结果如表 4-1 所示。其中，由于黄铜矿中普通 Os 含量很低，几乎所有的 ^{187}Os 都来自于 ^{187}Re 的 β 衰变，因此，可以通过黄铜矿样品中 ^{187}Re 和 ^{187}Os 的含量来计算出 Re-Os 成矿模式年龄 t。计算公式：$t=(1/\lambda)[\ln(^{187}\mathrm{Os}/^{187}\mathrm{Re}+1)]$，式中，λ 为 $1.666\times10^{-11}\mathrm{a}^{-1}$（Shen et al.，1996；Smoliar，1996），为 ^{187}Re 衰变常数。其中表 4-1 中样品 LL01-2 作为平行样测试了 2 次（LL01-2-1 在实验过程中 Os 未被完全吸收）。

表 4-1　矿床内黄铜矿 Re-Os 同位素测试数据

样品编号	称样量/g	Re/(ng · g^{-1})	1σ	^{187}Re/(ng · g^{-1})	1σ	^{187}Os/(ng · g^{-1})	1σ
P09	0.262	2.81	0.05	1.76	0.03	0.044	0.002
LL14-2	0.199	16.98	0.11	10.63	0.07	0.021	0.001
LL03-1-3	0.226	15.35	0.10	9.61	0.06	0.080	0.005
LL13-1-4	0.894	36.24	1.12	22.69	0.70	0.418	0.006
ZK504	0.283	76.54	1.72	47.91	1.07	0.895	0.049
LL01-1	0.837	15.64	0.16	9.79	0.10	0.092	0.004
LL01-2-1	0.162	1040.35	17.93	651.26	11.22	1.148	0.305
LL08-1-1	0.382	86.12	0.95	53.91	0.59	1.770	0.038
LL01-2-2	0.197	554.64	8.42	347.20	5.27	16.947	0.368

注：所有数据都已扣除空白。模式年龄计算公式为 $^{187}\mathrm{Os}={}^{187}\mathrm{Re}(e^{\lambda t}-1)$，其中 λ（^{187}Re 衰变常数）=$1.666\times10^{-11}\mathrm{a}^{-1}$（Smoliar，1996）

由表 4-1 可见，拉拉矿床所测试的 9 个样品中，包括平行样在内的 8 件黄铜矿中 Re 的含量高且比较接近，ω（Re）为（15.35±0.10）～（86.12±0.95）ng/g，ω（^{187}Os）为（0.021±0.001）～（1.770±0.038）ng/g，只有样品 P09 的 Re、^{187}Os 含量偏低。另外，LL01-2-1 和 LL01-2-2 较为特殊，具有明显偏高的 Re、^{187}Os 含量，可能为另一类黄铜矿，属于火山喷发沉积成因；但也不排除为黄铜矿中残存的少量辉钼矿引起的，因此在等时线图中不使用该数据。ω（^{187}Re）的高低与 ω（^{187}Os）成正相关，这就验证了黄铜矿中的 ^{187}Os 基本上都是由 ^{187}Re 经 β 衰变而来，因此说明在拉拉矿床中以黄铜矿样品进行 Re-Os 定年的方法是可行的，且其 ω（普 Os）为 0.016～0.172ng/g，远远小于所测样品中的 Re、Os 含量（表 4-1），因此，不会影响实验中 Re、Os 含量的准确测定。

根据前述的计算公式，本书所得的黄铜矿样品 Re-Os 模式年龄较为分散，舍去分析失误数据，其他数据集中于（1099±17）Ma～（1115±61）Ma（不确定度 1σ），利用 ISOPLOT 软件（Ludwig，2001），4 个数据点加权拟合后构成一条良好的 ^{187}Re-^{187}Os 等时线[图 4-1（a）]，说明它们是同一期矿化作用的产物，这与实际地质情况也是吻合的，其所得拉拉矿床的铼锇等时线年龄为（1085±27）Ma，其中 ^{187}Os 的初始值为（0.0121±0.0019）ng/g，MSWD=1.3，等时线年龄与模式年龄（样品 LL13-1-4 和 ZK504）基本一致，说明测试数据是可靠的，因此所得到的等时线年龄（1085±27）Ma 较好地代表了拉拉矿床的成矿年龄。

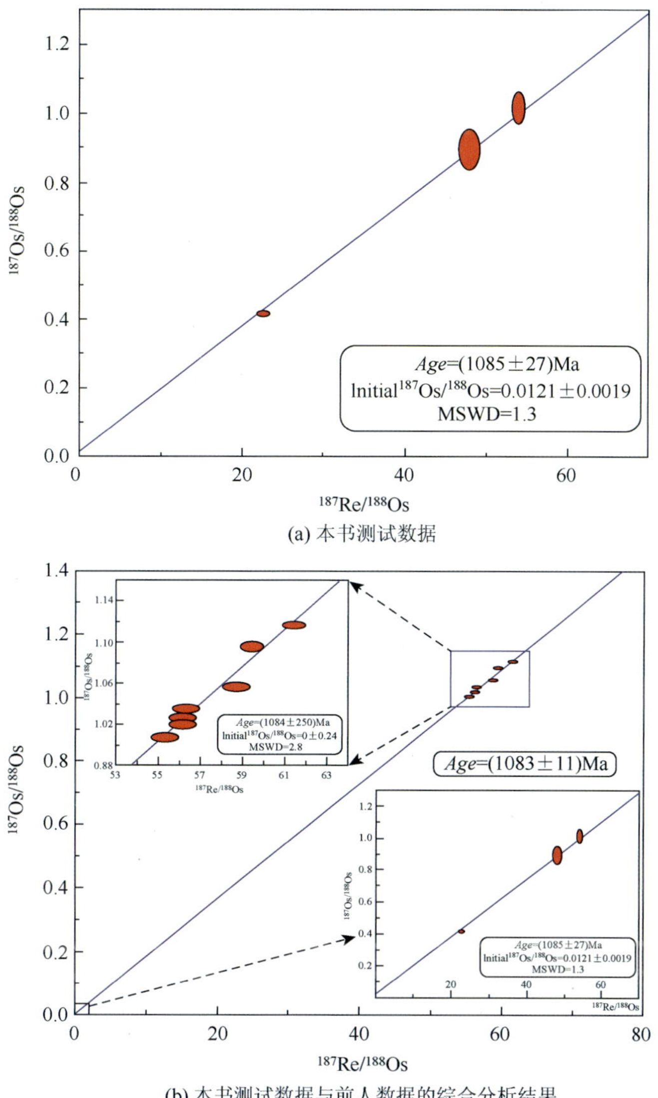

(a) 本书测试数据

(b) 本书测试数据与前人数据的综合分析结果

注：(b) 为放大图，据Chen et al.，2012数据作出的等时线年龄图

图 4-1　拉拉矿床内黄铜矿 Re-Os 同位素等时线年龄

本书测试的 6 件样品的等时线年龄与前人关于辉钼矿 Re-Os 年龄（1086±8）Ma（模式平均）、（1089±250）Ma，MSWD=2.6（等时线）（Chen et al.，2012）的测试结果相吻合，进一步证实了测试数据的可靠性。关于拉拉铜矿床的成矿年代一直存在争议，表 4-2 概括了前人部分的研究成果，为了进一步确认本书数据的可信性，结合前人数据（Chen et al.，2012）和本书数据，做出综合等时线图［图 4-1（b）］，发现前人数据（1084±250）Ma（MSWD=2.8），结果误差大、数据在等时线中太集中而未完全拉开；与本书数据结合后，

得到（1083±11）Ma（MSWD=0.48）的结果，该结果明显误差小，与本书数据和前人数据（Chen et al.，2012）分别得到的等时线年龄均较为接近，且很好地降低了误差、提高了精确度，得到了较好的年龄结果。

关于黄铜矿-辉钼矿的先后关系，手标本观察和镜下鉴定表明，辉钼矿为晚期的金属硫化物，在显微镜下可以看到切穿铜矿脉、辉钼矿交代黄铜矿和黄铁矿的现象，表明辉钼矿晚于黄铜矿形成，二者的成矿时代差别大小未知，因此前人获得的辉钼矿 Re-Os 年龄（Chen et al.，2012；李泽琴等，2003）仅代表拉拉矿床中钼的成矿年龄，而不能代表更重要的铜（金）多金属的成矿年龄。此外，前人研究了拉拉铜矿区辉钼矿的 Re-Os 同位素年龄、多型及标型特征：辉钼矿 Re-Os 同位素年龄为 1005Ma～928Ma（表面年龄）、（1086±8）Ma（模式平均）（Chen et al.，2012；李泽琴等，2003），而前人辉钼矿多型研究表明，辉钼矿有 2H+3R 型和 2H 型，其中 2H 型辉钼矿的形成温度约为 500℃（李泽琴等，2003；王奖臻等，2004）。因此，拉拉铜矿区区域变质作用的峰期温度应该不低于 500℃，从而在一定程度上证明了矿区新元古代大规模区域变质作用为高绿片岩相。从本书得到的黄铜矿年龄来看，误差范围内一致，因此，拉拉铜矿中，至少一部分铜矿的形成与钼矿基本在同一时代，受控于同一构造热事件，辉钼矿略晚于黄铜矿的形成。因此拉拉矿床的成矿早于表现明显的最后一期区域变质作用的时代（800Ma），表明黄铜矿辉钼矿为 1.1Ga-1.0Ga 左右区域变质作用过程中所形成的变质热液发生萃取、运移、沉淀后形成的。同时，本书所得年龄与前人原生褐帘石 LA-ICPMS U-Pb 结果（1067±41）Ma（等时线上交点 MSWD=0.86；Chen et al.，2014）误差范围内一致，代表 Mo-Cu-LREE 的年龄。

综上所述，本书测得的拉拉矿床的黄铜矿 Re-Os 等时线年龄为（1085±27）Ma，代表了该矿床的成矿时代，说明其铜的成矿作用主要发生于中元古末，为中元古末期成矿。

表 4-2　拉拉矿床已发表成矿年代数据

测龄样品	年龄/Ma	方法	意义	参考文献
磁铁矿、白云母、黑云母、萤石	845±2	Rb-Sr（等时线）	变质年龄	（陈好寿，1994）
黄铜矿、黄铁矿	887.83	Pb-Pb（等时线）	变质年龄	（孙燕等，2006）
脉石矿物白云母、黑云母	860～848 白云母 848.04±0.67 黑云母 860±8	Ar-Ar	变质年龄	（Greentree，2007；Greentree et al.，2008）
黑云母	817.0±6.7 825.1.0±6.8	Ar-Ar 坪年龄	变质年龄	（Zhao，2010）
石英流体包裹体	995	Rb-Sr（等时线）		（陈好寿等，1992）
辉钼矿	993±14	Re-Os	钼成矿年龄	（王登红等，2007）
黄铜矿、黄铁矿	888.18～858.4 K=0.9983	Pb-Pb	变质年龄	（吴健民等，1998）
黄铜矿、黄铁矿	954	Pb-Pb		（黄从俊等，2012）
辉钼矿	1005～928 1000～1006	Re-Os	钼矿成矿年龄	（李泽琴等，2003）

续表

测龄样品	年龄/Ma	方法	意义	参考文献
辉钼矿	1086±8（模式平均） 1089±250，MSWD=2.6（等时线）	Re-Os	钼矿成矿年龄	（Chen et al.，2012）
原生褐帘石	1067±41（等时线上交点 MSWD=0.86）	LA-ICPMS U–Pb	Mo–Cu–LREE	Chen et al.，2014
次生褐帘石	880～850 853.3±5.5 MSWD=0.043 877.9±4.2 MSWD=1.03	LA-ICPMS U–Pb	变质年龄	Chen et al.，2014
黄铜矿	1085±27（MSWD=1.3）	Re-Os	铜矿成矿年龄	本书
黄铜矿	1290±38	Re-Os	铜矿成矿年龄	（Zhu et al.，2013）
黄铜矿	1304.8±10.1～1267.8±16.1；等时线年龄 1262±19 等时线 MSWD=6.3，*N*=6	Re-Os	铜矿成矿年龄	（朱志敏，2011）
河口群石英钠长岩（岩浆锆石）	1680±13	SHRIMP U-Pb	成矿预富集期：火山喷发沉积期	（周家云 et al.，2011）
花岗斑岩	1647±17 *N*=19，MSWD=1.4	LA-ICPMS U-Pb		本书
矿区石英钠长岩（岩浆锆石）	1725±98 *N*=6，MSWD=4.5	LA-ICPMS U-Pb		本书
会理县河口地区侵入于河口群中辉绿岩体	1710±8 MSWD=1.11	SHRIMP U-Pb		（关俊雷等，2011）
辉绿岩脉	1659±16	LA-ICPMS U-Pb		（Zhao et al.，2011）
含矿地层	1681±13	LA-ICPMS U-Pb		（Zhao et al.，2011）
河口群变质火山岩（岩浆锆石）	1712	U-Pb（模式年龄）		（李复汉等，1988）

4.2.2 成矿物质来源指示

前人研究表明，除了可以用于确定硫化物矿床形成时代，Re-Os 同位素体系还可以在一定程度上示踪矿床成矿物质来源及反映一定的成因信息（Foster et al.，1996）。通过综合分析近年来 Re-Os 同位素研究成果，可得出如下规律：①如果矿床中成矿物质完全来自壳源（上地壳）的矿床，其 ω（Re）明显偏低（1～nμg/g 或更低）（李红艳等，1996；毛景文等，1999）；②成矿物质具有壳幔混合源的矿床，ω（Re）多在（n×10）μg/g 范围内（黄典豪等，1996）；③成矿物质来源于地幔或以地幔物质为主的矿床，其辉钼矿中 Re 含量较高，可以达到较高的范围（10～1000μg/g）（侯增谦等，2003；黄典豪等，1994；黄典豪等，1996；孟祥金等，2003）。结合本书测试的结果，如表 4-1 所示，拉拉矿床中硫化物的 ω（Re）为 2～1040μg/g，与壳幔混合源岩浆矿床的 Re 含量相近，并具有部分的地幔含量特征，由此可以推断，拉拉矿床的成矿物质来源为典型的幔源-

壳幔混合源特征。

另外，本书测得黄铜矿年龄为（1085±27）Ma，与前人辉钼矿 Re-Os 年龄（1086±8）Ma（模式平均）、（1089±250）Ma，MSWD=2.6（等时线）（Chen et al.，2012）的测试结果相吻合（刘英俊等，1987）。因此多金属组合的形成同属于前寒武纪大规模热动力活动成矿，中元古末成矿作用以铜矿为主，伴随金、钼、钴等多金属矿产。

综上所述，本书所研究的拉拉铜多金属矿床的黄铜矿 Re-Os 年龄为（1085±27）Ma，在时间、空间演化上处于扬子地块西缘的造山阶段早期，形成似层状、热液脉状矿体，形成拉拉式火山沉积-变质热液叠加改造型铜多金属矿床，并构成铜铁金钼铀等多金属组合系列。同时，在区域范围内形成了一系列具有较为相似大—中型以铁、铜多金属为主的一系列矿床，如拉拉、石龙、老虎山和研究区南段的大红山、岔河、迤纳厂等，也出现了叠加成矿的现象，如大红山、拉拉铜多金属矿床。

4.3　大红山及岔河矿床铼锇成矿年代

4.3.1　黄铜矿 Re-Os 同位素年龄

硫化物 Re-Os 同位素体系已被证明是热液矿床定年非常有效的手段（Davies，2010；Mathur et al.，2002；Mathur et al.，2005；Ripley et al.，2008；黄小文等，2011；黄小文等，2012；毛景文等，1999；漆亮等，2013）。黄铜矿作为主要的金属矿物在大红山铜铁矿床是非常普遍的，因此可以尝试用来进行 Re-Os 同位素定年。本书研究了大红山矿床黄铜矿和磁铁矿的 Re-Os 同位素组成，并证明了黄铜矿 Re-Os 同位素定年是该类矿床可靠的定年方法。

表 4-3　矿床内黄铜矿 Re-Os 同位素测试数据

样品编号	矿物类型	称样量/g	Re/（$ng·g^{-1}$）	1σ	^{187}Re/（$ng·g^{-1}$）	1σ	^{187}Os/（$ng·g^{-1}$）	1σ
H2-23	磁铁矿	0.995	1.85	0.09	1.16	0.06	0.153	0.011
H2-27	磁铁矿	0.425	31.66	0.53	19.82	0.33	0.482	0.026
H2-36	磁铁矿	1.463	16.59	0.26	10.38	0.16	0.166	0.005
H2-30	磁铁矿	3.398	0.20	0.01	0.12	0.00	0.017	0.000
H2-37	磁铁矿	2.120	0.46	0.01	0.29	0.01	0.016	0.001
H2-25	磁铁矿	2.663	10.04	0.17	6.28	0.10	0.133	0.008
H2-34	磁铁矿	1.495	1.64	0.03	1.03	0.02	0.357	0.008
H2-33-1	磁铁矿	0.492	1.10	0.03	0.69	0.02	0.051	0.002
H2-33-2	磁铁矿	1.392	6.08	0.02	3.81	0.01	0.077	0.003
H2-34-2	磁铁矿	1.120	0.63	0.02	0.40	0.01	0.108	0.002
HS43-11	黄铜矿	1.159	5.49	0.07	3.43	0.04	0.090	0.002
HS43-23	黄铜矿	0.974	63.19	0.65	39.56	0.41	0.715	0.024
HS43-25	黄铜矿	0.943	39.56	0.15	24.77	0.10	0.344	0.011
HS43-32	黄铜矿	1.117	3.11	0.05	1.95	0.03	0.009	0.000

续表

样品编号	矿物类型	称样量/g	Re/（ng·g^{-1}）	1σ	^{187}Re/（ng·g^{-1}）	1σ	^{187}Os/（ng·g^{-1}）	1σ
HS43-32	黄铜矿	0.876	36.43	0.81	22.81	0.51	0.374	0.012
HS43-40	黄铜矿	1.054	123.43	3.39	77.27	2.13	1.227	0.013
HS05-2	黄铜矿	0.930	111.47	1.75	69.78	1.10	1.281	0.060
HS46	黄铜矿	0.792	36.11	0.22	22.61	0.14	0.392	0.012
C12	黄铜矿	1.115	2.41	0.06	1.51	0.04	0.039	0.003
C16-1-1	黄铜矿	1.163	4.56	0.64	2.85	0.40	0.053	0.002
C16-1-2	黄铜矿	1.012	3.44	0.08	2.15	0.05	0.040	0.002
C16-1-3	黄铜矿	0.995	4.76	0.05	2.98	0.03	0.053	0.002
C16-3	黄铜矿	0.997	1.49	0.02	0.93	0.02	0.019	0.001

本书进行了 8 个样品的 Re-Os 分析，分析结果扣除空白后如表 4-3 所示。从分析测试结果来看，大红山矿床黄铜矿样品的 Re 和 Os 含量变化较大，主要变化于 1.95～77.27ppb① 和 0.009～1.281ppb。样品的普 Os 含量低，^{187}Os 主要为放射成因 ^{187}Os，本书利用 ^{187}Re-^{187}Os 数据等时线探讨成矿年龄。

由表 4-3 可见，除样品 HS43-11 和 HS43-32 的 Re、^{187}Os 含量偏低外，其他各分析测试的样品，包括平行样在内的 6 件黄铜矿样品中 Re 的含量相对较高且不同样品间的含量比较接近，ω（Re）为（36.11±0.22）～（123.43±3.39）ng/g，ω（^{187}Os）为（0.344±0.011）～（1.281±0.060）ng/g。总体而言，样品中的 ω（^{187}Re）含量与 ω（^{187}Os）成正相关关系，进一步验证了黄铜矿中的 ^{187}Os 基本上都是由 ^{187}Re 经 β 衰变而来，说明对大红山矿床依据黄铜矿的铼锇方法进行年代学研究是可行的，另外注意到样品的 ω（普 Os）为 0.009～0.088ng/g（除 HS05-2 为 0.229ng/g）远远小于所测样品中的 Re、Os 含量，因此，不会对实验中 Re、Os 含量测定产生影响。

根据测试结果，本书利用 ISOPLOT 程序（Ludwig，2003），构筑 ^{187}Re-^{187}Os 等时线（不确定度 1σ），6 个数据点加权拟合后构成一条良好的 ^{187}Re-^{187}Os 等时线（图 4-2），获得了 6 点等时线年龄为 *Age*=（1083±45）Ma（Initial^{187}Os/^{188}Os=−0.020±0.011，MSWD=11.0Ma）。此外，利用 ^{187}Re（^{187}Re/^{188}Os ratio＞100000）和 ^{187}Os（^{187}Os＞10ppb）同位素数据，计算大红山矿床中黄铜矿的铼锇模式年龄为（1096±51）Ma～（981±32）Ma（HS43-11 和 HS43-32 点 Re 太低而除外），因此本次测试的 6 件样品的年龄在误差范围内基本一致，并且黄铜矿 ^{187}Re-^{187}Os 等时线年龄［（1083±45）Ma］介于各个样品所得的铼锇模式年龄的范围内（表 4-3）。本书所获得的（1083±45）Ma 的铼锇等时线年龄可以较好地代表大红山矿床的铜的成矿年龄。为了进一步确认本书数据的可信性，结合拉拉矿床黄铜矿 Re-Os 确定的成矿年龄（1085±27）Ma（MSWD=1.3）及前人辉钼矿 Re-Os 年龄（1086±8）Ma（模式平均）、（1089±250）Ma，MSWD=2.6（等时线）（Chen et al.，2012）对比后发现测试结果相吻合，进一步证实了测试数据的可靠性。

注①：ppb=10^{-12}。

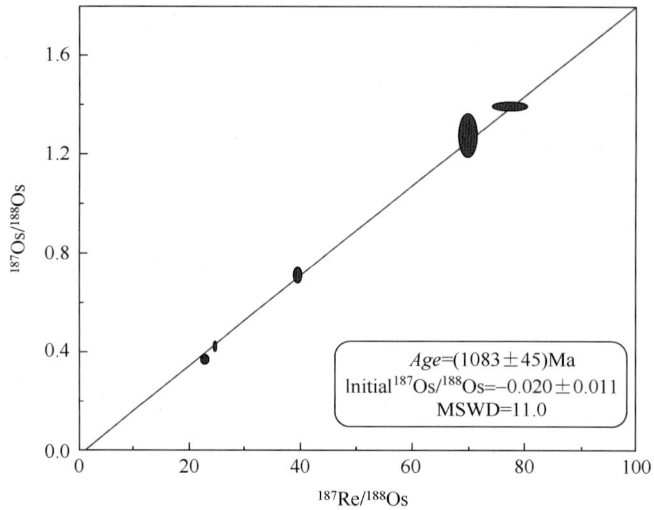

图 4-2 大红山矿床内黄铜矿 Re-Os 同位素等时线年龄

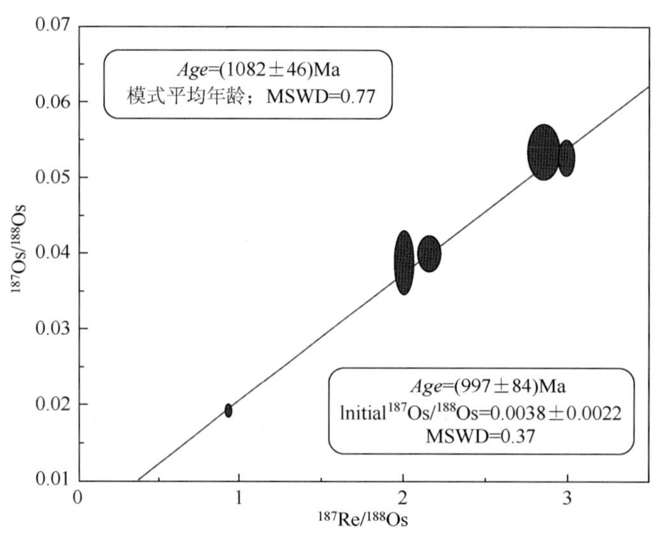

图 4-3 岔河矿床内黄铜矿 Re-Os 同位素等时线年龄

关于大红山铜铁矿床的成矿年代研究较少，且存在争议。表 4-4 概括了前人部分的研究成果。本书研究的结果与前人部分结果是吻合的，如大红山铜矿床铅同位素样品 20 件，应用铅同位素多阶段演化模式公式进行处理，得到放射成因铅母体的最大年龄为 1856Ma（最初富集年龄），并得出矿化作用的年龄为 1087.18Ma（改造富集或矿年龄）（吴健民等，1998）；这与本次大红山矿床黄铜矿 Re-Os 等时线年龄［（1083±45）Ma］相吻合，进一步表明成矿年龄为中元古代末，同时表明本书的测试方法是可行的。

岔河 Cu-Fe-Au 多金属矿床：关于岔河铜铁矿床的成矿年代研究较少，黄铜矿 Pb-Pb（等时线）为 585.17Ma（吴健民等，1998），该样品较少、年龄误差较大。为了对岔河矿床年龄进行精确限定，本书进行了岔河矿床 5 个样品的黄铜矿 Re-Os 分析，分析结果扣除空白后列于表 4-3。样品的 Re 和 Os 含量为 1.49～4.76ppb 和 0.019～0.053ppb 之间。样品的普 Os 含量低，^{187}Os 主要为放射成因 ^{187}Os，为消除 ^{188}Os 可能产生的误差，本书利用 ^{187}Re-^{187}Os 数据构筑铼锇等时线。

表 4-4　大红山铜铁矿床前人成矿年代研究统计

测定对象	方法	结果及误差	意义	资料来源
大红山矿石	Pb 同位素	1087.18Ma K=0.6476	成矿年龄	吴健民等，1998
大红山矿石	Pb 同位素	1856Ma K=0.6476	成岩年龄	吴健民等，1998
云南元江撮科地区岔河铜矿基性岩	铷锶年龄	晋宁期 867.7Ma		詹冬琴等，2012
铈铀钛铁矿/钛铀铁矿（大红山曼岗河组大理岩）	U-Th-Pb	828Ma	铀成矿年龄	倪师军等，2014； 武希彻等，1982
角闪石 黑云母	Ar-Ar 坪年龄 Ar-Ar 坪年龄	（830.5±20.3）Ma （851.4±8.8）Ma	变质年龄	Zhao，2010
岔河铜铁矿床黄铜矿	Pb-Pb（等时线）	585.17Ma	铜成矿年龄	吴健民等，1998
大红山磁铁矿矿石	Re-Os（等时线）	（1325±170）Ma MSWD=40	磁铁矿	本书
大红山黄铜矿	Re-Os（等时线）	（1083±45）Ma MSWD=11.0	黄铜矿	本书

由表 4-3 可见，除样品 C12 和 C16-3 的 Re、^{187}Os 含量偏低外，其他样品黄铜矿中 Re 的含量高且比较接近，ω（Re）为（3.44±0.08）～（4.76±0.05）ng/g，ω（^{187}Os）为（0.040±0.002）～（0.053±0.002）ng/g。ω（^{187}Re）的高低与 ω（^{187}Os）基本成正相关，与前述类似，这就验证了岔河矿床中黄铜矿的 ^{187}Os 基本上都是由 ^{187}Re 经 β 衰变而来，表明采用黄铜矿铼锇同位素方法对岔河矿床进行定年是可行的，且其 ω（普 Os）为（0.006～0.009）ng/g，远远小于所测样品中的铼锇含量（表 4-3），因此，并不会对测试过程中铼、锇含量的准确测定产生明显影响。

根据所测铼锇数据，本书利用 ISOPLOT（Ludwig，2003）程序，构筑 ^{187}Re-^{187}Os 等时线（不确定度 1σ），5 个数据点加权拟合后构成一条良好的 ^{187}Re-^{187}Os 等时线（图 4-3），获得 5 点等时线年龄为 *Age*=（997±84）Ma（Initial^{187}Os/^{188}Os=0.0038±0.0022；N=5；MSWD=0.37），Re-Os 模式平均年龄（1082±46）Ma（MSWD=0.77；N=3）。此外，利用 ^{187}Re（^{187}Re/^{188}Os ratio＞100000）和 ^{187}Os（^{187}Os＞10ppb）的铼锇同位素数据，利用模式年龄公式，进一步计算岔河矿床中黄铜矿的铼锇模式年龄为（1237±36）Ma～（1054±33）Ma，因此本次测试的 3 件样品的年龄在误差范围内基本一致，并且黄铜矿 ^{187}Re-^{187}Os 模式平均年龄（1082±46）Ma 也落在单个样品模式年龄范围内。因此，本书认为（1082±46）Ma 的等时线年龄代表了岔河铜铁矿床的成矿年龄。为了进一步确认本书数据的可信性，结合大红山矿床黄铜矿 Re-Os 确定的成矿年龄（1083±45）Ma（MSWD=11）对比后发现测试结果吻合，进一步证实了测试数据的可靠性，也进一步说明这两个矿床的成矿时代相同，可能属于区域内中元古代末同一地质事件的产物。

综上所述，本次测得的拉拉矿床和大红山、岔河等矿床成矿年龄基本一致；拉拉矿床的黄铜矿 Re-Os 等时线年龄为(1085±27)Ma，大红山为(1083±45Ma)、岔河为(1082±46Ma)等矿床的成矿年龄一致，代表区内该类矿床的成矿时代，说明其成矿作用发生于中元古末，为中元古末期成矿；虽然这些矿床平面距离较远（南北跨度近 200km），但是非常一致地表明受控于统一的地质动力学背景和属于中元古代末同一地质事件的产物。

4.3.2　磁铁矿 Re-Os 同位素年龄及意义

4.3.2.1　方法可行性

由于 Re、Os 独特的地球化学性质，Re-Os 同位素体系可以直接对矿床进行定年，为矿床的年代学研究提供了新的途径。各种硫化物（如辉钼矿、毒砂、黄铁矿、黄铜矿等）的 Re-Os 定年已得到地质工作者的公认和广泛的应用（Davies，2010；Mathur et al.，2005；侯增谦等，2003；黄典豪等，1994；李红艳等，1996），但是关于磁铁矿 Re-Os 定年的报道较少（Davies，2010）。磁铁矿是一种非常普遍的矿物，常产在变质岩、岩浆岩、沉积岩和各种类型铁矿床中，同时作为一些铁氧化物矿床中的主要矿石矿物，磁铁矿的形成时代相对硫化物来说似乎能够更好地代表矿床的形成时代。但是到目前为止这方面的研究是非常有限的，主要是由于磁铁矿中非常低的 Re、Os 含量（Mathur et al.，2002；Mathur et al.，2005；Morgan et al.，2000）。前人（Huang et al.，2013）对西天山沙泉子铁（铜）矿床 8 个磁铁矿样品的 Re-Os 定年，得到的等时线年龄为（303±12）Ma（2σ，MSWD=2.3），且等时线的加权平均方差 MSWD 与期望值 2.26 非常相近，低 Re/Os 样品也落在等时线上，并与共生的黄铁矿 Re-Os 同位素体系进行对比，年龄结果是非常一致的，说明所得等时线年龄是可信的。已有的成功例子表明磁铁矿 Re-Os 同位素可成为一种新的定年工具（漆亮等，2013）。因此，虽然磁铁矿 Re-Os 同位素测年方法处于试验阶段，但已有成功的案例证明方法是有效的，为铁矿及含铁矿物矿床的定年提供了新思路。

由于大红山矿床中（似）层状铁矿体中磁铁矿本身纯度较高，且磁铁矿主成矿期基本上没有黄铁矿、黄铜矿等硫化物共生，分选后的磁铁矿基本没有硫化物颗粒，因此矿物相对较纯。从前人研究结果，通常磁铁矿中 Re 的含量低于 1ng/g，最高仅为几个 ng/g（Mathur et al.，2002；Mathur et al.，2005；Morgan et al.，2000），而此次研究的磁铁矿 Re 含量最高达到 32ng/g，H2-27、H2-36 具有较高的 Re 含量（17ng/g 和 32ng/g），其余均小于 10ng/g（表 4-3），因此可以认为所分析的 Re、Os 含量全部来自于磁铁矿，而不是混入的硫化物所致，样品纯度是可以保证的。

4.3.2.2　结果讨论

1. 年代学意义

本书使用与前人（Huang et al.，2013）相同的实验流程；通过 10 件样品的分析测试，得到的磁铁矿 Re-Os 年龄为（1325±170）Ma（MSWD=40）（图 4-4），虽然数据谐和度不理想，但可以作为本区热液活动年代学的参考。由于磁铁矿是主要的经济矿物之一，同时也是主要的铁矿物，因此磁铁矿（1325±170）Ma 的 Re-Os 等时线年龄代表了大红山矿床中铁的成矿年龄。这一年龄与前人（Groves et al.，2010）总结的一些中元古 IOCG 矿床年龄吻合，在本区域内，所获得的相应年龄较少，其中，可能对应于中元古代中期扬子地台西缘发生的东川运动（李复汉等，1988），以及前人拉拉矿床曾得到过（1290±38）Ma 的黄铜矿 Re-Os 年龄（Zhu et al.，2013）；河口群岩石发生与成矿关系密切的变质作用，磁铁矿、磷灰石等可能主要在这一阶段富集成矿。

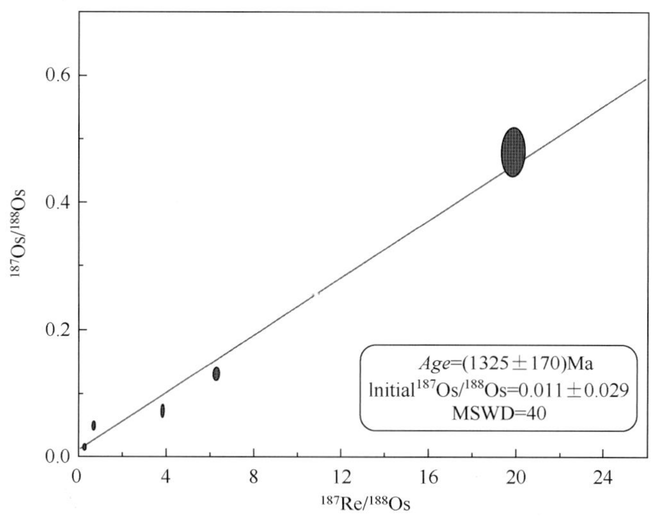

图 4-4　大红山矿床内磁铁矿 Re-Os 同位素等时线年龄

2. Re、Os 含量及意义

大红山矿床中 10 件磁铁矿样品的铼锇同位素测试研究结果见表 4-3，其中样品 H2-33 作为平行样测试了 2 次。由表 4-3 可见，除样品 H2-30、H2-37、H2-34-2 的 Re、^{187}Os 含量偏低外，其他包括平行样在内的 7 件磁铁矿中 Re 的含量相对较高，ω（Re）为（1.10±0.03）～（31.66±0.53）ng/g，ω（^{187}Os）为（0.051±0.002）～（0.482±0.026）ng/g。另外，H2-27 和 H2-36 较为特殊，具有明显偏高的 Re、^{187}Os 含量，可能为成矿流体的不均一性，属于另一类磁铁矿，很可能早期火山熔浆为主成因形成的，磁铁矿 Re 含量的较大变化可能反映了硫化物的混入，以微米级的硫化物颗粒形式存在（Morgan et al.，2000），因此在等时线图中不使用该数据。而 ω（^{187}Re）的高低与 ω（^{187}Os）成正相关，这就验证了磁铁矿中的 ^{187}Os 基本上都是由 ^{187}Re 经 β 衰变而来，且其 ω（普 Os）为（0.001～0.032）ng/g，远小于所测样品中的铼锇含量（表 4-3），因此，不会影响测试过程中铼锇含量的测定。磁铁矿的 Re 含量明显低于共生的黄铁矿（表 4-3），说明热液体系中 Re 在磁铁矿中表现出更强的不相容性（Huang et al.，2013；Mathur et al.，2002；Mathur et al.，2005；Morgan et al.，2000）。

大红山矿床磁铁矿具有变化较大的 Re 和 Os 含量，部分样品 Re 含量明显高于已报道的磁铁矿（0.04～17ng/g，大多数小于 1ng/g）（Huang et al.，2013）（表 4-5）。通过对大红山磁铁矿的统计分析发现：Re 变化于 0.2～31.66ng/g（去除个别值后平均 4.29ng/g）、Os 变化于 16～166pg/g（去除个别值后平均为 90pg/g）。通过与不同类型矿床中磁铁矿 Re、Os 含量的对比发现，大红山矿床磁铁矿变化较大的 Re 和 Os 含量指示其与铁氧化物铜金矿床 Re（0.3～6ng/g）、Os（6～76pg/g）（Mathur et al.，2002）具有最为接近的含量特征，因此磁铁矿 Re 和 Os 含量特征也指示了本区矿床的 IOCG 属性。

表 4-5　不同类型矿床中磁铁矿 Re、Os 含量统计表

矿床类型	Re/（$ng \cdot g^{-1}$）	Os/（$pg \cdot g^{-1}$）	参考文献
条带状铁建造（BIF）	0.1～3.4	10～48000	Ripley et al.，2008
Fe-Ti-V 氧化矿床和 Fe-Cu-Ni 硫化物矿床	0.3～1.5	36～114	Morgan et al.，2000
铁氧化物铜金矿床	0.3～6	6～76	Mathur et al.，2002
铜金矿床	1.5～2	6～51	Mathur et al.，2005
Fe-Ti 氧化矿床	0.04～0.7	1.8～24	Davies，2010
西天山沙泉子铁（铜）矿床	0.7～51	16～63	Huang et al.，2013
大红山矿床	0.2～31.66（平均为 4.29）	16～166（平均为 90）	本书

3. *矿床成因指示意义*

结合本书最新年龄测定结果和同位素研究成果，可以对矿床成因有如下启示。根据矿床稀有气体同位素（第 5 章）资料显示本区黄铜矿样品与现代大西洋洋中脊热水物质 TAG（曾志刚等，2000）对比，无论层状和脉状矿体的成矿物质与现在洋中脊热液具有不同的组成特征，也表明无论层状似（如样品 HS43-23）和脉状矿体（如样品 HS43-11、LL14-2、YNC-17-1）的成矿流体的来源与古代海底的喷流热水没有直接的关系，或者受到后期流体较大程度上改造。关于拉拉和大红山铁铜矿床成因类型及矿床类型归属，前人仍然存在较大的争议，例如海底火山喷发-沉积型、海底火山喷发沉积-热液改造型矿床（秦德先等，2000；吴孔文，2008；钟昆明，1993）、VHMS 矿床（侯增谦等，2003）、古火山型（陈贤胜，1995；钱锦和等，1990）等，根据本书稀有气体同位素资料，拉拉和大红山铁铜矿床的黄铜矿稀有气体同位素指示其不同类型矿石——脉状和层状，成矿流体均显示出不同于喷流热水的特征；结合本节对拉拉和大红山矿床的年龄分析测定结果显示，拉拉和大红山成矿年龄和原始火山沉积年龄差别近 600Ma～700Ma（火山沉积于 1700Ma 左右，成矿于 1100Ma～1000Ma）。因此可以认为，矿床的形成与 VMS 矿床不同，早期海底喷流可能仅提供了成矿物质，后期的热液改造对成矿的改造具有更为重要的意义。根据本节大红山矿床磁铁矿 Re 和 Os 含量及前述磁铁矿微量元素与铁氧化物铜金矿床对比研究表明，磁铁矿特征也指示了本区矿床的 IOCG 属性。

4.4　区内其他矿床成矿年代

近年来，关于研究区内迤纳厂 Fe-Cu-REE 多金属矿床及东川矿床等其他矿床的成矿年代一直存在争议。表 4-6 和表 4-7 概括了部分前人的研究成果。

表 4-6　迤纳厂—鹅头厂铜铁矿床的成岩成矿年代统计表

测定对象	方法	年龄及误差/Ma	意义	资料来源
矿区岩浆角砾岩	锆石 LA-ICP-MS U-Pb 测年	1739±13	岩浆活动	侯林等，2013
辉绿岩	锆石 LA-ICP-MS U-Pb 测年	1764±38	岩浆活动	郭阳等，2014
凝灰岩和火山角砾岩中锆石	LA-ICP-MS U-Pb	1750	迤纳厂组的沉积的上限年龄	叶现韬等，2013
辉钼矿（两期）	Re-Os 同位素等时线	1674±84（*N*=6，MSWD=11.7）（1459±130）Ma（*N*=8，MSWD=96）	成矿年龄	Zhao et al.，2013
黄铜矿	Re-Os 同位素等时线	1690±99（*N*=6，MSWD=3.0）	矿床的形成时代	叶现韬等，2013
成矿期萤石	Sm-Nd 同位素等时线年龄	1539±40	成矿年龄	杨耀民等，2005
条带状矿石		1617±100	成矿年龄	杨耀民等，2005
交代成因石榴子石	Sm-Nd 同位素等时线年龄	898±53 901±57	改造年龄	侯林等，2013
含矿石英脉	^{40}Ar-^{39}Ar 年龄	783.93±8.59	改造年龄	叶霖等，2004
矿石样品（4 件）	全岩铅等时线年龄	1037	改造年龄	吴健民等，1998
顺层浸染状黄铜矿	铅同位素等时线年龄	1112±63	改造年龄	侯林等，2013
黑云母	Ar-Ar 坪年龄 反等时线年龄	910.1±6.8、 911±12（MSWD=50）	变质改造年龄	侯林等，2013
近矿围岩（矿体上下盘的石榴石钠长黑云母片岩）	黑云母 K-Ar 法	789	变质改造年龄	杨耀民，2003
	白云母的 K-Ar 年龄	827	变质改造年龄	
大宝山铜铁矿体底、顶板黑云母岩	黑云母 K-Ar 法	813、805	变质改造年龄	陈好寿，1994
鹅头厂黄铁矿	Rb-Sr 同位素等时线	1466±110（*N*=6，MSWD=31）	成矿年龄	Zhao et al.，2013
鹅头厂黄铁矿	Re-Os 同位素等时线	1487±110（*N*=8，MSWD=0.47）	成矿年龄	Zhao et al.，2013
鹅头厂绿泥石黑云母岩（全岩样）	Ar-Ar 年龄	885～920	变质改造年龄	李志群等，2004

有关这些矿床的形成时代，学者们的认识随着研究程度的提高经历了不同观点的变化（表 4-6，表 4-7），早期曾根据黑云母 K-Ar 法、Ar-Ar 年龄、矿石铅同位素等时线法，认为成矿年龄与这些年龄一致，属于 920Ma～789Ma（吴健民等，1998；杨耀民，2003；叶霖等，2004），甚至 1037Ma（吴健民等，1998）的成矿时代；近十年来，随着研究深入和分析测试技术的提高，普遍认识到，矿床的成矿年龄可能属于较早的时期，如迤纳厂铁铜矿床萤石的 Sm-Nd 年龄为（1539±40）Ma（MSWD=0.33，*N*=6），而前人所获得的矿石的 Sm-Nd 年龄为（1617±100）Ma（MSWD=1.3，*N*=7）（杨耀民等，2005）；黄铜矿 Re-Os 同位素等时线为（1690±99）Ma（*N*=6，MSWD=3.0）（叶现韬等，2013）；辉钼矿（两期）Re-Os 同位素等时线为（1674±84）Ma 和（1459±130）Ma（Zhao et al.，2013）。而本区的东川铜矿床也有类似的年代学，Pb-Pb 等时线年龄为 1138Ma（高建国，1996），层状矿石中石英 Ar-Ar 坪年龄为（871±5）Ma～（710±5）Ma（邱华宁等，2002；邱华

宁等，2002；邱华宁等，1998）；东川铜矿床中前人通过三个黄铜矿样品测得铼锇等时线年龄为（1765±57）Ma（MSWD=0.36）（王生伟等，2012），东川汤丹矿床黄铜矿 Re-Os 同位素等时线年龄为（1380±58）Ma 和（1422±13）Ma（Huang et al.，2013），东川因民矿床的形成时代由黄铜矿 Re-Os 同位素等时线确定为（1585±100）Ma（MSWD=2.6，*N*=6）（Zhao et al.，2013）；迤纳厂铁铜矿床附近的鹅头厂和狮子山、狮凤山等也被认为具体类似的成矿特征和时代（李志群等，2004；Zhao et al.，2013）。

因此，通过对前人的研究资料分析表明，对迤纳厂矿床、鹅头厂及东川矿床的年代学研究早期多认为属于～850Ma 的成矿事件，而目前基本上已确认上述矿床成矿时代为1760Ma～1400Ma（并以～1700Ma 为主），集中在古元古代晚期至中元古代早期，而与本书所研究的拉拉、大红山、岔河等矿床的 1100Ma～1000Ma 成矿时代明显不同，迤纳厂矿床、鹅头厂及东川矿床等的成矿作用属于本区内较早期的一期重要成矿事件。

表 4-7　东川铜铁矿床的成岩成矿年代统计表

测定对象	方法	年龄及误差/Ma	意义	资料来源
黄铜矿	Re-Os 同位素等时线	1585±100（MSWD=2.6，*N*=6）	东川因民矿床的形成时代	Zhao et al.，2013
黄铜矿	Re-Os 同位素等时线	1380±58（MSWD=0.51，*N*=6）1422±13（MSWD=0.92，*N*=6）	东川汤丹矿床的形成时代	Huang et al.，2013
黄铜矿	Re-Os 等时线年龄	1765±57（MSWD=0.36，*N*=3）		王生伟等，2012
角砾岩带中黑云母	Ar-Ar 坪年龄	893.0±8.1	东川因民矿床的变质年龄	Zhao et al.，2013
石英方解石脉中黑云母		820.4±9.1		Zhao et al.，2013
层状矿石中石英	Ar-Ar 坪年龄	871±5、807±16	东川落雪矿床的变质年龄	邱华宁等，2002；邱华宁等，2002
层状矿石中石英	Ar-Ar 坪年龄	778±63、710±5	东川落雪矿床的变质年龄	邱华宁等，1998
Pb-Pb 等时线年龄 正常铅从源区分离年龄		1138、1795		高建国，1996

4.5　讨论及小结

4.5.1　年龄数据的甄别

尽管迄今为止区内拉拉、大红山矿床、迤纳厂 Fe-Cu-REE 多金属矿床、东川 Cu 矿床、鹅头厂铁矿床等已经积累了大量的同位素测龄数据，但是许多测龄方法不同，部分数据的解释还存在一定问题，在成矿时代的确定中需要进行甄别（阚泽忠等，1999；胥德恩等，1995）。

新元古代末是本区一次大规模的变质作用，形成许多矿床内广泛存在的黑云母、白云母、绢云母、石英等脉石矿物（陈好寿等，1992；邱华宁等，2002；邱华宁等，2002；邱华宁等，1997；邱华宁等，1998；邱华宁等，2000；叶霖等，2004；周家云，2008），如迤纳厂 Fe-Cu-REE 多金属矿床黑云母 Ar-Ar 坪年龄为（910.1±6.8）Ma，反等时线年龄为（911±12）Ma（MSWD=50）（侯林等，2013）；近矿围岩（矿体上下盘的石榴石钠长黑云母片岩）K-Ar 法确定年龄为 827Ma～805Ma（杨耀民，2003）。东川落雪矿床层状矿石中石英 Ar-Ar 坪年龄为（778±63）Ma 和（710±5）Ma（邱华宁等，1998）；东川因民矿床角砾岩带及石英方解石脉中黑云母 Ar-Ar 坪年龄分别为（893.0±8.1）Ma 和（820.4±9.1）Ma。从以上的研究成果来看，本区 Fe-Cu 多金属矿床的变质年龄大多集中于 800Ma 左右，而这些成矿年龄大部分都是通过 ^{40}Ar-^{39}Ar、Pb-Pb 和 Rb-Sr 定年的方法获得的。然而，大多数矿物的 ^{40}Ar-^{39}Ar 同位素体系的封闭温度在 350℃以下（Jenkin et al.，2001），黑云母-白云母形成温度约（350～250℃），而 Rb-Sr 体系中由于 Rb 的活动性较强而导致 Rb-Sr 体系的封闭性差（陈文，2002），由于 U-Th-Pb 同位素体系在经历后期热事件时很容易形成开放体系，因此 Pb-Pb 等时年龄在经历过复杂事件后是不可靠的，可能仅代表成矿期后热事件的年龄（朱志敏，2011）；Rb-Sr 法和 K-Ar 法等获得的地层岩石的年龄很可能记录的是地层的变质事件年龄（陈岳龙等，2001；王奖臻等，2012）。相对于 Re-Os 体系和 Sm-Nd 体系，Ar-Ar、Pb-Pb 体系因其较低的封闭温度最易受到后期热事件的影响。因此，Ar-Ar、Pb-Pb 年龄往往代表最年青的一期达到封闭温度的热事件。因此以上测年方法均可能会受到成矿后期地质热事件（0.85Ga～0.7Ga）的影响，本区出现的大量 800Ma 左右的数据记录的是本区地质史上最后一期大规模热事件的时间。

相反，Re-Os 同位素体系的封闭性较好，受后期影响小，可以比较准确地测定成矿时代（Stein et al.，2000；Stein et al.，1998）。

另外本次大红山矿床磁铁矿还获得（1325±170）Ma（MSWD=40）的 Re-Os 年龄，前人也曾得到过拉拉矿床（1290±38）Ma 的黄铜矿 Re-Os 年龄（Zhu et al.，2013）；结合前述总结的大量成岩成矿年龄，表明本区经历了复杂的地质构造和演化过程，结合区内的地质背景研究，认为该区岩浆、构造作用较为发育，多期成矿叠加明显，形成的大型铜多金属矿床基本均形成了似层状、热液脉状等不同产状矿体，构成 Fe-Cu-REE-Au-U-Mo-Co 多金属组合系列；从平面分布来看，在区域范围内形成了一系列不同规模的铁-铜多金属矿床，如北段的拉拉、石龙、老虎山，中段的迤纳厂和南段的大红山、岔河等矿床，同时，也出现了叠加成矿的现象，如大红山、拉拉铜多金属矿床。

而迤纳厂、鹅头厂、东川铜铁矿床前人已做过较多的年代学工作，成矿年代较为一致，认为属于 1.7Ga～1.4Ga，迤纳厂矿床是萤石、条带状矿石 Sm-Nd 同位素等时线年龄分别为（1539±40）Ma 和（1617±100）Ma（杨耀民等，2005）；辉钼矿（两期）Re-Os 同位素等时线年龄为（1674±84）Ma、（1459±130）Ma（Zhao et al.，2013）；黄铜矿 Re-Os 同位素等时线年龄为（1690±99）Ma（叶现韬等，2013）。鹅头厂铁矿黄铁矿 Rb-Sr 同位素等时线年龄为（1466±110）Ma（N=6）、Re-Os 同位素等时线年龄为（1487±110）Ma（N=8）（Zhao et al.，2013）；东川因民矿床的形成时代前人通过黄铜矿 Re-Os 同位素等时线确定为（1585±100）Ma（N=6）（Zhao et al.，2013）；东川汤丹矿床的形成时代依据黄铜矿 Re-Os 同位素平均年龄和等时线年龄确定为（1422±13）Ma～（1380±58）Ma（N=6）（Huang et al.，2013）。因此可以判断迤纳厂、鹅头厂、东川铜铁矿床成矿年代与大红山、拉拉等铜多金属矿床明显不同，迤纳厂、鹅头厂、东川铜铁矿床被认为属于 1.7Ga～1.4Ga 成矿事件；同时表明，矿床成矿时代的确定进一步表明大红山群、东川群、河口群基本属于早元古代基本同时期的地层，共同证实了扬子地块西缘古老结晶基底的存在（杨红等，2012）。

4.5.2 成矿年龄探讨

综上所述，本书研究认为拉拉矿床、大红山、岔河等矿床成矿年龄基本一致；其中，拉拉矿床的黄铜矿 Re-Os 等时线年龄为（1085±27）Ma，大红山为（1083±45）Ma、岔河为（1082±46）Ma 等矿床的成矿年龄一致，辉钼矿 Re-Os 同位素年龄为 1005Ma～928Ma（表面年龄）、（1086±8）Ma（模式平均）（Chen et al.，2012；李泽琴等，2003），三个矿床成矿年龄非常一致，代表了区内该类矿床的成矿时代，说明其成矿作用发生于中元古末，为中元古末期成矿，表明受控于统一的地质动力学背景和属于中元古代末同一地质事件的产物。

相比于 800Ma 和 1700Ma 的时间段，本区内该时期（1.1Ma～1.0Ma）的年代学数据相对较少，前人对该时期本区地质时间和成矿作用的研究重视程度相对较低，研究成果相对较少，特别是该时期的岩浆活动报道的很少，目前仅有少量的精确定年表明该时期存在动力学时间，如前人对会理拉拉地区东部的淌塘地区双峰式岩浆岩组合成岩时代研究获得的辉绿岩岩体 La-ICP-MS 锆石 U-Pb 年龄为（1082±8）Ma，A 型花岗岩体 SHRIMP 锆石 U-Pb 定年为（1063.2±6.9）Ma（王子正等，2012），米易垭口地区二长花岗岩锆石 SHRIMP U-Pb 年龄测试结果为（1014±8）Ma（杨崇辉等，2008；杨崇辉等，2009），米易回箐沟花岗质片麻岩锆石 U-Pb 年龄为 1007Ma（Li et al.，2002），另外之前也有喷出岩和岩浆变质岩的相关报道，如会东小街天宝山组流纹岩年龄为 1028Ma、米易垭口地区 TTG 质片麻岩为 1027Ma（耿元生等，2007），这些年龄时间大都较为集中，可能代表了中元古代末期（1.1Ga～1.0Ga）在研究区内发生的一期规模和范围较大的岩浆构造事件。因此，本书所确定的成矿年龄与这些岩浆岩活动基本同期，并与中元古代末期全球格林威尔造山运动的时间高度一致，可能同属于格林威尔造山期运动产物。

4.5.3 小结

综上所述，本书通过黄铜矿 Re-Os 等时线年龄测得拉拉矿床、大红山矿床、岔河矿床等成矿年龄基本一致，集中于 1085Ma～1082Ma；其中，拉拉矿床的为（1085±27）Ma、大红山为（1083±45Ma)、岔河为（1082±46）Ma 等矿床的成矿年龄一致。成矿时代具有较好的一致性，说明其成矿作用发生于中元古末，为中元古末期成矿，表明矿床的成矿受控于统一的地质动力学背景和属于中元古代末同一地质事件的产物。本书所确定的铜成矿年龄与区内存在的部分花岗岩体（张传恒等，2007；王子正等，2012）形成基本同期，并与中元古代末期全球格林威尔造山运动的时间高度一致，表明矿床的形成可能同属于格林威尔造山期运动产物。

第5章　成矿流体地球化学及物源示踪

在对矿床基础地质、地层、构造、矿石研究的基础上，本章重点通过地球化学方法研究成矿流体特征及进行成矿物源示踪，通过对拉拉、大红山等矿床热液矿物主、微量和稀土元素（ICP-MS和电子探针方法），硫化物S同位素，方解石脉C、O同位素以及稀有气体同位素的系统分析，研究成矿热液流体作用过程和成矿物源来源。

5.1　矿物元素地球化学研究

本书采集了拉拉铜铁矿床层纹状矿石、浸染状矿石，磨制探针片后在光学显微镜下观察，挑选磁铁矿、黄铁矿等进行单矿物成分测试。测试工作在成都理工大学电子探针实验室中完成。应用 EPMA-1720 型电子探针对样品进行成分分析测试，仪器条件为：束流10nA、加速电压15kv，仪器的检出限为0.001%。总体而言，矿石化学成分上以铜为主金属，品位在各矿体之间变化不大，电子探针测试显示矿石中存在较多黄铜矿、黄铁矿、辉砷钴矿（CoAsS）、辉钼矿等不同硫化物。黄铁矿背散射照片及电子探针点位见图5-1，测试结果如表5-1所示。

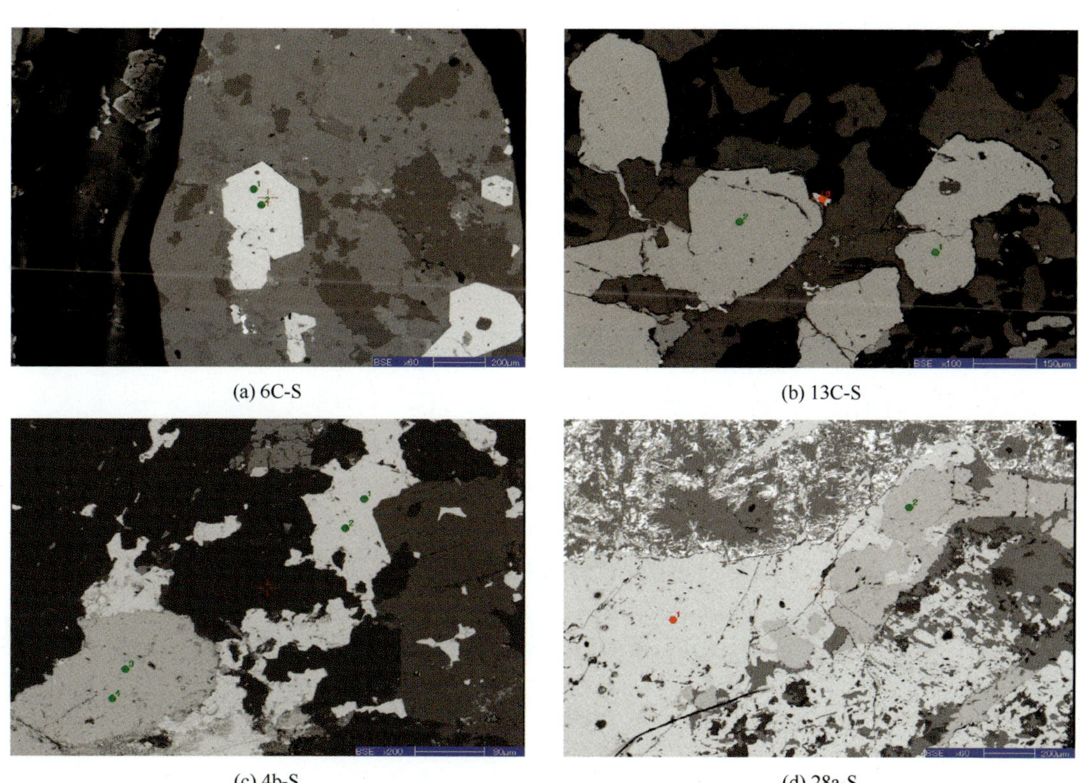

(a) 6C-S　(b) 13C-S

(c) 4b-S　(d) 28a-S

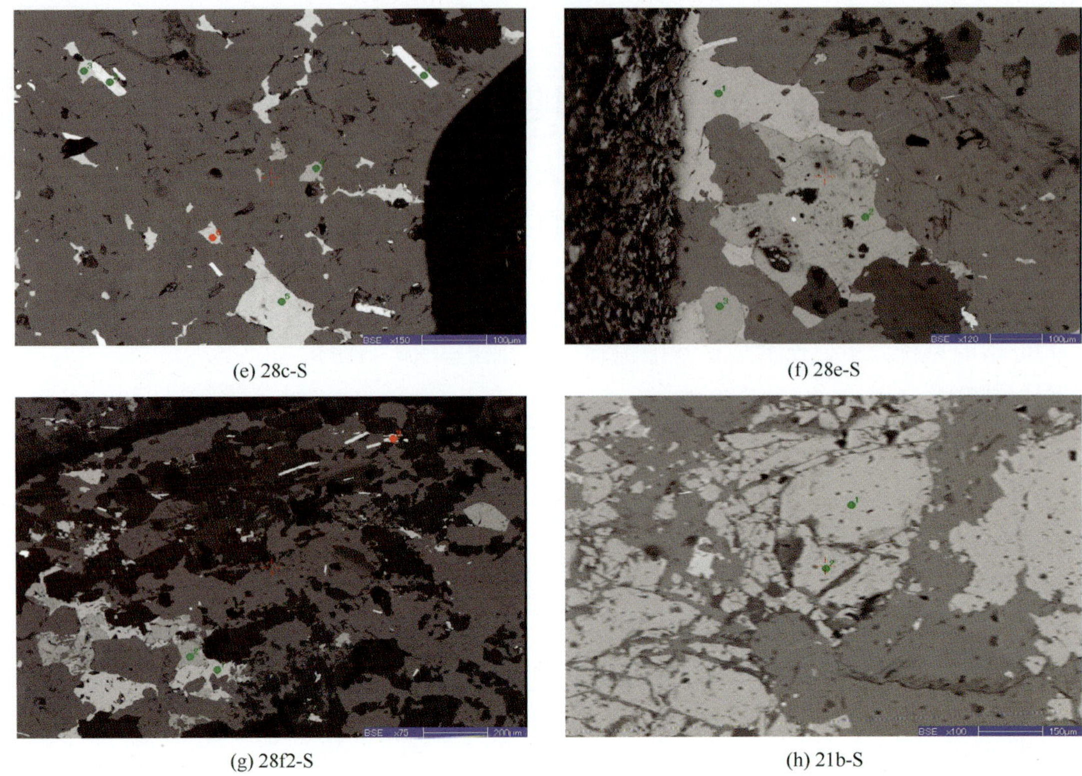

(e) 28c-S　(f) 28e-S

(g) 28f2-S　(h) 21b-S

图 5-1　黄铁矿背散射照片及电子探针点位

5.1.1　黄铁矿元素地球化学特征

黄铁矿的标型特征（温春齐等，2009）特别是化学成分和微量元素组成特征（陈根文等，1992）具有较好的成因指示意义。黄铁矿中微量元素混入物的种类和数量及它们之间的关系具有重要的成因和找矿意义，最重要的就是可以反映其成因的 Co/Ni（高浩中等，1999）。由图 5-2 可见，黄铁矿 Co/Ni 分布较为分散，主要分为三部分：第一部分 Co/Ni 小于 1，虽然浅源热液的黄铁矿 Co/Ni 一般小于 1（高浩中等，1999），但结合本区矿床认为该部分黄铁矿是变质热液成因的黄铁矿，由于其地球化学背景和物理化学条件接近于沉积成因黄铁矿而具有较低的 Co/Ni（邵洁涟，1988；徐国风等，1980）；第二部分黄铁矿 Co/Ni 为 3～6，代表与岩浆深部热液有关。还有一小部分黄铁矿 Co/Ni 为 7～13，个别 Co/Ni 高达 26，代表与火山作用有关；由此可以判断，拉拉矿床成矿流体较为复杂，深部流体和浅部流体均对成矿有贡献，表明拉拉矿床在早期火山喷气-沉积成因，并有后期变质热液的叠加作用而成矿。

据前人研究（邵洁涟，1988；徐国风等，1980），不同成因类型金矿床，黄铁矿的 As、Co、Ni 含量及其所占比例各不相同，在 As-Co-Ni 三角图（图 5-3）中有不同的分布区域。拉拉矿床不同成矿期的黄铁矿样品投影表明，早期黄铁矿显示高 Ni 特征，投影于Ⅲ——变质热液成因（集中于 B 区），并有少量落于Ⅳ——火山热液成因，表明早期成矿以变质热液为主，继承了火山热液的组分；而后期脉状矿石的黄铁矿，具有低 Ni、高 Co 的特征（集中于 A 区），代表流体属于变质热液为主的成因，同时受到地下水热液的影响和混合成因。

表 5-1　拉拉矿床黄铁矿电子探针测试结果（%）

序号	样品	编号	As	Au	Mn	Se	Mo	Fe	S	Co	Pb	Ni	Ag	Cu	Zn	Total	矿物
1	ZK605-1	6C-s#1	0.228	0	0	0	0.262	48.628	52.25	0.082	0.037	0	0.02	0	0.016	101.523	黄铁矿
2	ZK605-1	6C-s#1	0.226	0	0.001	0.003	0.363	48.688	49.831	0.044	0.145	0	0	0.063	0	99.364	黄铁矿
3	ZK605-1	6C-s#2	0.108	0	0	0.013	0.291	45.203	51.403	0.235	0.062	0	0.007	0.086	0	97.408	黄铁矿
4	LL07-2-1	13C-s#1	0.279	0.142	0	0.048	0.331	48.091	51.729	0.788	0.19	0	0.013	0	0.113	101.723	黄铁矿
5	LL07-2-1	13C-s#2	0.284	0.147	0.036	0	0.513	47.125	50.754	0.965	0.079	0	0	0.044	0	99.946	黄铁矿
6	ZK605-2	4b-s#3	0.246	0.098	0	0	0.425	47.218	51.346	0.73	0.071	0	0	0.034	0	100.168	黄铁矿
7	ZK605-2	4b-s#4	0.192	0.108	0	0	0.511	48.156	50.441	1.094	0.13	0	0	0.067	0	100.7	黄铁矿
8	LL03-2-2	28a-s#4	0.506	0.037	0.175	0	0.553	45.358	50.048	3.04	0.19	0.076	0.002	0.024	0.034	100.042	黄铁矿
9	LL03-2-2	28c-s#2	0.213	0.153	0	0	0.469	47.057	50.451	0.604	0.134	0.081	0	0	0	99.16	黄铁矿
10	LL03-2-2	28e-s#2	0.083	0	0.008	0.023	0.309	46.821	50.101	0.568	0.151	0.095	0.003	0.014	0.048	98.223	黄铁矿
11	LL03-2-2	28e-s#3	0.17	0.037	0	0.078	0.462	45.353	50.329	1.558	0.013	0.32	0	0.055	0	98.377	黄铁矿
12	LL03-2-2	28f2-s#2	0.185	0	0.003	0	0.361	47.541	51.112	0.026	0.123	0.04	0	0.324	0	99.714	黄铁矿
13	ZK504-2	2b-s#4	0.3	0.03	0	0	0.577	47.097	50.858	0.118	0.185	0	0.015	0.129	0.066	99.375	黄铁矿
14	ZK504-2	2b-s#5	0.239	0	0	0	0.543	46.822	50.434	0.097	0.107	0	0.012	0.202	0.015	98.471	黄铁矿
15	LL03-4-1	34b-s#1	0.238	0	0	0.024	0.441	47.161	48.639	0.129	0.101	0.434	0	0.219	0	97.386	黄铁矿
16	LL03-4-1	34b-s#2	0.24	0.03	0	0	0.456	46.95	49.271	0.077	0.087	1.036	0.014	0.17	0	98.33	黄铁矿
17	LL03-4-1	34b-s#7	0.237	0.033	0	0	0.504	46.617	50.302	0.375	0.14	0.496	0.049	0.236	0	98.989	黄铁矿
18	LL03-4-1	34b-s#8	0.093	0	0.004	0	0.497	48.41	50.638	0.09	0.098	0.279	0	0	0	100.11	黄铁矿
19	LL15-1	45#1	0.265	0	0.01	0.017	0.457	47.148	50.335	0.938	0.156	0.078	0	0.025	0	99.429	黄铁矿
20	LL15-1	45#2	0.17	0.024	0	0	0.369	48.133	50.559	0.425	0.312	0	0	0	0.03	100.022	黄铁矿
21	LL07-1-1	10-S#5	0.195	0.056	0	0	0.511	47.13	50.357	0.237	0.189	0.06	0	0	0	98.735	黄铁矿
22	LL07-1-1	10-S#6	0.228	0	0	0.012	0.585	48.103	51.582	0.215	0.103	0.02	0	0	0	100.848	黄铁矿
23	LL14-2	22a-s#3	0.187	0	0.003	0.036	0.564	46.923	51.537	0.112	0.053	0.407	0	0.356	0	100.178	黄铁矿
24	LL08-1-1	15c-s#2	0.535	0.115	0	0.021	0.632	47.222	45.457	0.688	0.064	0.07	0	0.013	0.022	94.838	黄铁矿
25	LL14-1	21a-s#2	0.19	0.128	0.003	0	0.659	48.909	48.982	1.057	0.005	0	0.014	0.034	0.062	100.043	黄铁矿
26	LL14-1	21c-s#2	0.204	0.066	0.025	0.015	0.554	48.897	49.952	0.083	0.094	0.084	0	0	0	99.974	黄铁矿

续表

序号	样品	编号	As	Au	Mn	Se	Mo	Fe	S	Co	Pb	Ni	Ag	Cu	Zn	Total	矿物
27	LL14-1	21b-s#2	0.179	0.129	0.031	0.008	0.573	48.771	50.176	0.745	0.053	0.027	0	0.018	0.059	100.769	黄铁矿
28	LL03-4-2	35a-s#3	0.225	0.086	0	0	0.526	49.025	50.441	0.428	0.216	0.057	0	0.056	0	101.058	黄铁矿
29	LL03-4-2	35a-s#4	0.172	0.069	0.016	0	0.543	49.112	50.524	0.397	0.132	0.076	0	0	0	101.041	黄铁矿
30	LL03-4-2	35b-s#2	0.196	0	0	0.015	0.619	49.064	51.033	0.184	0.069	0.783	0	0	0.005	101.968	黄铁矿
31	LL03-4-2	10-S#5	0.255	0.077	0.012	0.024	0.644	48.323	51.883	0.194	0.099	0	0.02	0.022	0.033	101.588	黄铁矿
32	LL03-4-2	30b-s#2	0.12	0.138	0	0.035	0.471	48.269	51.015	0.098	0.222	0	0	0.058	0.003	100.429	黄铁矿
33	LL03-4-2	10-S#6	0.161	0	0.024	0.012	0.393	40.403	44.5	0.224	0.181	0	0.01	0.087	0.086	86.079	黄铁矿
34	LL03-4-2	30b-s#1	9.69	0	0	0	0.549	36.005	43.47	9.141	0.138	0.012	0	0.042	0.18	99.228	黄铁矿
35	LL14-2	22b-s#2	0.255	0	0	0	0.529	44.507	47.5	0.122	0.086	0.232	0.009	3.268	2.139	98.648	黄铁矿
36	LL14-1	21b-s#1	0.169	0.011	0	0.05	0.539	48.112	49.197	0.772	0.1	0	0	0.834	0	99.785	黄铁矿

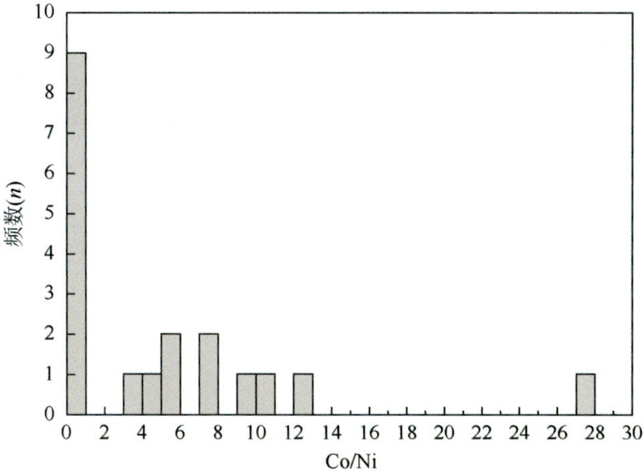

图 5-2　拉拉矿床黄铁矿 Co/Ni 频率图

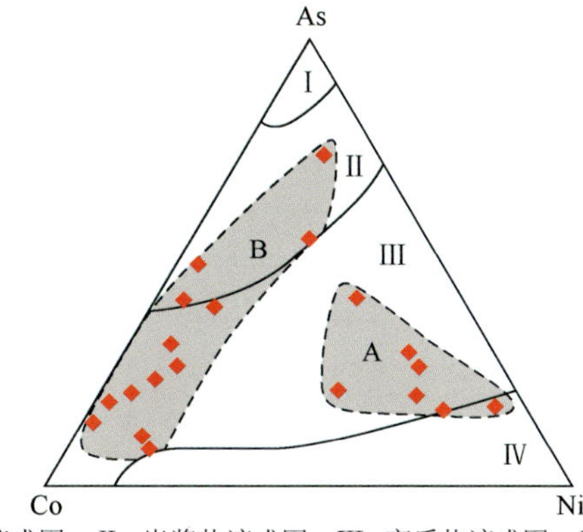

Ⅰ. 地下水热液成因；Ⅱ. 岩浆热液成因；Ⅲ. 变质热液成因；Ⅳ. 火山热液成因

图 5-3　拉拉矿床黄铁矿 As-Co-Ni 图解（底图据徐国风等，1980）

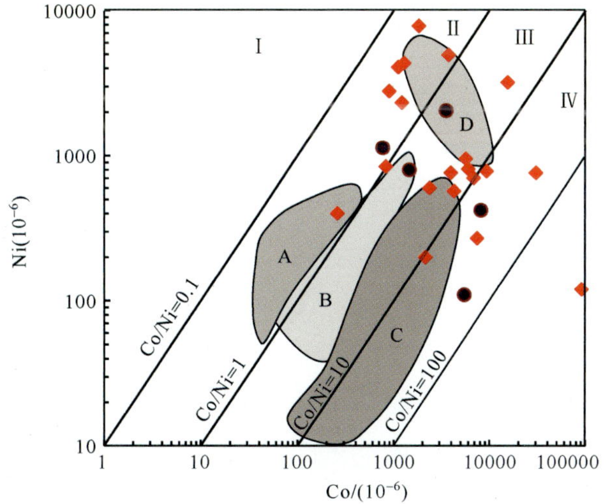

A. 沉积成因；B. 热液成因；C. 火山成因；D. 岩浆成因

Ⅰ、Ⅱ区为沉积和沉积改造区；Ⅲ、Ⅳ为岩浆和热液区

不同地质环境边界的定义据Bajwah et al., 1987；赵振华, 1997；Brill, 1989

◆为电子探针结果，●为ICP-MS结果

图 5-4　拉拉矿床黄铁矿的 Co-Ni 分布图

拉拉铜矿中黄铁矿的微量元素表明，黄铁矿相对富集 Co、Ni 和 Cu，亏损 Pb 和 Zn，不同于沉积喷流矿床（Pirajno，2009），而且成矿年龄（约 1Ga）明显晚于赋矿地层（约 1.7Ga）也进一步证明了此结论（详见第 4 章）。在图 5-4 中，黄铁矿的 Co、Ni 含量和 Co/Ni（集中于 0.1～10）与火山成因和热液成因的黄铁矿非常相似，而明显区别于沉积成因及岩浆成因的黄铁矿，因此这些矿床应属于沉积改造区（Ⅱ）和热液区（Ⅲ、Ⅳ），并位于“C 火山成因”附近，表明可能对火山成因地层（河口群）具有一定继承性，是后期热液改造成因的证据。另外方解石稀土元素含量很低，且通过方解石微量元素中 Yb/Ca-Yb/La（图 5-11）和 Tb/Ca-Tb/La（图 5-12）等特征比值也证明为热液成因。因此，拉拉矿床的热液流体特征和河口群之间存在密切的成因联系，具有火山喷发沉积叠加后期热液的成矿特征。

根据上述黄铁矿相对富集 Co、Ni 和 Cu 等，因此黄铁矿对其他金属的赋存状态有重要意义。由电子探针数据可知：各矿体 S/Co 变化较大，说明硫化物中的 Co 含量丰度不同。当矿石含 S 较高时且黄铁矿较多时，Co 主要是进入黄铁矿。含 S 较低且黄铁矿较少时，Co 往往形成独立钴矿物，如辉砷钴矿（CoAsS）。S/Mo 变化不大（60～140），表明硫化物中 Mo 比较稳定，即决定了当矿石含 S 较高且黄铁矿较多时，Co 主要是进入黄铁矿。含 S 较低且黄铁矿较少时 Co 往往形成独立钼矿物，如辉钼矿。

拉拉矿床黄铁矿中具有变化较大的 Cu、Au 含量（图 5-5），分别为 0.01%～3.2%和 0～0.16%。根据前人研究，笔者认为本区黄铁矿的 Cu、Au 主要为类质同象赋存于黄铁矿中，而部分 Cu 含量较高的黄铁矿中可能存在含 Cu 矿物（如黄铜矿、砷黝铜矿）的微颗粒作为包裹体存在于矿物次表面中（Huston et al.，1989）。

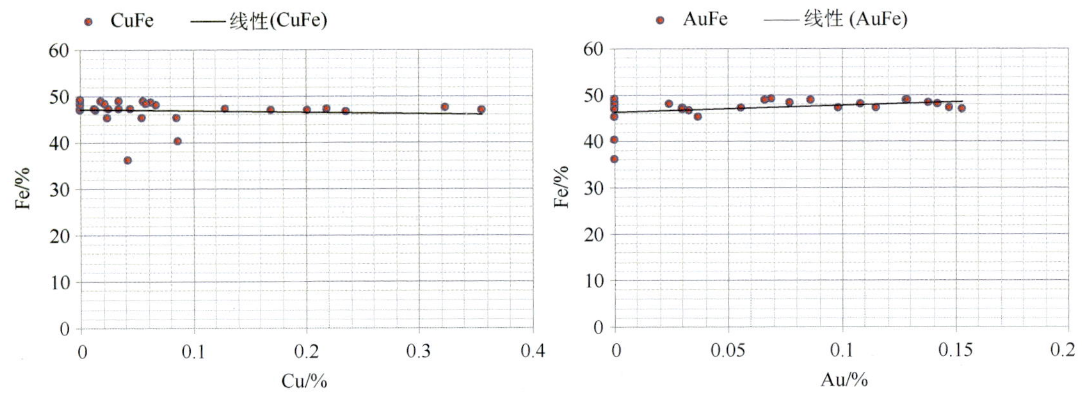

图 5-5　黄铁矿中 Fe-Cu 和 Fe-Au 相关关系图

5.1.2　磁铁矿元素地球化学特征

磁铁矿是拉拉、大红山等铜铁矿床的主要矿石矿物，其成因类型是研究矿床成因的重要内容。由于磁铁矿的化学成分中常含有 Co、Mg、Mn、Ni、V 等微量元素，其性质与二价铁相似，前人对磁铁矿成分特征研究，总结建立了多种判别模式（曾玫吾等，1981；陈光远等，1987；徐国风等，1979），因此常以类质同象的形式出现在磁铁矿中，因此磁铁矿的微量元素组成通常可以用于判断磁铁矿的成因。

1. *磁铁矿 Ti 元素特征*

磁铁矿中 Ti 的含量比较灵敏地反映磁铁矿的成因：岩浆成因的磁铁矿，Ti 含量最高，常形成钛磁铁矿，其成分中 TiO_2 可达 12%～16%、平均为 10.22%，V_2O_3 含量较高可达到 0.78%，Al_2O_3 和 MgO 含量低；接触交代成因和热液成因的磁铁矿，其成分中 Ti 的含量显著降低，MgO 较高，Al_2O_3 和 TiO_2 的含量较低，为 0.07%～0.40%、平均为 0.133%（曾玫吾等，1981；沈保丰等，1979；徐国风等，1979）；沉积变质成因的磁铁矿，Ti 的含量最低（Dupuis et al.，2011；杨时惠等，1987）。

作为拉拉铜铁矿床的主要矿石矿物，对磁铁矿进行元素地球化学特征及成因类型方面的研究可以为拉拉矿床成因研究提供依据；根据本书对拉拉铜铁矿床中磁铁矿的电子探针分析（图 5-6，图 5-7），将磁铁矿元素含量与不同矿床的标准值做对比后发现，拉拉矿床大部分磁铁矿具有明显的 IOCG 矿床的特征，部分磁铁矿主要集中于 BIF 成因区域，表明其热水沉积变质特征，还有部分磁铁矿属于 Kiruna（IOCG 矿床的一种）区域；前人研究中本区其他矿床也具有这种 IOCG 矿床的特征，如迤纳厂矿床磁铁矿元素地球化学特征（侯林等，2013）显示具有相似的 IOCG 矿床特征。

同时注意到，拉拉矿床 Ti 含量相对较低，但在矿石中发现有金红石、钛铁矿等矿物组分，特别是拉拉落凼 L01 号样品中钛铁矿较多，Ti 含量较高的钛铁矿表明 L01 号矿体可能形成于改造较弱的作用。这些含 Ti 矿物形成于磁铁矿之前，是早期火山岩浆喷溢阶段富含钛的地质事件，而磁铁矿是晚于二者形成的，形成较晚，表明矿床的多阶段成矿特征，同时也说明，磁铁矿并不是岩浆直接形成的，而可能是火山岩浆喷溢带来的 Fe、Si、S、P、CO_2 等以喷气、热水的形式进入海盆，形成富铁的矿源层（以菱铁矿、微粒状和星点状磁铁矿等矿物的形式存在），通过菱铁矿等的后期热蚀变而形成，如根据大红山矿床的岩石组合，很可能是在较还原条件下存在热液作用下“菱铁矿+白云石→磁铁矿+方解石/大理岩”的矿物转变方式。

另外大红山 I 号铁铜矿带的七个矿体磁铁矿的平均含量为 22.58%，其磁铁矿中 TiO_2 的最高含量为 1.56%，平均值为 1.4%（钱锦和等，1990）。岩浆成因的磁铁矿含钛高（可达 12%～16%），而热液成因的磁铁矿含钛明显低于岩浆成因的磁铁矿，由此也可以说明大红山铁铜矿床的主要成矿期并非在海底火山喷发时，与拉拉矿床类似，可能属于后期热液作用下而形成的。

2. Ni/Co、Ti/V *分析*

根据成因矿物学研究（曾玫吾等，1981；陈光远等，1987；徐国风等，1979），矿石磁铁矿中 Ni/Co、Ti/V 可作为确定矿床成因的标志，岩浆来源的磁铁矿的微量元素 Ti/V＜3.2，Ni/Co＜2；沉积成因磁铁矿 Ni/Co 为 2～8，一般为 5 左右，Ti/V＞3.5；火山成因及接触交代成因磁铁矿 Ni、Co 含量高，但 Ni/Co 小于 2，这些标志可以很好区分本区因变质和年代久远而不易区分的磁铁矿成因。

根据本书研究，拉拉矿床中磁铁矿 Ni/Co 为 0.357，全部小于 2，反映火山成因特征；而本区磁铁矿 Ti/V 有不同成因显示，大部分 Ti/V 小于 3.2，显示为火山成因，而一部分磁铁矿 Ni/Co 较大，为 3.5～13，反映沉积成因，进一步说明可能为沉积菱铁矿作用而形成；另一部分 Ni/Co 全部小于 2，反映了火山成因。因此，磁铁矿元素地球化学特征表明，成矿物质不是单纯的岩浆来源，具有多种来源，可能局部为沉积来源-沉积改造成因的。

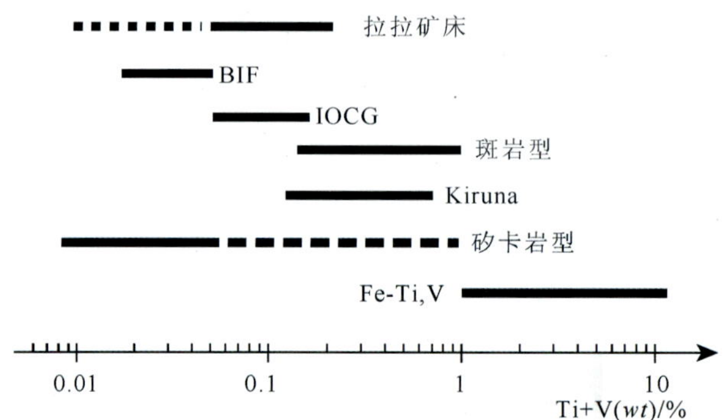

图 5-6 拉拉与不同成因类型磁铁矿 Ti+V 元素判别图

（图中数据来自本书测试及 Dupuis et al.，2011）

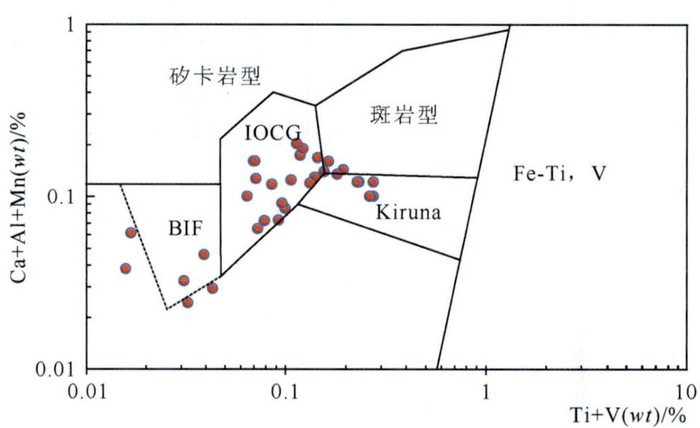

图 5-7 拉拉与不同成因类型磁铁矿元素判别图（底图据 Dupuis et al.，2011）

综上所述，本区矿床磁铁矿元素地球化学显示出明显的 IOCG 矿床的特征，指示拉拉、大红山、迤纳厂矿床具有 IOCG 矿床的磁铁矿元素组合特征；磁铁矿元素地球化学特征表明拉拉、大红山等矿床中磁铁矿的多阶段成矿特征，即磁铁矿并不是岩浆直接形成的，而可能是通过菱铁矿等火山沉积作用成因矿物，在后期热蚀变改造作用下被热液交代叠加而形成富铁矿。

5.2 稀土元素地球化学示踪

在微量元素中，稀土元素（REE）是一组具有非常相近的地球化学性质和物理性质的一组元素，稀土元素相互间具有相近的离子半径和相似的价态、原子结构，它们在自然界中密切共生，地球化学行为具有一定程度上的可预见性：在地质作用过程中行为相近，常以整体形式运移；正因为这些特点，可能通过对不同地质体中 REE 组分

（配分）的特征研究来解释、追索该地质体形成过程中的地质、物理、化学和环境条件，利用 REE 作为成矿作用地球化学指示剂。岩石和矿物的稀土元素特征在成矿作用过程中也具有类似“同位素”示踪的性质，通过对本区矿床矿石和围岩的稀土元素组成和分布特征的研究，作为判断成矿流体来源的重要手段，可以为成岩、成矿物质来源提供相关信息。目前稀土元素地球化学在地质学上的应用非常广泛，已经成为成矿、成岩研究中的重要手段，利用矿床中热液成因矿物的 REE 地球化学属性在示踪金属矿床的热液流体来源与成矿演化方面取得了较广泛应用（Jiang et al.，2004；Lottermoser，1992；Olin et al.，2012；Parsapoor et al.，2009；Tatár et al.，2007），因为稀土元素不仅可反映矿质和流体来源，而且可示踪流体活动踪迹和成岩、成矿作用（毕献武等，1998；倪师军等，2001；宋昊等，2011）。

成矿流体的地球化学特征是判别流体来源和矿床成因的先决条件和应当首先解决的基本问题，研究区矿床中发育有大量与金属矿化密切相关的热液成因矿物，如黄铜矿、黄铁矿、方解石、石英脉等，对这些矿物的稀土元素地球化学研究较为薄弱，加强热液单矿物稀土元素地球化学研究，对于成矿来源和成矿环境的判断有一定的利用价值。因此，本书选取单矿物，通过 ICP-MS 分析不同矿物的主、微量成分，根据拉拉、大红山等矿床成矿热液流体作用产物——方解石、黄铁矿、黄铜矿等单矿物样品的微量元素、稀土元素测定和研究（稀土元素含量、特征参数及相关参数计算结果如表 5-2 所示，稀土元素标准化的稀土分配型式曲线如图 5-8 所示），为成矿流体的来源提供一定的指示。

5.2.1　方解石稀土元素特征

研究表明含钙矿物（方解石和萤石）是稀土元素的重要载体，由于离子半径较为相近，因此稀土元素阳离子容易取代矿物晶格中 Ca^{2+}、Sr^{2+}等大半径阳离子而富集在含有这些元素的矿物中，如方解石、萤石等（Giuliani et al.，1987；Raimbault et al.，1993）；根据前人研究方解石中的稀土含量主要受流体及物质来源的影响，并非受晶体结构控制（Terakado et al.，1998），稀土元素以络合物形式迁移的分馏作用，认为稀土元素一定是以络合物形式迁移的，而$[RE(CO_3)_3]^{3-}$和$[RE（CO_3）_4]^{5-}$可以稳定地存在于富含碳酸的溶液中（Tauson，1967）；因而方解石的稀土元素特征可以近似代表形成流体的 REE 组成，进而研究流体的性质及演化。因此，依据稀土元素组成特征和分布趋势，可以判别方解石的成因和流体来源。

不同矿床中方解石的稀土元素含量配分图（图 5-8）表明，拉拉方解石样品中 LL07-1-1、LL08-2-1、LL08-2-2、LL15-1 具有明显的中稀土富集特征，不同程度 Eu 正异常；LL05-1、LL06 具有一定右倾特征。大红山方解石样品中 HS10、HS43-26、HS43-5、HS43-16 具有明显的中稀土富集特征，不同程度 Eu 正异常；HS43-30 和 HS05-1 具有一定右倾特征。岔河方解石样品中 C02-1 和 C15 具有中稀土富集特征，C02-2 和 C14 具有右倾特征。因此，具有明显中稀土富集特征的方解石基本为 Eu 正异常；右倾特征的方解石基本没有明显 Eu 正异常，甚至为负异常。

表 5-2　研究区热液矿物的稀土元素含量及特征参数（$\times 10^{-6}$）

样品号	矿物	La	Ce	Pr	Nd	Sm	Eu	Gd	Tb	Dy	Ho	Er	Tm	Yb	Lu	ΣREE	LREE	HREE	LREE/HREE	La_N/Yb_N	δEu	δCe
HS17	方解石	1.46	3.36	0.46	2.27	0.71	0.46	0.93	0.19	1.35	0.35	1.20	0.22	1.86	0.39	15.20	8.71	6.49	1.34	0.56	1.73	1.01
HS17	方解石	1.11	2.87	0.43	2.39	0.74	0.47	0.96	0.19	1.40	0.32	1.18	0.22	1.79	0.39	14.46	8.01	6.45	1.24	0.44	1.70	1.02
H02-24	方解石	1.48	2.38	0.28	1.32	0.55	0.45	0.94	0.19	1.15	0.20	0.57	0.08	0.55	0.09	10.21	6.45	3.76	1.71	1.94	1.93	0.91
H02-24	方解石	0.46	1.15	0.18	1.08	0.49	0.42	0.86	0.18	1.10	0.20	0.52	0.08	0.51	0.08	7.32	3.79	3.53	1.07	0.65	2.01	0.97
H4-16-1	方解石	2.01	4.85	0.88	5.75	2.97	1.50	3.67	0.73	4.56	0.81	1.96	0.30	1.56	0.20	31.77	17.97	13.80	1.30	0.92	1.39	0.89
H4-16-1	方解石	2.09	4.94	0.89	5.66	2.97	1.50	3.65	0.71	4.50	0.79	2.07	0.28	1.61	0.20	31.86	18.05	13.81	1.31	0.93	1.40	0.89
HS05-1	方解石	4.41	8.56	1.08	4.88	1.39	0.53	1.57	0.29	1.71	0.30	0.89	0.15	1.05	0.17	26.97	20.84	6.12	3.40	3.02	1.09	0.96
HS07	方解石	2.02	4.75	0.66	3.44	1.17	1.16	1.65	0.38	2.81	0.59	1.83	0.31	1.96	0.33	23.05	13.19	9.86	1.34	0.74	2.54	1.01
HS43-26	方解石	0.51	1.06	0.15	0.85	0.79	0.72	2.17	0.65	5.10	1.19	4.53	0.93	7.46	1.45	27.56	4.07	23.49	0.17	0.05	1.67	0.92
HS10	方解石	4.05	6.86	0.77	3.47	1.40	1.34	2.25	0.55	3.67	0.76	2.48	0.42	2.96	0.48	31.46	17.88	13.58	1.32	0.98	2.30	0.96
HS43-16	方解石	4.42	8.50	1.20	6.87	3.42	1.56	4.59	0.93	6.02	1.15	3.43	0.60	4.25	0.66	47.58	25.97	21.62	1.20	0.75	1.20	0.91
H4-10	方解石	0.48	0.46	0.12	0.66	0.18	0.08	0.23	0.05	0.28	0.06	0.16	0.02	0.15	0.02	2.96	1.98	0.98	2.02	2.30	1.17	0.47
HS43-5	方解石	0.29	0.58	0.09	0.45	0.33	0.18	0.14	0.02	0.12	0.02	0.07	0.01	0.10	0.02	2.43	1.92	0.50	3.81	2.12	2.46	0.88
HS43-5	方解石	0.54	1.11	0.20	0.99	0.39	0.18	0.38	0.08	0.40	0.08	0.30	0.06	0.43	0.09	5.23	3.42	1.81	1.89	0.91	1.45	0.82
HS43-30	方解石	0.57	1.17	0.15	0.56	0.13	0.04	0.11	0.01	0.06	0.01	0.03	0.00	0.02	0.00	2.87	2.61	0.26	10.17	17.08	0.92	0.98
HS44	方解石	9.31	15.43	1.86	7.57	2.00	1.75	2.07	0.31	1.36	0.20	0.49	0.06	0.29	0.03	42.73	37.92	4.81	7.89	23.12	2.62	0.91
HS45	方解石	29.39	52.80	6.34	26.17	6.26	7.76	6.56	0.98	4.90	0.86	2.50	0.34	1.88	0.26	147.00	128.73	18.27	7.04	11.24	3.70	0.95
H01	方解石	3.06	7.74	1.15	5.91	2.30	1.07	3.10	0.78	5.67	1.32	4.41	0.81	5.74	0.98	44.05	21.23	22.81	0.93	0.38	1.22	1.01
HS37-1	方解石	5.75	18.43	2.76	12.26	3.72	9.00	3.57	0.58	2.69	0.43	1.11	0.13	0.67	0.10	61.20	51.92	9.29	5.59	6.16	7.55	1.13
HS43-32-1	含矿方解石	1.98	5.71	0.86	4.58	2.14	1.79	3.26	0.77	4.77	1.01	3.50	0.59	4.30	0.83	36.09	17.05	19.04	0.90	0.33	2.07	1.07
HS01-2	方解石	14.81	32.87	4.36	18.93	5.94	4.32	7.88	1.72	11.05	2.32	8.47	1.66	12.81	2.18	129.31	81.22	48.09	1.69	0.83	1.93	1.00
HS08	方解石	12.47	27.31	4.71	25.49	7.72	2.06	7.36	1.10	5.69	0.96	2.54	0.34	2.05	0.33	100.14	79.76	20.38	3.91	4.35	0.84	0.87

续表

样品号	矿物	La	Ce	Pr	Nd	Sm	Eu	Gd	Tb	Dy	Ho	Er	Tm	Yb	Lu	ΣREE	LREE	HREE	LREE/HREE	La_N/Yb_N	δEu	δCe
HS12	方解石	4.57	12.48	1.83	10.27	4.92	2.88	6.11	1.40	8.94	1.65	4.42	0.74	5.06	0.78	66.05	36.95	29.10	1.27	0.65	1.61	1.06
HS43-20	方解石	11.54	20.33	2.74	13.27	4.13	2.76	6.64	1.46	9.50	1.77	4.69	0.69	4.41	0.65	84.57	54.77	29.80	1.84	1.88	1.61	0.89
HS43-27-1	方解石	1.73	3.67	0.60	3.68	1.79	1.26	3.33	0.84	6.16	1.15	2.86	0.38	2.39	0.40	30.25	12.73	17.53	0.73	0.52	1.58	0.88
HS43-30	方解石	28.90	65.77	9.30	47.73	15.84	4.27	19.59	4.34	34.87	8.36	29.08	5.22	36.80	5.67	315.74	171.80	143.93	1.19	0.56	0.74	0.98
HS43-32-2	含矿方解石	3.27	5.51	0.77	4.53	3.41	1.36	11.48	3.65	30.27	6.62	20.92	4.01	32.17	5.52	133.48	18.85	114.63	0.16	0.07	0.66	0.85
H2-6	方解石	1.11	2.14	0.28	1.47	0.58	0.25	0.96	0.19	1.32	0.33	1.09	0.17	1.08	0.17	11.13	5.82	5.30	1.10	0.74	1.01	0.95
H02-16	方解石	2.96	6.97	0.94	4.54	1.58	0.83	2.33	0.53	4.18	0.91	2.92	0.51	3.33	0.58	33.11	17.81	15.30	1.16	0.64	1.32	1.02
H02-22	方解石	17.63	32.59	3.87	16.33	4.28	3.48	5.01	0.86	4.94	0.79	1.97	0.24	1.32	0.17	93.48	78.18	15.30	5.11	9.59	2.30	0.97
HS04	方解石	6.20	9.69	1.07	4.38	1.06	0.27	1.36	0.24	1.54	0.30	0.83	0.12	0.80	0.13	28.00	22.68	5.32	4.26	5.55	0.70	0.92
H02-23	方解石	32.85	31.49	5.57	22.26	4.32	1.60	4.24	0.53	2.48	0.38	0.99	0.12	0.73	0.10	107.65	98.09	9.57	10.25	32.42	1.15	0.57
H02-14	方解石	2.95	6.78	0.94	4.61	1.62	0.91	2.37	0.53	4.33	1.00	3.06	0.49	3.33	0.58	33.50	17.81	15.68	1.14	0.64	1.42	1.00
H04-5	方解石	4.65	13.08	1.84	8.90	2.54	1.10	3.04	0.60	4.08	0.88	2.68	0.41	2.85	0.50	47.15	32.12	15.03	2.14	1.17	1.21	1.10
H04-7-2	白色方解石	0.49	1.15	0.16	0.74	0.19	0.07	0.17	0.03	0.20	0.04	0.11	0.01	0.09	0.01	3.48	2.81	0.68	4.13	3.80	1.19	1.02
HS23-1-2	方解石	0.32	0.33	0.03	0.11	0.02	0.02	0.01	0.00	0.01	0.00	0.00	0.00	0.00	0.00	0.85	0.83	0.02	38.59	78.21	4.99	0.77
HS24	方解石	0.42	0.54	0.05	0.16	0.02	0.02	0.02	0.00	0.01	0.00	0.01	0.00	0.00	0.00	1.26	1.21	0.05	24.26	251.93	2.20	0.87
H04-7-1	黄铜矿	1.97	0.61	0.81	5.16	2.79	1.36	4.43	0.86	6.06	1.12	2.85	0.34	1.66	0.22	30.22	12.69	17.52	0.72	0.85	1.18	0.12
H04-7-2	黄铁矿	40.02	66.12	7.79	35.12	8.81	7.28	11.19	1.82	10.21	1.74	4.19	0.48	2.45	0.30	197.51	165.14	32.37	5.10	11.72	2.24	0.92
H04-09	黄铁矿	4.31	13.67	2.15	11.67	3.97	1.61	5.17	1.05	7.25	1.62	4.87	0.75	4.96	0.84	63.90	37.39	26.51	1.41	0.62	1.09	1.10
H04-3	黄铜矿	0.03	0.03	0.00	0.01	0.00	0.00	0.00	0.00	0.00	0.00	0.00	0.00	0.00	0.00	0.09	0.08	0.01	9.92	22.18	1.58	0.80
LL08-2-1	方解石	19.45	54.06	9.13	50.37	26.32	10.29	39.50	7.34	42.39	8.50	23.75	3.66	20.20	2.52	317.48	169.61	147.87	1.15	0.69	0.98	0.99
LL08-2-2	方解石	10.21	22.03	2.84	12.57	5.72	3.12	8.28	1.62	8.97	1.55	4.05	0.55	3.10	0.40	85.02	56.49	28.53	1.98	2.36	1.39	1.00
LL05-1	方解石	7.66	15.69	1.82	6.27	1.55	0.80	2.14	0.44	2.70	0.57	1.69	0.30	2.36	0.42	44.42	33.80	10.62	3.18	2.33	1.35	1.03
LL07-1-1	方解石	2.61	8.08	1.28	5.77	3.44	2.30	6.35	2.06	14.66	3.11	9.95	1.98	13.95	2.22	77.75	23.47	54.29	0.43	0.13	1.50	1.08

续表

样品号	矿物	La	Ce	Pr	Nd	Sm	Eu	Gd	Tb	Dy	Ho	Er	Tm	Yb	Lu	ΣREE	LREE	HREE	LREE/HREE	La_N/Yb_N	δEu	δCe
LL06	方解石	58.08	124.76	14.85	52.23	12.59	3.56	15.72	2.81	14.83	2.89	8.48	1.44	8.96	1.30	322.49	266.06	56.43	4.71	4.65	0.77	1.04
LL10-2（02）	方解石	102.31	176.24	21.95	100.38	26.99	9.71	38.19	6.95	41.27	8.15	21.98	3.31	19.59	2.92	579.94	437.58	142.36	3.07	3.75	0.92	0.91
LL15-1	方解石	36.36	96.03	12.29	45.74	18.47	12.87	29.22	8.09	52.94	11.98	37.03	6.47	38.45	4.96	410.91	221.76	189.15	1.17	0.68	1.69	1.11
ZK605（340M）-1	方解石	24.46	65.34	9.10	35.87	11.35	4.47	14.99	4.03	28.26	5.55	14.68	2.28	13.52	1.91	235.84	150.59	85.24	1.77	1.30	1.05	1.07
LL03-1-4（2）	黄铜矿	3.25	5.54	0.61	2.08	0.44	0.13	0.45	0.08	0.45	0.11	0.36	0.06	0.43	0.06	14.05	12.05	2.00	6.02	5.40	0.91	0.97
P09	黄铜矿	183.36	275.21	24.52	70.68	10.43	6.15	9.95	0.89	2.70	0.30	0.77	0.04	0.28	0.03	585.33	570.35	14.98	38.07	462.85	1.85	1.01
LL08-1-1	黄铁矿	198.54	318.59	34.51	129.04	22.32	4.27	18.36	1.97	7.08	0.88	2.11	0.18	0.94	0.11	738.90	707.26	31.64	22.35	151.98	0.64	0.94
LL01-2-2	黄铁矿	3.90	8.91	1.21	5.16	1.64	0.72	1.89	0.39	2.48	0.45	1.21	0.17	0.87	0.11	29.10	21.54	7.57	2.85	3.21	1.25	1.01
LL03-1-3	黄铁矿	0.47	0.81	0.10	0.43	0.11	0.07	0.14	0.03	0.31	0.07	0.26	0.05	0.32	0.05	3.23	1.99	1.24	1.61	1.04	1.80	0.94

注：由成都理工大学分析测试研究中心测得，稀土及微量元素（μg/g）由电感耦合等离子体质谱（ICP-MS，美国 Perkin Elmer 公司，仪器型号：ELAN 6100DCRC-e）分析（稀土标准化数据据 Sun et al.，1989）。

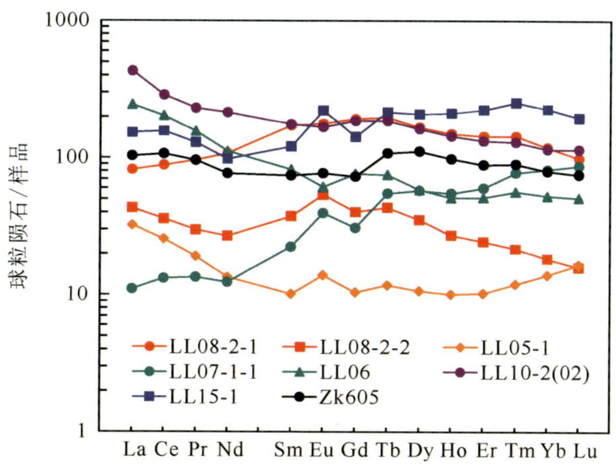

图 5-8　拉拉矿床方解石稀土元素配分图

（球粒陨石标准化数值引自 Sun 等，1989，下同）

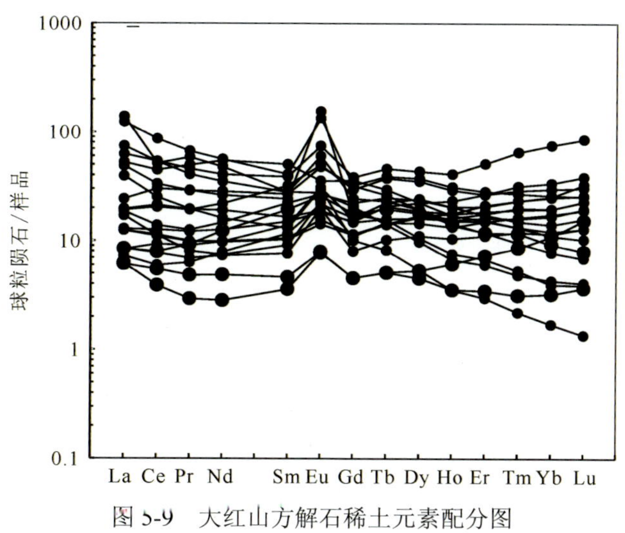

图 5-9　大红山方解石稀土元素配分图

拉拉铜矿区方解石的稀土元素含量（图 5-8）表明，矿石稀土元素总量变化较大，最高为 579.94×10^{-6}～44.42×10^{-6}，平均为 292.18×10^{-6}。样品的轻稀土元素含量普遍高于重稀土元素含量，LREE/HREE 为 4.47～0.43，大部分样品 LREE/HREE＞1，属轻稀土元素富集型；根据矿石的 REE 分配模式，部分呈现 Eu 正异常型（如 LL08-2-2、LL05-1、LL07-1-1、LL15-1 样品），$(La/Yb)_N$区间为 0.13～2.36，主要为 LREE 富集型；另一部分样品为 Eu 负异常型（如 LL08-2-1、LL06 样品），其中 LL08-2-1 的$(La/Yb)_N$=0.69＜1，表明 LREE 亏损，其余$(La/Yb)_N$均＞1，为 LREE 富集。还有部分含矿方解石（如 LL05-1）表现出与黄铜矿（LL03-1-3）稀土元素相似的特征，说明与成矿密切相关，是成矿期的热液直接产物。前人研究表明，稀土元素通常与流体中的阴离子（如 CO_3^{2-}、F^-、OH^-）形成络合物并发生共沉淀（Bau，1991），且随着稀土原子序数的增大，络合物稳定性增加。REE^{3+}（特别是 $LREE^{3+}$）与 Ca^{2+}发生置换，这是由于 LREE 的离子半径较重稀土更接近 Ca^{2+}，因而方解石和萤石 LREE 的流体分配系数要大于重稀土（Wood et al.，1979），即流体中的 LREE 相对 HREE 更容易从流体中进入方解石晶体中，容易导致形成左倾的轻稀土富集型配分曲线。而拉拉矿床中方解石单矿物的稀土元素特征可能反映最初的成矿流体以富 HREE 为主，随着热液作用的演化，导致部分成矿期方解石具有左倾的稀土配分模式（如 LL07-1-1）。

矿床石英和方解石中的微量元素分析结果显示，大红山铜矿床的成矿流体中成矿金属元素含量相对均较高，为矿质高度富集的热液流体，并且由各阶段成矿金属元素含量的比较可知，石英方解石硫化物阶段为热液流体成矿的重要阶段。大红山铜矿矿区含矿石英、方解石稀土总量普遍较低，石英中∑REE 含量为 0.06～16.36ppm，LREE/HREE 为 45.09～139.27，属于轻稀土富集型；方解石中∑REE 含量为 27～129ppm，LREE/HREE 为 0.17～7.89。总体上属于轻稀土富集型，方解石相对平坦的分配模式反映出很可能是形成矿体流体的物质来源深部来源信息。大红山矿床方解石稀土元素配分图如图 5-9 所示。方解石微量元素球粒陨石标准化曲线具有一定差异，但曲线具有总体较为一致的趋势；其中 Cu 的含量明显较大（与原始地幔值比较），说明方解石与大红山成矿流体来源有着密不可分的关系。方解石稀土元素可以明显分为三组。第一组是图 5-9 中方解石稀土元素原始地幔标准化分布型式图中的 HS45、HS37-1、HS44 具有明显的富 LREE 特征，轻、重稀土元素比值（LREE/HREE）为 5～8。第二组是 HS43-26、HS43-32-1 具有轻微的富重稀土特征，其 LREE/HREE 小于 1。第三组是 HS43-5、H01、HS10、HS01-2，这一组方解石的稀土元素配分曲线没有明显的左倾和富重稀土特征，而其曲线显示出一定的富 LREE 特征，对应的轻、重稀土元素比值（LREE/HREE）为 1～5。尽管拉拉、大红山、岔河等三个矿床方解石的稀土分配模式存在差异，特别是从图 5-8、图 5-9 可以看到，拉拉和大红山矿床不同的方解石样品稀土分配模式并不相同，但在 Y/Ho-La/Ho 相关图上（图 5-10），它们基本沿直线分布，说明它们是同源的（Bau，1991）。大红山和拉拉矿床方解石也具有变化较小的 Y/Ho，也暗示了它们的同源性。岔河矿床方解石具有非常集中的 Y/Ho 和 La/Ho，指示它们可能形成于同一成矿阶段的相同成矿流体。结合同位素一节中，如拉拉矿床方解石样品由非常集中的碳氧同位素组成，同样说明了各矿床中不同阶段的方解石是基本同源的。

从图 5-9 可以看到，大红山矿床不同的热液方解石样品稀土分配模式总体类似，略有不同；各矿床的方解石具有不同的稀土元素分配模式暗示了它们可能形成机制存在一定差异。前人研究表明方解石是稀土元素的重要载体，这主要是由于方解石的主要成分 Ca，因为 LREE 的离子半径较重稀土更接近 Ca^{2+}，因而 LREE 的方解石-流体分配系数要大于重稀土（Wood et al.，1979）。形成方解石的流体中的阴离子（如 CO_3^{2-}、OH^-、F^-）通常与稀土元素阳离子形成络合物并发生共沉淀（Bau，1991），且不同络合物的稳定性会随着稀土原子序数的增大而增加。因此，理论上流体中的 LREE 相对 HREE 更容易从流体中沉淀出来进入方解石中，特别是流体中有较高含量的 CO_3^{2-}时（Bau，1991），方解石的稀土分配模式应为轻稀土富集型，这就不难理解大红山和拉拉矿床的方解石中许多表现为一定的 LREE 富集型（图 5-8，图 5-9）的特征；同时也注意到部分方解石表现为轻重稀土基本一致的平坦型或显示出一定的中稀土富集特征，这可能与稀土元素离子的络合条件（如温度、pH 和流体组成）及流体中 CO_3^{2-}含量较低有关（Haas et al.，

1995；Wood et al.，1979；Bau，1991）。

而在 Y/Ho-La/Ho 相关图上（图 5-10），大红山方解石基本沿直线分布，具有非常集中的 Y/Ho 和 La/Ho，说明它们是同源的（Bau et al.，1995），指示矿床方解石可能形成于某一成矿阶段的相同成矿流体。拉拉矿床方解石也具有变化较小的 Y/Ho，也暗示了它们的同源性。拉拉矿床方解石碳氧同位素组成（$^{13}C_{PDB}$ 和 $^{18}O_{SMOW}$）分别为−4.8‰～0‰和 9.0‰～15.0‰，所测数值很集中。同一矿床不同方解石样品变化非常小的碳氧同位素组成也说明了这些方解石具有基本相似来源的信息。

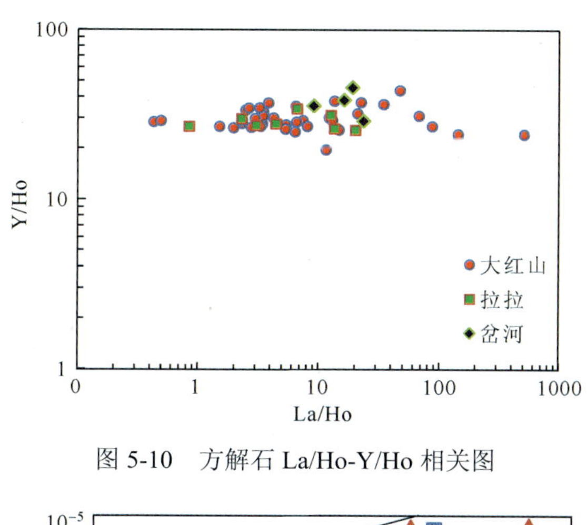

图 5-10　方解石 La/Ho-Y/Ho 相关图

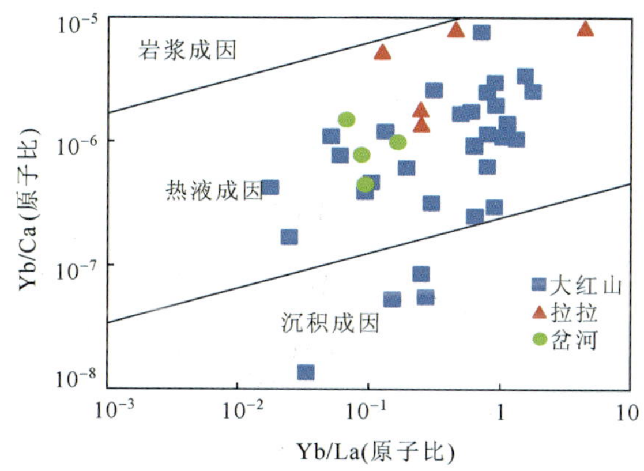

图 5-11　方解石 Yb/Ca-Yb/La 图（底图据 Möller et al.，1983）

通过前人研究，Yb/Ca-Yb/La 和 Tb/Ca-Tb/La 图可以有效指示方解石形成与演化（Möller et al.，1983；Möller et al.，1976），从图 5-11、图 5-12 可以看出，各矿床方解石基本均投影在热液成因区，反映矿床的方解石主要为热液成因。不论在拉拉、大红山脉状矿体中还是在岔河矿床中，从矿石矿物组合中来看，黄铜矿与方解石和石英的关系十分密切，构成黄铜矿-方解石（-石英）的组合，因此其矿床成因类型属于典型的与热液有关的矿床，而关于矿床成矿热液的性质和来源，将在同位素一章节（5.4）中做详细阐述。

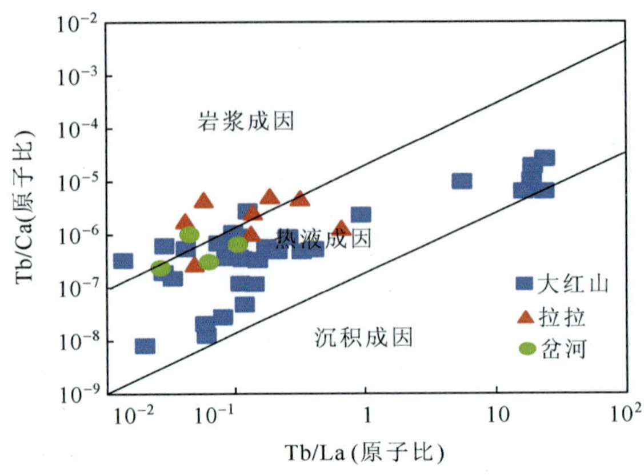

图 5-12　方解石 Tb/Ca-Tb/La 图（底图据 Möller et al.，1976）

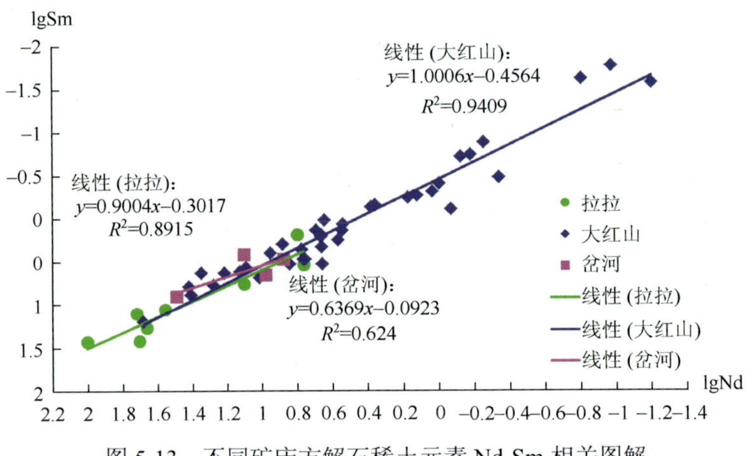

图 5-13　不同矿床方解石稀土元素 Nd-Sm 相关图解

在地质作用过程中，Sm-Nd 体系一般保持相对独立封闭状态，具有较强的抗干扰能力，因此矿物中 Sm/Nd 常可反映成矿物源和同一成矿系统作用过程特征（杨占兴等，1991）。研究区方解石的 Sm 与 Nd 的丰度分布具有明显的变化规律，在 Sm-Nd 双对数图解上（图 5-13），拉拉矿床方解石基本落在趋势线 lg（Sm）=0.9004lg（Nd）−0.3017（R^2=0.8915）上或旁侧，大红山矿床方解石基本落在趋势线 lg（Sm）=1.0006lg（Nd）−0.4564（R^2=0.9409）上或旁侧，岔河矿床基本落在趋势线 lg（Sm）=0.6369lg（Nd）−0.0923（R^2=0.624）上或旁侧；总体而言，Sm-Nd 之间相关性比较明显。其中拉拉矿床方解石样品位于趋势线的下部，Sm-Nd 的元素含量相对较高；岔河矿床位于趋势线中部，其斜率与其他两个矿床差别较大；而大红山矿床主要分布在中—上端，其分布也最为分散，斜率与拉拉矿床非常接近，暗示二者矿床之间流体来源可能有一定相似性特征。因此，由图 5-13 可知，三个矿床在趋势线中部叠合分布在一起，暗示其流体形成关系密切，成因、来源相似，具有一定同源性；特别是岔河矿床与大红山矿床下部几乎重叠，表明二者关系较密切，这可能与两个矿床具有相同的赋矿层位——大红山群相吻合。该观点与前述结论一致，得到了较好的验证。

由表 5-3 可见，研究区方解石的稀土元素具有不同的特征，拉拉和大红山矿床的方解石的稀土元素特征参数介于上地幔和下地幔之间，更接近于下地幔的稀土组成特征；岔河矿床的方解石的稀土元素特征参数介于上地壳和下地壳之间，接近于下地壳的稀土组成特征，暗示了流体可能主要来源于更浅部流体（如地壳-地表水）的参与。而拉拉和大红山矿床的方解石的稀土元素特征参数接近于下地幔的稀土组成特征，暗示其流体可能主要来源于下地幔特征的深部；除此之外少数较为特殊，如 LL06、LL10-2（02）、LL05-1 及 HS43-30、HS44、HS45、H02-23、HS23-1-2、HS24 具有一定的地壳稀土富集特征，这可能与流体作用过程中有更浅部流体（如地表水）的参与有关。从图 5-14 中也可以明显的指示出，热液方解石的稀土元素特征显示出，拉拉和大红山矿床的成矿流体来源与地幔密切相关，而岔河矿床流体来源较浅。

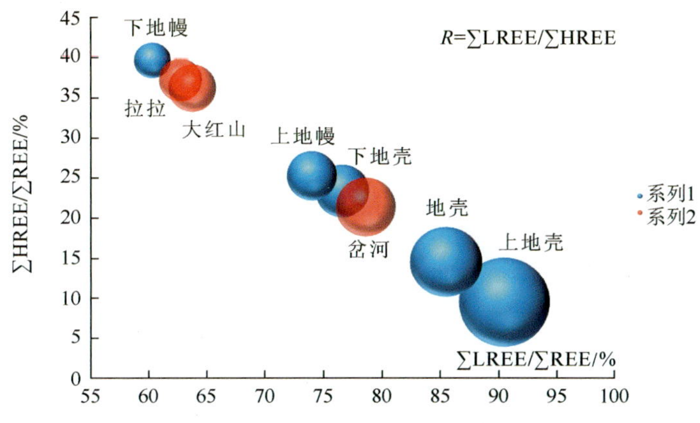

图 5-14　不同矿床方解石稀土元素与地球圈层对比图解

表 5-3　研究区方解石的稀土元素特征参数与地球圈层对比

地球圈层及所属矿床	∑LREE/∑REE/%	∑HREE/∑REE/%	∑LREE/∑HREE/%
上地壳	90.46	9.54	9.48
下地壳	76.65	23.35	3.28
地壳	85.47	14.53	5.88
上地幔	74.02	25.28	2.85
下地幔	60.31	39.69	1.52
拉拉	62.74	37.26	2.18
大红山	63.77	36.23	2.67
岔河	78.60	21.40	4.09

注：地球各圈层的稀土元素数据引自黎彤，1995；黎彤等，2011。

综上所述，矿床中热液方解石的稀土元素特征显示出，拉拉和大红山矿床的成矿流体来源与地幔密切相关，而岔河矿床流体来源较浅，三者进行综合对比发现，流体来源深部由深至浅分别为拉拉（下地幔）、大红山（下地幔—上地幔）、岔河（地幔—地壳），这与三者间的铜资源量相吻合；因此，结合矿物学、微量、稀土元素等可以判断，本区地幔流体对成矿具有重要意义；地幔流体对成矿过程的参与作用，是本区形成大型矿床的重要条件。

5.2.2　黄铜矿稀土元素特征

拉拉铜矿区黄铜矿的稀土元素含量配分图（图 5-15）表明，矿石稀土元素总量高低不等，为 585.33×10^{-6}～14.05×10^{-6}，平均为 299.69×10^{-6}。两个样品的轻稀土元素含量均高于重稀土元素含量，变化不稳定，最高为 38.07，最低为 5.40，LREE/HREE 均大于 1，属轻稀土元素相对于重稀土元素富集。根据矿石的 REE 分配模式部分样品为正 Eu 异常型（如 P09 样品），样品 REE 配分模式呈右倾曲线，$(La/Yb)_N$=462.85＞1，表明 LREE 强烈富集；另一部分为负 Eu 异常型（如 LL03-1-4 样品），该部分样品为负 Eu 异常型，其 REE 配分模式也呈较陡右倾曲线，轻稀土元素和重稀土元素均较陡，$(La/Yb)_N$=5.40＞1，表明具有一定的 LREE 富集。已有研究表明热液中 Eu、Ce 异常的产生（即 Eu^{3+}/Eu^{2+} 及 Ce^{4+}/Ce^{3+} 氧化还原电位的变化），取决于温度、压力、氧逸度、pH 及 REE 元素本身的赋存状态，其中温度是重要的因素（Sverjensky，1984；Wood et al.，1979）：由于较高温度条件下需要较高的氧逸度，$[Ce^{4+}/Ce^{3+}]$才可以达到相应的氧化-还原平衡，致使 Ce 异常在高温环境下很少发生，而在相对的弱碱性环境中（具有强络合能力）则可能发生 Ce 异常；与此相应的在温度较高的条件（＞200℃）下，即使在中等还原的环境也可能具有 Eu 异常；而相对温度较低的条件下（＜200℃）出现 Eu 异常的可能较小，因为需要极低的氧逸度条件（Bau et al.，1995；Bau，1991）。因此，根据 Ce、Eu 的特殊的变价特征，可以利用稀土元素分配模式曲线及特征参数中的 Eu、Ce（δEu、δCe）指示成矿流体时的物理化学条件，可以简单地理解为还原性条件对应于正 Eu 异常、负 Ce 异常。拉拉和大红山矿床的黄铁矿、黄铜矿和石英、方解石、萤石等主要的热液矿物稀土元素配分曲线中（图 5-8～图 5-14），基本均具有一定正 Eu 异常，说明拉拉和大红山矿床成矿流体形成的物理化学条件可能是相对还原性的和偏酸性的。拉拉、大红山等矿床中的黄铜矿和萤石等矿物的稀土元素配分曲线为极弱的 Ce 异常特征，暗示矿床成矿流体可能具有相对较高的形成温度（＞200℃），这与本书即前人包裹体测温结果相吻合（申屠保涌，1997；孙燕等，1990）。岔河方解石和拉拉 LL03-3 萤石的稀土元素配分图表现出一定的负 Eu 异常特征，暗示成矿流体可能是相对偏碱性的。在上述基础上可以认为，本区几个矿床是在相对较高的温度（*T*）下形成的，拉拉和大红山矿床的流体可能主要为酸性的还原性，而岔河矿床与碱性的流体有密切的关系。

5.2.3　黄铁矿稀土元素特征

前人研究表明，硫化物与热液流体具有近似的稀土元素组成特征（Mills et al. 1995），同时稀土元素在热液体系中作为“示踪计”，可以指示流体的来源、物理化学条件及水-岩反应过程等（Lottermoser，1992；Taylor et al.，1986）。不同条件下形成的黄铁矿的矿物学、微量元素含量及结构特征等性质有一定的差异，可以利用其标型特征探讨矿床成因，如前人认为黄铁矿中的稀土元素(REE)可能主要赋存于矿物的晶格缺陷或者包裹体中(毕献武等，2004)，这主要由于黄铁矿晶格中 Fe^{2+}与流体的 REE^{3+}半径相差较远（Bau，1991），Fe^{2+}阳离子不易

被 REE^{3+}发生类质同象的替换作用。因此，利用黄铁矿单矿物中的稀土元素 REE 特征及其所反映的氧化还原条件可以较好地反映成矿流体的组成及特征（Haas et al.，1995）。

拉拉铜矿区黄铁矿的稀土元素含量配分图（图 5-15）表明，矿石稀土元素总量变化较大，为 738.90×10^{-6}～3.23×10^{-6}，平均为 371.07×10^{-6}。样品 LREE/HREE＞1，为 22.35～1.24，属轻稀土元素富集型。根据矿石的 REE 分配模式，部分样品为正 Eu 异常型（LL01-2-2、LL03-1-3 样品），样品 LL01-2-2 的 REE 配分模式右倾，$(La/Yb)_N$=3.21＞1，表明 LREE 富集，且轻稀土元素分布相对较陡；LL03-1-3 的配分模式近水平，轻稀土元素和重稀土元素分馏差别不大，$(La/Yb)_N$=1.04≈1，属球粒陨石分布类型；另一部分为负 Eu 异常型（如 LL08-1-1 样品），具有较明显的 Eu 负异常型，$(La/Yb)_N$=151.98＞1，REE 配分模式呈较陡的右倾型，表明 LREE 强烈富集。

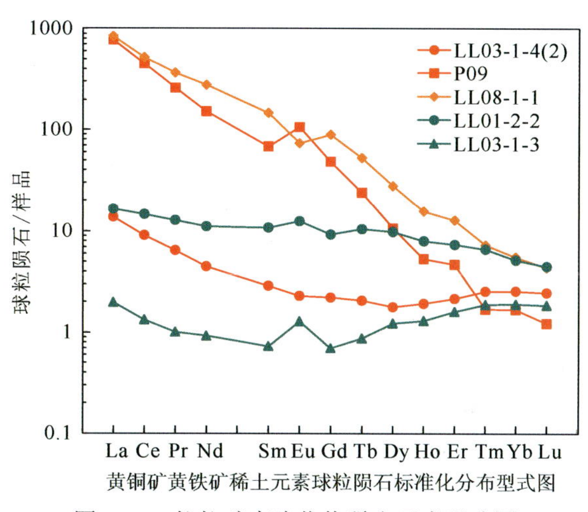

图 5-15　拉拉矿床硫化物稀土元素配分图

通过拉拉和大红山矿床硫化物进行 Eu/Eu^*-$(La/Yb)_N$ 投图来探讨成矿流体来源，如图 5-16 所示，两个矿床的硫化物均投影于壳幔混合区范围，表明地幔流体对拉拉和大红山矿床的成矿具有重要作用；这也同前述的方解石稀土元素特征对成矿流体的指示意义基本吻合。综上，根据方解石和黄铜矿单矿物微量、稀土元素特征可以判断，本区地幔流体对拉拉和大红山矿床的成矿具有重要作用和意义。

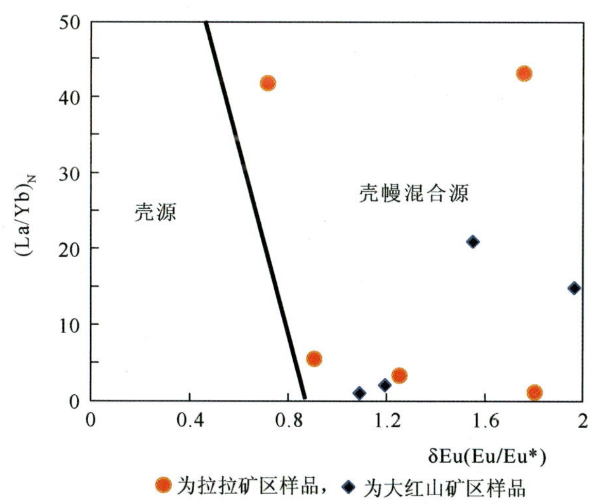

图 5-16　矿床硫化物稀土元素分异图（底图据张科，2006）

5.3　流体包裹体研究

众所周知，矿物中几乎都含有大小、数量不同的包裹体。包裹体是矿物形成时被俘获的成矿介质（溶液或流体），它可以反映成矿介质的本质特征。矿物中的气液包裹体是研究成矿母液的最直接的代表，矿物与流体的同位素分馏效应是很早就形成的共识（尹观等，2009），特别是 $\delta^{18}O$ 常在不同矿物组合间存在差异。因此，在进行流体同位素计算之前需要先确定成矿流体温度范围。而且，流体包裹体是矿物形成过程中被捕获的古流体，对研究热液型矿床成矿流体性质及来源具有重要指示意义，是国内外矿床成因学者研究的重点内容之一。流体包裹体提供的信息，可以揭示被捕获流体的性质、组成及其演化规律、物理化学条件和成矿机理等信息，对矿床研究具有重要意义。本书将分析矿物包裹体地球化学特征，以期再现成矿期的构造物理化学环境。

前人对本区内拉拉、大红山等矿床已进行了较多的研究，目前对有关本区矿床成矿流体来源主要依靠流体包裹体的研究以及氢-氧同位素资料确定，包裹体温度、盐度与密度、成分分析、压力及成矿深度等方面均进行过较多的研究，对包裹体的类型也进行了划分，如拉拉IOCG 矿床区域变质成矿期第 I 阶段成矿温度为 430～490℃，第 II 阶段成矿温度为 350～450℃。热液成矿期第 III 阶段成矿温度确定为 250～350℃；第 IV 阶段成矿温度为 110～200℃（王赕，2013）。大红山矿床包裹体分为Ⅰ类气液两相包裹体、Ⅱ类含子晶多相包裹体（吴孔文，2008）；迤纳厂铜矿床包裹体类型可分为气液二相型和二氧化碳包裹体；Ⅰ矿化前期包裹体、Ⅱ-1 主矿化期铁氧化物——稀土矿化阶段包裹体、Ⅱ-2 主矿化期硫化物——金矿化阶段、III 矿化后期包裹体（侯林等，2013；孙燕等，1990）。吴建民等认为岔河铜矿床流体包裹体主要以纯液体包裹体为主，均一温度小于 150℃（吴建民，1998）；胡煜昭等对岔河铜矿床石英中流体包裹体显微测温及成分做了研究（胡煜昭，1996），认为岔河铜矿床石英中包裹体类型主要有纯液体包裹体，液体包裹体，含液体 CO_2 包裹体，气体包裹体和含 KCl、NaCl 子晶多相包裹体，其成矿流体为弱酸性，但并未对成矿流体的性质及来源进行深入的论述。因此，以石英硫化物阶段内的石英流体包裹体为研究对象，从而揭示矿床成矿流体的性质、运移及演化规律。本书在总结前人研究成果的基础上，做了部分补充工作。

流体包裹体均一温度的测试实验在成都理工大学包裹体测试实验室完成，测试仪器为吉林浑江市光学仪器厂 TRL-02 型热台和英国 Linkam THMSG 600 型冷热台。包裹体成分由中国地质科学院矿产资源研究所进行数据分析，流体包裹体液相成分测试仪器为日本岛津公司 Shimadzu HIC-SP Super 离子色谱仪，标准物质来源于国家标准物质研究中心；流体包裹体气相成分测试仪器为日本岛津公司 GC 2010 气相色谱仪、澳大利亚 SGE 公司热爆裂炉，标准物质来源于国家标准物质研究中心。

从镜下观察岔河铜矿床石英包裹体片，发现包裹体分布较为零散，大多呈孤立状产出的原生包裹体，类型较为单一，且含量较少，主要发育富液相气液两相包裹体［图 5-17（a）和图 5-17（b）］，未发现含子晶包裹体及纯 CO_2 包裹体，包裹体形态较小，长轴长度多数为 3～7μm。石英脉中包裹体形态主要呈椭圆状、浑圆状、不规则状、长条状、和不规则的矩形等。常温下气相与液相比多为 5%～20%。

本书用流体包裹体均一法对大红山、岔河矿床主要成矿阶段矿物进行了包裹体测温工作，其中共测定代表性石英、方解石样品 9 件（表 5-4、图 5-17），同时结合前人研究资料，将成矿早阶段和成矿晚阶段的均一温度分别确定为 305～260℃和 270～101℃，所求盐度结果与前人所做工作所得成果相吻合：大红山矿床成矿流体温度偏高且变化较大，

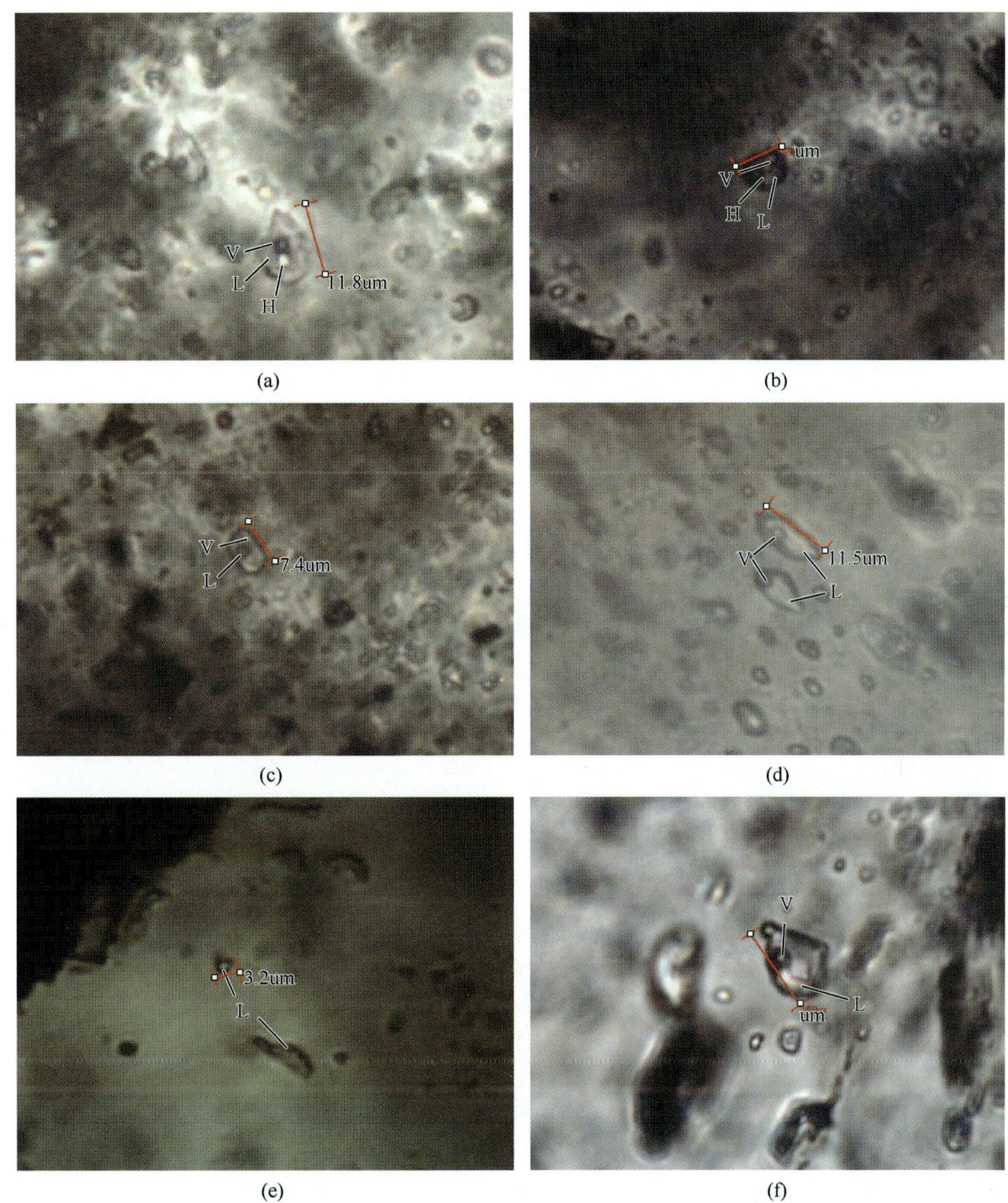

（a）石英中气液固三相包裹体，含石盐子矿物，气液比为 10%，形状近负晶形，约 11.8μm；（b）气液固三相，气液比为 10%，椭圆形，约 7.8μm；（c）气液两相，群体分布，气液比为 15%～20%，包体形状规则，约 7.4μm；（d）气液两相，群体分布，气液比为 10%～15%，长条状，约 11.5μm；（e）单相液相包裹体，孤立，浑圆状，约 3.2μm；（f）气液两相，气液比为 10%～15%，星散状分布，不规则状，约 15μm。V. 气相；L. 液相；H. 石盐子晶

图 5-17　大红山矿床流体包裹体照片

属于中高-低温热液型矿床。其中图 5-18 中，大红山各样品均一温度显示，含硫化物较少的石英的均一温度较高（H04-2 样品 190～240℃），硫化物及方解石共生的石英的均一温度较低（HS43-30 和 HS1212 样品 120～210℃）。测得的冰点见图 5-19（a），表明冰点变化范围较大，主要分为两期，−17℃左右及−7.5℃左右两个峰值。根据 $S = 0.00 + 1.78\theta - 0.0442\theta^2 + 0.000557\theta^3$，式中 S 为盐度（%），适用于含有 0～23.3%NaCl 的水溶

液（Potter et al.，1978），据此计算公式计算了盐度，见图 5-23B，主要集中于 11.5 和 20.5（wt% NaCl）两个峰值左右。

流体包裹体测定中盐度是非常重要的流体成分信息，具有重要的矿床成因意义。计算盐度的方法采用公式计算法，在冷台下测定出包裹体冷冻温度后，计算盐度的方法和步骤如下。

公式计算法：在冷台下测定出包裹体冷冻温度后,根据 Potter(1978)、Hall(1988)等人的公式可以计算盐度：

$$S=\omega(\mathrm{NaCl})=\exp\left[\frac{\ln(A+B)}{3}\right]-\exp\left[\frac{\ln(A-B)}{3}\right] \tag{5-1}$$

$$A=(7.4\times10^5\cdot\theta^2+4.15\times10^7)^{1/2} \tag{5-2}$$

$$B=860.2\cdot\theta \tag{5-3}$$

式中，θ 为冰点温度（℃）

或

$$S=0.00+1.78\theta-0.0442\theta^2+0.000557\theta^3 \tag{5-4}$$

式中 S 为盐度（%）。适用于含有 0~23.3%NaCl 的水溶液(Potter et al., 1978)，据此计算公式计算了盐度，见图 5-19(b)，主要集中于 11.5 和 20.5（wt% NaCl）两个峰值左右。盐度变化范围为 4%～23%，大部分成矿流体盐度集中于 11 %～21 %范围。

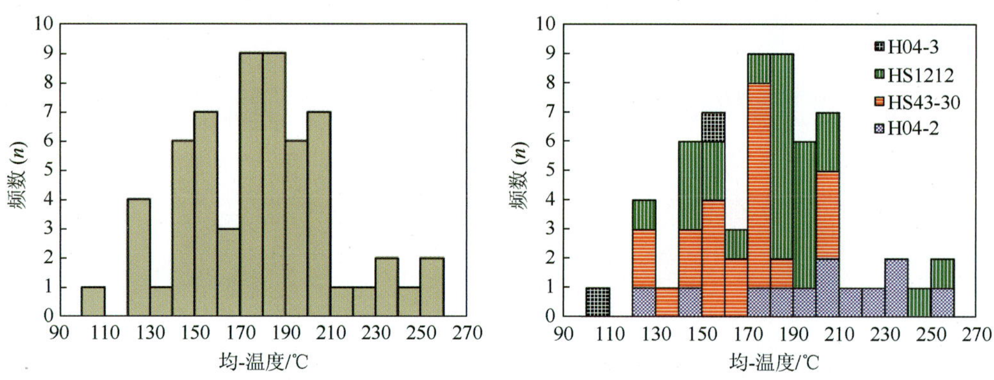

图 5-18　大红山富液相包裹体（Ⅰ类）均一温度频率图

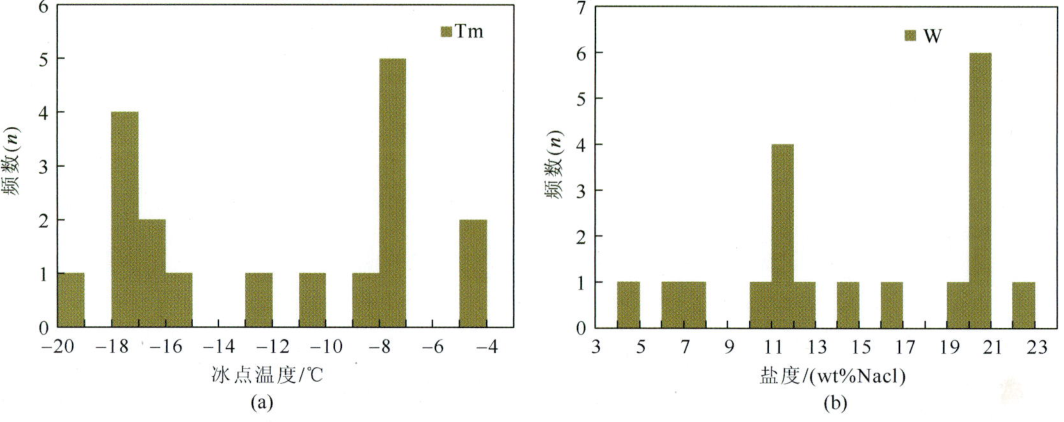

图 5-19　大红山富液相包裹体（Ⅰ类）冰点及盐度（*wt*% NaCl）频率图

5.3.1　成矿温度探讨

通过几个矿床的综合研究，认为拉拉、大红山、岔河等矿床的形成温度跨度较大，相互间具有较好的相似性（表 5-4）。拉拉矿床流体体系的温度早阶段为 268～328℃，主阶段为 110～279℃；大红山矿床层状矿体流体体系的温度为 103～456℃，脉状矿体为 101～259℃；迤纳厂矿床铁氧化物-稀土阶段流体体系的温度为 170～550℃，硫化物-金阶段温度为 120～360℃；岔河矿床流体体系的温度范围主阶段为石英 105～371℃，方解石 110～270℃。从流体包裹体研究来看，各矿床的流体较为复杂，从高温至低温均有显示，表明成矿过程的复杂性；包裹体研究为流体演化研究提供了依据，同时更重要的是为流体中同位素的分异研究奠定了基础。

表 5-4　矿床包裹体均一温度

矿床	成矿阶段	矿物	样品数	测定包体频数	均一温度/℃		资料来源
					变化范围	平均值	
拉拉	早阶段	石英	3	11	270～328	305	孙燕等，2006
		方解石	4	13	268～316	294	孙燕等，2006
	主阶段	石英	2	7	226～265	261	孙燕等，2006
		方解石	3	9	190～279	258	孙燕等，2006
	主阶段	方解石	2	爆裂法	230～278	260	陈根文等，1992
	主阶段	黄铜矿	1	爆裂法	250～270	—	申屠保涌，1997
	主阶段	石英	4	—	110～250	180	申屠保涌，1997
大红山	脉状矿体	石英	4	60	101～259	178	本书
	脉状矿体	与方解石共生的石英	1	22	122～209	165	本书
	层状矿体	石英	7	180	103～456	279	吴扎文，2008
迤纳厂	铁氧化物-稀土阶段	石英、萤石、方解石	—	600	170～550	335	侯林等，2013
	硫化物-金阶段				120～360	225	侯林等，2013
岔河	主阶段	石英	3	22	105～371	190	本书
	主阶段	方解石	1	6	110～270	190.2	本书

5.3.2　流体包裹体密度、压力及成矿深度探讨

经过大量计算，包裹体中流体的密度，不但是均一温度的函数，而且也是含盐度的函数。通常，流体包裹体中密度值达到三位有效数字即可满足地质上的需要，经过多种数学模型的选择，采用最小二乘法拟合曲线二次多项式，可以满足要求。根据包裹体成分可以进行成矿流体的物理化学参数计算，本文依据包裹体成分分析结果，综合运用多种流体热

力学的方法进行计算成矿流体的物理化学参数计算，主要运用的公式和计算方法如下。

计算流体包裹体密度可以用刘斌（1987）密度式进行计算。其密度式为

$$D = A + Bt + Ct^2 \tag{5-5}$$

式中，D—流体密度；

t—均一温度℃；

A、B、C—无量纲参数，它们又是含盐度的函数。

$$A = A_0 + A_1W + A_2W^2 \tag{5-6}$$

$$B = B_0 + B_1W + B_2W^2 \tag{5-7}$$

$$C = C_0 + C_1W + C_2W^2 \tag{5-8}$$

式中，W—含盐度（NaCl%重量）；

$A_0, A_1, A_2, B_0, B_1, B_2, C_0, C_1, C_2$—无量纲参数，其数值如下：

$A_0 = 0.993531$，$A_1 = 8.7214\times10^{-3}$，$A_2 = -2.43975\times10^{-5}$；

$B_0 = 7.11652\times10^{-5}, B_1 = -5.2208\times10^{-5}, B_2 = 1.26656\times10^{-6}$；

$C_0 = -3.4997\times10^{-6}, C_1 = 2.12124\times10^{-7}, C_2 = -4.52318\times10^{-9}$。

式（5-5）形式简单，便于计算，其精度为 ±0.004（g/cm^3）。适用范围：均一温度≤500℃，含盐度≤30%（wt）。

自然界盐类溶液包裹体虽然复杂，但它们绝大部分是富含 NaCl 的水溶液，在其它盐类组分含量很少的情况下，可把这种水溶液作为 $NaCl-H_2O$ 体系来看待（刘斌等，1987）。当在热台下测定出包裹体均一呈液相的温度，将它和求得的含盐度值代入到上述密度式中，即可求得包裹体中流体的密度。根据岔河矿床流体包裹体均一温度和盐度，经计算得出，密度为 0.98～1.08g/cm^3，中间值为 1.01g/cm^3。

成矿压力按照刘斌（1987）相关文章提出的包裹体等容式计算，计算流体包裹体压力可以用下面公式：

$$P=a+b\times t+c\times t^2 \tag{5-9}$$

式中，a、b、c—无量纲参数，不同盐度、密度下可查表求得；

P—压力（bar）；

t—温度（℃）。

已换算为 MPa 单位。

经计算得出，成矿压力范围为 150.37×10^5～391.19×10^5Pa，中间值为 198.00×10^5Pa。

5.3.3 流体包裹体成分

包裹体成分测试研究选取 4 件具有代表性的与成矿密切相关的石英样品进行分析，分析数据如表 5-5 所示。

表 5-5 岔河铜矿石英流体包裹体组成（μg/g）

成分及离子比值	C10	C12	C16-2-1	C16-2-2
Li^+	痕量	痕量	痕量	痕量
Na^+	5.32	0.63	0.79	1.59
K^+	8.10	痕量	1.86	0.61
Mg^{2+}	0.41	0.61	0.46	0.59
Ca^{2+}	5.36	4.97	3.95	5.84
F^-	0.32	1.12	0.13	0.28
Cl^-	16.52	4.56	1.28	4.05
NO_3^-	0.92	1.40	1.52	1.56
SO_4^{2-}	30.7	24.99	9.21	6.93
CH_4	0.09	0.08	0.14	0.13
$C_2H_2+C_2H_4$	0.19	0.21	0.21	0.22
C_2H_6	痕量	痕量	0.03	0.03
CO_2	270.62	230.10	245.82	229.44
H_2O	221.23	157.83	341.14	161.04
O_2	107.85	141.90	93.70	110.87
N_2	536.61	682.77	472.12	545.51
CO	8.30	7.85	10.22	8.21
$\omega(Na^+)/\omega(K^+)$	0.66	＞1	0.42	2.61
$\omega(F^-)/\omega(Cl^-)$	0.02	0.25	0.10	0.07
$(N_2+CO+CH_4+C_2H_2+C_2H_4+C_2H_6)/(O_2+CO_2)$	1.44	1.86	1.42	1.63

由表 5-5 可以看出，石英样品流体包裹体具有以下特征：①石英流体包裹体气相成分以 N_2、CO_2、H_2O、O_2 为主，尤其富集 N_2 和 CO_2，并含有少量的 CO、CH_4 和（$C_2H_2+C_2H_4$）；②石英流体包裹体液相成分中阳离子以 Ca^{2+}、K^+和 Na^+为主，除样品 C10 外，C12、C16-2-1 和 C16-2-2 三个样品大量富集 Ca^{2+}，阴离子以 SO_4^{2-} 为主，Cl^-次之；③从实验数据可以看出，流体包裹体成分中含有大量的 N_2、CO、CH_4、（$C_2H_2+C_2H_4$）、C_2H_6 等还原性气体，又有较高的氧化性组分（O_2），但总体来说，仍以还原性组分为主。

5.3.4 流体包裹体激光拉曼探针分析

为研究包裹体成分特征，对样品 C16-5-1 中液体包裹体进行激光拉曼探针测试，激光拉曼光谱如图 5-20 所示。

测试结果表明，包裹体气相成分中具有较强的 H_2O、C_2H_6 和 C_4H_6 特征峰值，N_2 的特征峰值较弱，说明岔河铜矿床石英流体包裹体气相成分主要以 H_2O、C_2H_6 和 C_4H_6 组成，与群体包裹体实验数据差异不大，但未检测出 CO_2 的特征峰值，主要组分仍以 H_2O 为主，并含有一定量的有机质。C_2H_4 和 C_2H_6 的存在指示其流体具有一定的还原性。

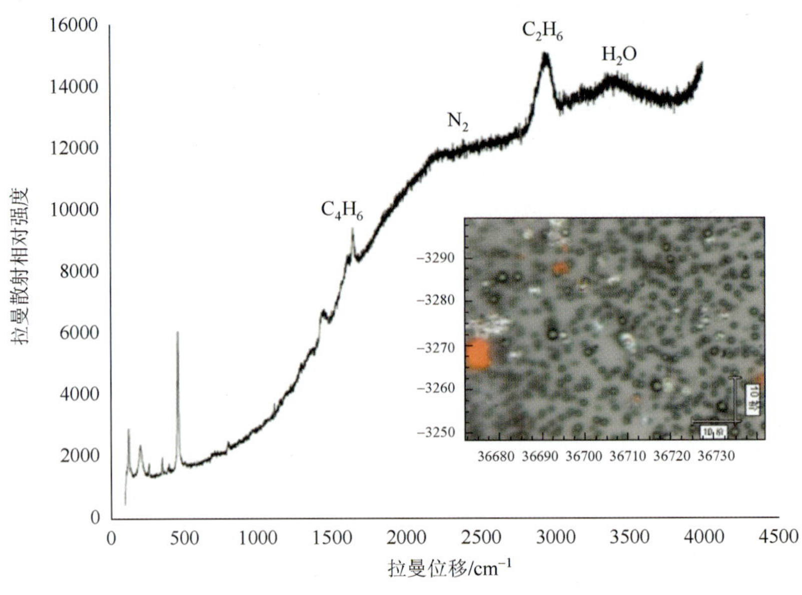

图 5-20　流体包裹体激光拉曼光谱

5.3.5　成矿流体性质及来源探讨

成矿流体地球化学热力学参数研究是矿床地球化学研究的重要内容，通过分析和研究成矿热液作用中形成的流体包裹体，并进行热力学参数计算，从而可查明热液成矿作用中流体的性质、演化规律，以及物理化学条件改变对金属溶解迁移与沉淀的影响。

根据岔河铜矿床热液石英脉流体包裹体显微测温结果显示，石英流体包裹体均一温度为 94～371℃，平均值为 176℃，仅有一个包裹体均一温度（371℃）明显高于其他包裹体，可能存在高温流体参与成矿作用（即存在两期不同性质的流体）；亦可能是测试观察不准确导致的。经计算，成矿期石英脉流体包裹体的盐度为 10.62～19.62wt%NaCl.eqv，中间值为 17.37wt%NaCl.eqv；流体包裹体密度为 0.98～1.08g/cm^3，中间值为 1.01g/cm^3。综上所述，岔河铜矿床成矿流体属中—低温、中等盐度、低密度的流体。

根据岔河铜矿床石英脉流体包裹体成分测试结果推断，成矿期流体体系以 Ca^{2+}-Na^+-K^+-SO_4^{2-}-Cl^-或 Ca^{2+}-Na^+-K^+-Cl^--SO_4^{2-} 为主，其中 Na^+与 K^+浓度存在差异。地质流体中还原性组分占很高的比例，说明流体主要以还原性为主。

从流体包裹体均一温度及成分特征可以发现，样品 C10 中流体包裹体均一温度和液相阴阳离子成分普遍高于其他三个样品中流体包裹体，表明包裹体的形成可能早于其他样品的包裹体，阴阳离子含量降低说明在成矿过程中对流体组分的消耗。流体包裹体液相成分中 Ca^{2+}含量很高，可能是流体本身具有很高含量的 Ca^{2+}，也有可能是流体在运移过程中萃取围岩中钙质及成矿元素的结果。石英流体包裹体气相成分主要以 N_2 为主，CO_2、H_2O、O_2 次之；液相成分以 SO_4^{2-} 为主，Cl^-次之。包裹体成分中 F^-与 Cl^-比值很低，且 F^-与 Cl^-比值小于 1，Na^+与 K^+的比值大于 1，流体中明显富集 Ca^{2+}，这种特征说明流体有大气降水的参与（黄德志，2000；胡恭任，2005；彭南海，2013）。但仅仅大气降水是不足以提供超高含量 N_2、CO_2、O_2 的，而 CO_2 被认为是岩浆流体或变质流体内大量携带的气体，结合矿床特征、赋矿层位（矿体赋存于中深程度的变质岩系中）和碳氧同位素分析，认为大规模存在的变质作用所产生的变质流体和深部来源的岩浆流体提供部分 N_2、CO_2、O_2（刘建明，1998），高变质岩相流体内气相成分中 CO_2 含量是高于 H_2O 的，这与测试结果相符（卢焕章，1997），同样说明变质热液参与了成矿作用。Na^+与 K^+的比值可以作为判断热液类型的一个标志（Roedder，1984；张德会，1998；张玙，2011；），即 Na^+与 K^+比值小于 1，一般认为是岩浆热液来源，而与沉积或热卤水有关的矿床 Na^+与 K^+比值均较高。石英流体包裹体液相成分中 Na^+/K^+在 1 附近波动，说明其成矿流体有岩浆热液参与，与碳氧同位素测试结果相符，有很多学者认为大量 N_2 的存在，可能代表深部流体组成的特征（朱华平，2004；叶霖，2004），同样证明了有深部流体参与成矿作用。

5.4 成矿流体来源的同位素示踪

成矿物质来源和成矿流体来源是研究矿床成因和成矿过程的两个重要问题，而利用同位素地球化学在示踪地质作用过程和流体来源方面具有独特的作用，通过多种同位素方法系统研究可以较好指示和分析研究矿床的成因，为成矿热液演化提供可靠的地球化学证据，目前同位素地球化学已成为确定成矿作用的物理化学条件、成矿流体的类型和来源、成矿物质来源、矿床成矿时代和指导找矿的重要手段（Faure，1983；陈好寿，1994；尹观等，2009），对于示踪流体来源和成矿物源具有重要的意义。因此，稳定同位素研究同时又能揭示成矿地质条件和岩石及矿床成因，并对研究矿床的成矿物质来源具有重要指示意义；近三十年以来，前人对研究区内拉拉、大红山等典型矿床的同位素，如氢氧、硫、铅等同位素（Chen et al.，2012；Greentree et al.，2008；Zhu et al.，2013；叶现韬等，2013）进行过较多的研究。本节通过多种同位素手段，在充分收集前人同位素研究资料的基础上，分析和研究矿床中矿石及热液脉体的 C、O、S 及稀有气体同位素特征，同时结合前人的同位素数据资料，进一步地探讨矿床成矿物质和成矿流体来源，为矿床成因研究提供可靠的依据和基础。

5.4.1 碳、氧同位素研究

在热液矿床中以碳、氧为主的矿物（方解石、重晶石、菱铁矿等）较为常见，利用金属矿床中 C、O 同位素体系可以较好地研究和示踪流体来源信息。本书主要选择矿床中脉状方解石单矿物，测定其 C、O 同位素组成。同时结合前人研究结果，总结成矿流体中碳、氧同位素的变化及对流体来源可能的指示意义。

碳、氧同位素是示踪成矿流体中$\sum CO_2$ 来源和研究与碳酸盐矿物共生的矿石矿物的成因和热液特征的有效方法。前人的分析研究发现，自然界中碳同位素组成（$\delta^{13}C$）的跨度可以超过 100‰，例如其中最重的碳酸盐大于 20‰，而最轻的甲烷则只有−90‰（韩吟文等，2003）。

在金属热液成矿体系中，含碳组分主要集中于 Ca、Mg、Fe、Mn 等金属元素的碳酸盐岩类矿物（除最常见的方解石之外，还有如菱铁矿、文石、菱锰矿、白云石等矿物）之中，以及相应的矿石和脉石矿物中的气-液流体包裹体中，对于金属矿床而言，最常见和有意义的是方解石。根据前人研究成果发现，与自然界硫的组成相类似的，热液成矿流体中碳一般也有以下三种来源：岩浆或地幔来源的碳、有机质物中所含有的碳以及沉积碳酸盐岩的碳（尹观等，2009）；对应的，成矿热液中的 C 同位素也可以分为三大类。①沉积岩中碳酸盐岩，其 $\delta^{13}C_{PDB}$ 为−2‰～3‰；海水的 $\delta^{13}C$ 和 $\delta^{18}O$ 都接近于 0，海相沉积碳酸盐岩来源，$\delta^{13}C_{PDB}$ 大多稳定在 0‰左右，为−4‰～10‰，$\delta^{18}O$ 从 6‰到 15‰（Veizer et al.，1986；Veizer et al.，1989；Veizer et al.，1980），沉积岩的去碳酸盐化、脱气或含盐卤水与泥质岩相互作用等可以导致其碳同位素组成常具有富重碳同位素的特征，而源于页岩或砂岩中浸染状同生碳酸盐矿物的同位素组成可以达到−10‰±5‰（Ohmoto et al.，1997）。②岩浆来源或深部源地幔射气，$\delta^{13}C_{PDB}$ 变化范围为−4‰～−8‰，平均值大约为−5‰（Taylor et al.，1986），地幔来源岩石的 $\delta^{13}C$ 一般为（−5±2）‰（Faure et al.，1986），若测试对象为碳酸盐矿物，则 $\delta^{13}C_{PDB}$ 约为−7‰（Rye et al.，1974）；岩浆来源的碳同位素组成 $\delta^{13}C_{PDB}$ 为−9‰～−3‰，而地幔射气为−5‰～−2‰（Taylor et al.，1986）。③沉积-变质岩类、火成岩中的还原碳（有机碳）一般相对富集 ^{12}C，其碳同位素值一般较低，其 $\delta^{13}C_{PDB}$ 平均为−22‰～−25‰（为−15‰～−30‰）（Ohmoto et al.，1997），大气降水或地下水的 $\delta^{13}C$ 与其类似（−30‰～−20‰），$\delta^{18}O$ 小于 0‰。在此基础上，部分学者对不同类型矿床碳氧同位素进行过系统研究，例如前人曾依据我国已有热液型铀矿床含矿脉体的稳定同位素资料以及矿床特点，将热液型铀矿床的成矿流体归纳为 3 类不同成因类型，分别为热水循环富集型、岩浆期后热液型、地幔流体富集型（黄世杰，2006）。前人研究认为，影响地质体中 $\delta^{13}C$ 和 $\delta^{18}O$ 之间的相关关系（Zheng et al.，2003；尹观等，2009）：①流体与围岩之间的水-岩反应；②$\sum CO_2$ 去气作用；③流体的混合作用。总之，不同来源热液流体间碳、氧同位素有明显差别，利用碳氧同位素研究，根据所研究金属热液系统中的碳同位素组成可以示踪流体碳的来源，进而指示相对应的成矿流体的来源及其演化。因此，可以将碳氧同位素应用于本区拉拉、大红山等矿床成矿流体的来源信息的研究与探讨，从而为矿床成因研究提供依据。

本区各矿床中，拉拉、大红山、岔河等矿床成矿地质特征研究表明区内碳酸盐化发育广泛，与成矿关系密切。但已有研究成果中，有关碳氧同位素的研究相对较少。拉拉和大红山矿床方解石主要有三种类型：一种主要以方解石-黄铜矿脉形式存在，这种方解石晶体粗大，晶形完整，呈脉状或团块状，与黄铜矿共生填充于围岩节理裂隙中，常切割围岩地层片理；另一种条纹条带状矿石中的方解石，晶体细小，呈粒状集合体与其他脉石矿物顺层分布；还有一种主要以少硫化物方解石形式存在，这种方解石晶体粗大，颜色纯白，呈团块或状脉状，少见或未见黄铜矿等硫化物。

5.4.1.1　样品的采集、处理与分析测试

本次研究系统采集拉拉、大红山、岔河等矿床主采场、坑道和钻孔工程中，选择和采集与铜多金属成矿有关的代表性样品，对采集的热液脉体样品，在详细观察、描述的基础上，按矿物组合、成矿期次及成因产状等对其进行分类。在室内显微镜下挑选出方解石单矿物样品（纯度大于 99%），并经乙醇清洗烘干后，在玛瑙研钵中研磨至 200 目以下，准备进行碳、氧同位素分析测试。同时结合前人对矿石中黑云母、石英等碳氧同位素的测定结果，初步总结成矿流体中碳、氧同位素的变化及对流体来源可能的指示意义。

碳-氧同位素样品分析测试在成都理工大学分析测试中心进行。测试仪器为 MAT253

同位素质谱仪，分析方法采用 100%的磷酸法：在真空系统中，磷酸与样品在 70℃条件下反应彻底后，用氮气排空法将生成的水分离出来，收集纯净的 CO_2 气体，并在 MAT253 型质谱仪中进行测定。采用我国的国家一级碳酸盐碳-氧同位素参考物质 GBW04416 作为工作标准。样品 C 和 O 同位素测定及计算结果的分析精度优于±0.1‰。碳、氧同位素中 $\delta^{13}C$ 以 PDB 为标准，$\delta^{18}O$ 采用 PDB 和 SMOW 标准：C-O 同位素测试结果以 PDB 为标准，在计算 $\delta^{18}O_{SMOW}$ 时，利用 $\delta^{18}O_{PDB}$ 和 $\delta^{18}O_{H2O}$ 的同位素分馏方程公式，将 $\delta^{18}O_{PDB}$ 换算成 $\delta^{18}O_{SMOW}$，换算公式为 $\delta^{18}O_{SMOW}=1.03091\times\delta^{18}O_{PDB}+30.91$（Coplen，2007）。

5.4.1.2　分析测试结果

本次研究重点对赋存于矿床矿石中的方解石取样，包括与黄铜矿密切共生的方解石，以及成矿晚阶段的方解石脉。从拉拉、大红山、岔河等矿床矿石矿物的组合特征分析，矿化与碳酸盐类矿物的关系密切，特别是呈脉状构造的矿石中金属矿物与方解石的关系非常密切。因此，研究与拉拉、大红山、岔河等矿床矿化密切共生的方解石矿物的碳-氧同位素组成，对分析和研究本区铜多金属矿床的热液流体来源和特征具有重要的指示意义。

关于矿床中碳源的讨论，前人提出含碳矿物的 $\delta^{13}C$ 是关于物理化学条件的函数，受成矿流体的形成条件制约，如温度（T）、氧逸度（f（O_2））、酸碱度（pH）、流体总碳同位素组成（$\delta^{13}C_{\Sigma}$）和离子强度（I）等（Zheng et al.，2003；尹观等，2009），而在讨论时，应当注意测试值并不能代表成矿热液的 $\delta^{13}C_{\Sigma}$，须以矿物沉淀时的热液的总碳同位素组成（$\delta^{13}C_{\Sigma}$）为依据，特别是对于许多矿床成矿晚阶段碳酸盐矿物的 $\delta^{13}C$，由于流体氧化性的减弱，相比主成矿阶段之下，常会偏高。前人通过计算表明，方解石和 CO_2 的 C 同位素分馏系数较小（Bottinga，1968；商朋强等，2006），故方解石的 C、O 同位素组成基本可以代表形成方解石沉淀时热液流体中 C、O 同位素组成；同时由于本区矿床中矿物与方解石的共生组合关系相对较为简单，属于方解石-石英-硫化物（-云母）型，矿物组合中既无相对高氧逸度条件下所形成的重晶石类矿物，亦无相对低氧逸度条件下形成的石墨-磁黄铁矿类矿物组合，即在研究碳同位素时，当测试对象为碳酸盐矿物（本书为方解石）而无石墨共生时（Rye et al.，1974），在此种情况下，可以近似将测试结果对应于成矿流体的碳同位素 $\delta^{13}C_{\Sigma}$（Ohmoto，1972）。因此，本次在研究和讨论各矿床成矿流体性质中，将溶液方解石的碳同位素值近似用于代表成矿热液的 $\delta^{13}C$ 组成（Ohmoto，1972）。分析测试结果如表 5-6 所示。

表 5-6　研究区铜矿床矿石方解石碳氧同位素组成

样品编号	共生矿物（围岩）	含铜性	$\delta^{13}C_{PDB}$/‰	$\delta^{18}O_{PDB}$/‰	$\delta^{18}O_{SMOW}$/‰
LL07-1	黄铜矿、石英脉、黑云母片岩	成矿	−3.05704	−18.4208	11.91983
LL05-1	石英脉	无矿	0.18992	−18.6011	11.7339
LL06	萤石	弱含矿	−1.08637	−20.3647	9.915868
LL04	石英脉、黄铁矿、黑云母钠长片岩	无矿	−1.72696	−20.1542	10.13279
LLO8-2-1	黄铜矿、黄铁矿、石英	成矿	−3.55582	−19.4027	10.90752

续表

样品编号	共生矿物（围岩）	含铜性	$\delta^{13}C_{PDB}$/‰	$\delta^{18}O_{PDB}$/‰	$\delta^{18}O_{SMOW}$/‰
LL08-2-2	黄铜矿、黄铁矿、石英	成矿	−3.26242	−15.6953	14.72952
LL15-1	黄铜矿、萤石、石英、钠长岩	弱含矿	−3.44824	−18.8316	11.49632
ZK6-5	黄铜矿、石英、云母片岩	成矿	−3.02281	−18.3957	11.94566
HS01-2	赤铁矿，磁铁矿	无矿	−2.89	−14.32	16.15
HS04	大理岩	弱含矿	−7.01	−14.50	15.96
HS05-1	辉钼矿（沿裂隙）	弱含矿	−4.76	−18.83	11.50
HS07	黄铁矿，石英	成矿	−1.03	−19.28	11.03
HS08	围岩	成矿	−4.73	−13.86	16.62
HS10	围岩	成矿	−2.47	−17.89	12.47
HS12	零星的斑铜矿，凝灰岩	弱含矿	−4.25	−17.40	12.97
HS17	石英	成矿	−1.88	−18.28	12.06
HS23-1-2	石英	成矿	2.78	−17.99	12.36
HS24	凝灰岩（含砂质）	弱含矿	−3.66	−17.52	12.85
HS28	白云石变钠质凝灰岩含碳质，石英脉	成矿	−4.96	−17.18	13.20
HS36	含碳质，凝灰，砂质，白云质较多	无矿	−1.42	−18	12.35
HS37-1	片岩，碳质镜面似煤层	无矿	−0.7	−13.08	17.43
HS43-5	石英	成矿	−5.49	−16.42	13.98
HS43-16	绿泥石化黑云片岩、石英脉	成矿	−3.08	−19.51	10.80
HS43-20	围岩	无矿	−6.87	−18.64	11.69
HS43-21	围岩	无矿	−6.34	−18.66	11.67
HS43-26	黑云片岩	成矿	−3.35	−18.6	11.74
HS43-27-1	黑云片岩石英脉	成矿	−2.2	−17.53	12.84
HS43-30	磁黄铁矿	成矿	−6.67	−18.26	12.09
HS43-32-1	围岩	无矿	−4.73	−18.45	11.89
HS43-32-2	围岩	成矿	−2.85	−19.48	10.83
HS44	辉绿岩夹少量凝灰岩	无矿	−5.06	−18.18	12.17
HS45	石英脉	无矿	−3.77	−16.07	14.34
H01	大理岩	成矿	−0.54	−17.62	12.75
H2-6	围岩	成矿	−3.67	−21.49	8.76
H02-16	少量磁铁矿	无矿	−0.49	−17.68	12.68
H02-22	大理岩	无矿	−6.19	−17.72	12.64
H02-23	磁铁矿、石英	无矿	−2.02	−22.86	7.34
H02-24	石英	成矿	−2.34	−19.68	10.62
H02-28	大理岩	无矿	−4.26	−19.6	10.70
H04-5	磁铁矿、石英脉	无矿	−2.16	−18.49	11.85
H04-7-1	围岩	无矿	−5.8	−19.37	10.94

续表

样品编号	共生矿物（围岩）	含铜性	$\delta^{13}C_{PDB}$/‰	$\delta^{18}O_{PDB}$/‰	$\delta^{18}O_{SMOW}$/‰
H04-7-2	围岩	成矿	−1.9	−19.23	11.09
H04-9	石英脉	无矿	−1.36	−18.41	11.93
H04-14	石英脉	成矿	−1.53	−18.79	11.54
H4-15	石英脉	无矿	−5.1	−18.54	11.80
H4-16-1	围岩	无矿	−4.92	−19.04	11.28
H43-18	晶型完好	无矿	−3.284	−28.298	1.74
H4-16-2	围岩	无矿	−1.435	−18.617	11.72
HS13	围岩	无矿	−1.733	−17.735	12.63
HS43-12	围岩	弱含矿	0.028	−13.709	16.78
HS25	碳质呈团块状，凝灰岩（含砂质）	弱含矿	−2.954	−17.843	12.52
HS11	围岩	成矿	−3.542	−18.148	12.20
HS43-8	磁黄铁矿石英中围岩黑云片岩	成矿	−3.231	−16.801	13.59
HS43-4	方解石网脉状围岩角闪大理岩	成矿	−0.008	−14.073	16.40
H02-29	磁铁矿	无矿	−1.042	−18.971	11.35
HS43-27-2	石英脉黑云片岩	弱含矿	−4.850	−18.083	12.27
C02-1	石英片岩	弱含矿	−1.29	−22.22	8.00
C15	石英，黄铜矿及磁铁矿	成矿	−0.96	−21.36	8.89
C02-2	石英片岩	弱含矿	−0.84	−21.29	8.96
C14	石英脉，黄铜矿，石英片岩	成矿	−3.00	−21.47	8.78

1. 拉拉矿床碳氧同位素特征及意义讨论

碳-氧同位素分析结果表明拉拉矿床中方解石矿物的 $\delta^{13}C$ 为−3.56‰～0.19‰，平均值为−2.37‰，方解石样品中 LL05-1、LL06、LL04 的 $\delta^{13}C_{PDB}$（<−3.0‰）属于地幔来源的碳（−2‰～−10‰）的范围（Faure et al.，1986），而另外两个方解石样品的 $\delta^{13}C_{PDB}$ 大于−2‰，属于浅部（沉积作用）来源的碳，也可能与低温热液作用（大气中的二氧化碳的加入）有关；$\delta^{18}O$ 为 9.92‰～14.75‰，平均值为 11.65‰（表 5-6），个别 $\delta^{18}O$ 过低，如 LL06，也可能是由于混入低 $\delta^{18}O$ 的流体造成，如大气降水的大量混入形成低 $\delta^{18}O$ 的流体。

图 5-21 显示出三大主要来源（即前述的地幔-岩浆源、海相碳酸盐岩及有机质）的同位素范围及其同位素组成的对应变化过程及趋势（刘建明等，1998；刘家军等，2004）。拉拉矿区各样品点分布较为集中（图 5-21），这暗示热液流体各阶段的 CO_2 可能来自同一个均匀的岩浆源，因为不同矿化阶段的不同产状（早期岩浆热液阶段及晚期脉状）的方解石样品具有非常接近的 $\delta^{13}C$，即与深源岩浆及物质有关。拉拉矿区的碳酸盐矿物的 $\delta^{13}C$ 部分落在通常认为的地幔 $\delta^{13}C$ −5‰±2‰范围（Ohmoto，1986），如 LL07-1、LL08-2-1、LL08-2-2、LL15-1、ZK6-5。LL05-1、LL06、LL04 等属于另一类。

从图 5-21 样品 $\delta^{13}C_{PDB}$-$\delta^{18}O_{SMOW}$ 图解可以看出，本书研究的脉状方解石的 $\delta^{13}C$、$\delta^{18}O$

大部分点落入岩浆岩范围内，表明流体中碳源主要为深部岩浆或幔源来源。但也有个别样品投影在碳酸盐岩的溶解区域，落于沉积碳酸盐岩与花岗岩过渡区域，暗示有浅部流体参与成矿的可能，与沉积碳酸盐岩的溶解、活化有关，或代表深部流体在上升过程中受到沉积岩的混染，部分来源于地层，且受低温蚀变作用/碳酸盐岩的溶解的影响。这与方解石产出地质特征相吻合，方解石脉主要与矿体密切共生，与成矿有密切的联系，赋矿围岩为沉积变质岩及少量岩浆岩。另外，样品数据在图 5-22（a）图中方解石样品 $\delta^{13}C$ 和 $\delta^{18}O$ 的投点表明，拉拉矿床由碳氧同位素组成限定的样品位于淡水碳酸盐（区域沉积碳酸盐岩域Ⅱ）与深部来源岩石（岩浆源碳酸岩域Ⅰ）之间，并明显靠近后者（Ⅰ），与第二类样品截然不同，第二类具有 0‰左右的 $\delta^{13}C$［图 5-22（a）上部］，同样表明碳源主要为岩浆成因；暗示成矿流体中的碳可能主要由岩浆质组分经溶解作用提供的，并有部分来源于地层，且受低温蚀变作用和碳酸盐岩的溶解的影响相当明显。另外，将碳氧同位素数值投于 $\delta^{13}C$-$\delta^{18}O$ 碳氧同位素分布图［图 5-22（b）］中，其主要分布在火成岩外变质带区（F 区）和少量岩浆成因碳酸盐岩区域（D 区）以及两区的混合带处，可以推断，流体同位素组成受火成岩外变质热液作用的影响。值得一提的是，大红山矿床［图 5-22（c）和图 5-22（d）］与拉拉矿床的碳氧同位素具有较为一致的特征。

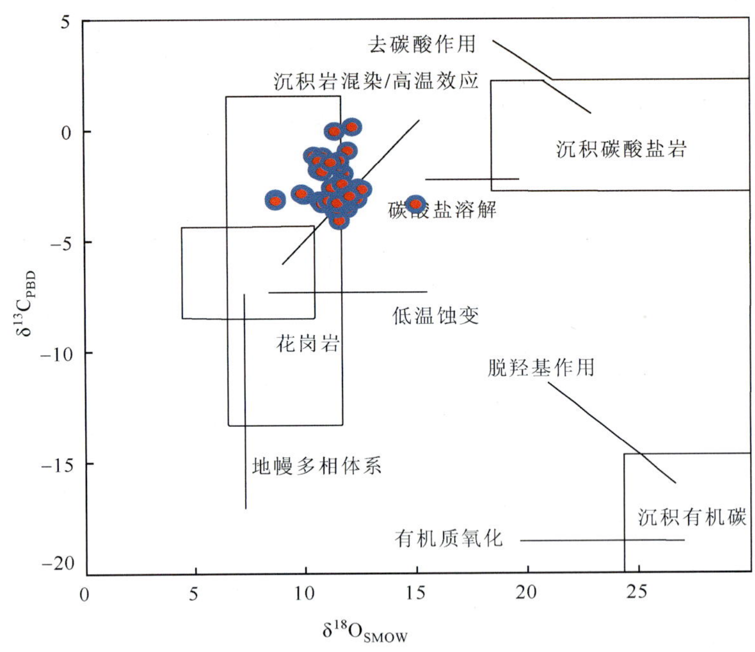

图 5-21　拉拉铜矿方解石 $\delta^{13}C_{PBD}$-$\delta^{18}O_{SMOW}$ 图解

（部分数据来自 Chen et al.，2012；孙燕等，2006；王赕，2013。底图据刘建明等，1998；王长明等，2011；刘家军等，2004 资料修改）

综上所述，碳氧同位素地球化学特征说明，拉拉矿床成矿热液与深部岩浆流体或变质流体有关，存在深源岩浆水、浅部流体等两个来源水的混合作用，这与 IOCG 矿床的特征颇为相似，即矿床与深部岩浆流体或变质流体有关，至少矿化早期如此（Hitzman et al.，1992），并有部分来源于地层，并在晚阶段有大气降水的加入（Gow et al.，1994）。这同样可以说明，拉拉铜矿床的成矿热液和物质可能为多源复合成因，结合前人研究认为，拉拉矿床成矿物源一部分是就地取材汲取本区以河口群为主的含金属变质富钠质火山沉积建造形成的，另外还有通过深大断裂来自深源的岩浆/变质流体。

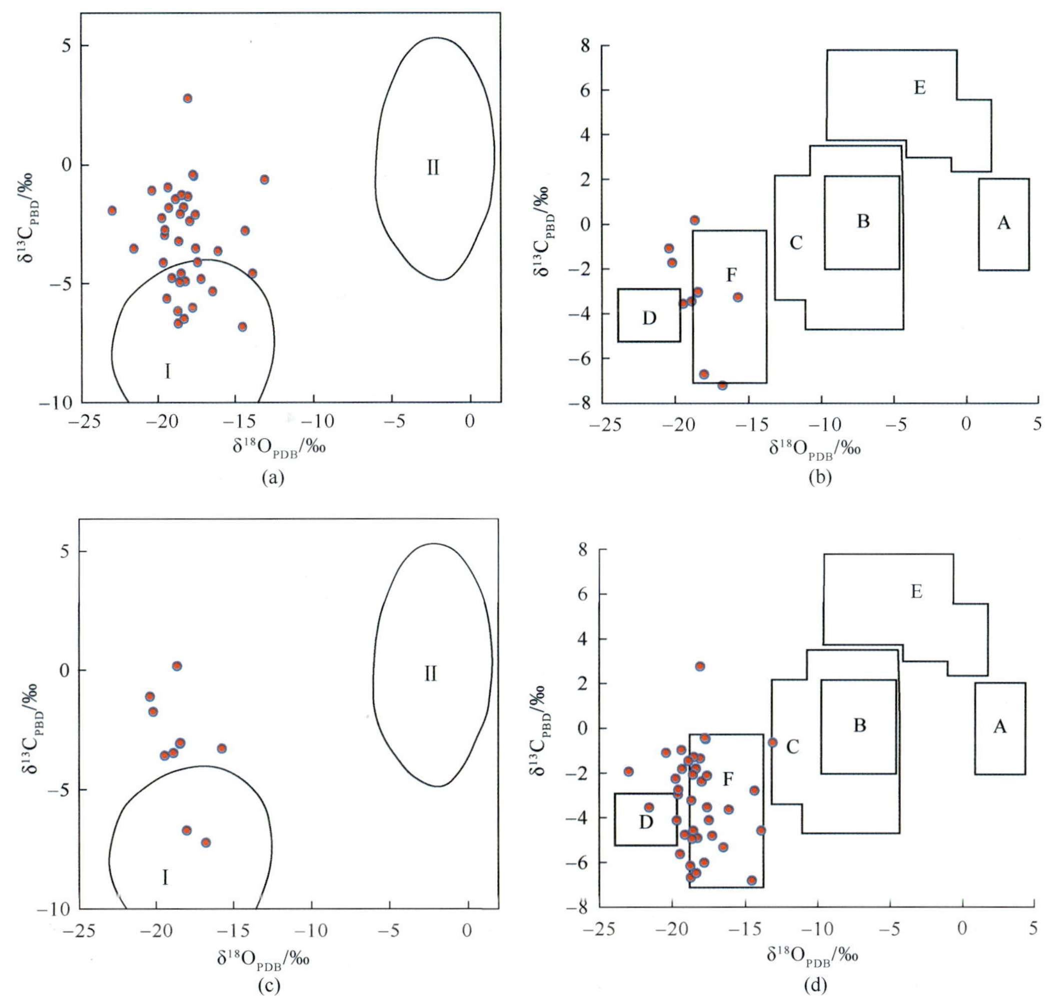

Ⅰ. 岩浆源碳酸岩域；Ⅱ. 区域沉积碳酸盐岩域；A. 淡水成因碳酸岩；B. 海相沉积碳酸盐岩；C. 低温热液碳酸盐；D. 岩浆成因碳酸盐岩；E. 陆相沉积碳酸盐岩；F. 火成岩外变质带

图 5-22　拉拉（a）和（b）、大红山（c）和（d）矿床方解石碳、氧同位素组成分布图

（图（a）与图（c）据 Holmes，1965；底图转引自滕彦国等，2000。图（b）与图（d）中分区的数据主要参考（Jensenius et al.，1988；董福湘等，2004；董福湘等，2011；徐田武等，2009）的资料）

2. 大红山矿床碳氧同位素特征及意义讨论

大红山矿区的碳酸盐矿物的 $\delta^{13}C$ 为–3.56‰～0.19‰，平均值为–2.37‰，从碳同位素结果可以初步看出具有地幔的碳同位素特征，表明深源岩浆带有幔源岩浆的特点。根据样品数据在图 5-23 中的投点情况可以看到，大红山矿床的碳、氧同位素值在图中主要位于岩浆-地幔等深部流体的碳氧同位素范围内及附近（部分在岩浆岩与沉积碳酸盐岩之间），说明大红山矿床成矿流体的来源的多源性；$\delta^{13}C_{PDB}$-$\delta^{18}O_{SMOW}$ 图解中（图 5-23），大部分

靠近于岩浆为代表的深部流体，同样表明流体中碳源主要为深部岩浆或幔源来源，水以岩浆变质水为主。但也有一部分样品落于沉积碳酸盐岩与花岗岩过渡区靠近沉积碳酸盐岩范围，个别样品直接投影在碳酸盐岩的溶解区域（HS01-2、HS04、HS08、HS37-1 落入沉积碳酸盐岩域，其中 HS37-1 落入海相碳酸盐岩域），暗示有浅部流体参与深部流体成矿作用的可能，与沉积碳酸盐岩的溶解、活化有关，或代表深部流体在上升过程中受到沉积岩的混染。这一结论与方解石产出地质特征相吻合，方解石脉主要与矿体密切共生，与成矿与脉状矿体有直接的联系。总体来看，流体中碳源主要为深部岩浆或幔源来源，流体为有浅部来源的流体参与。

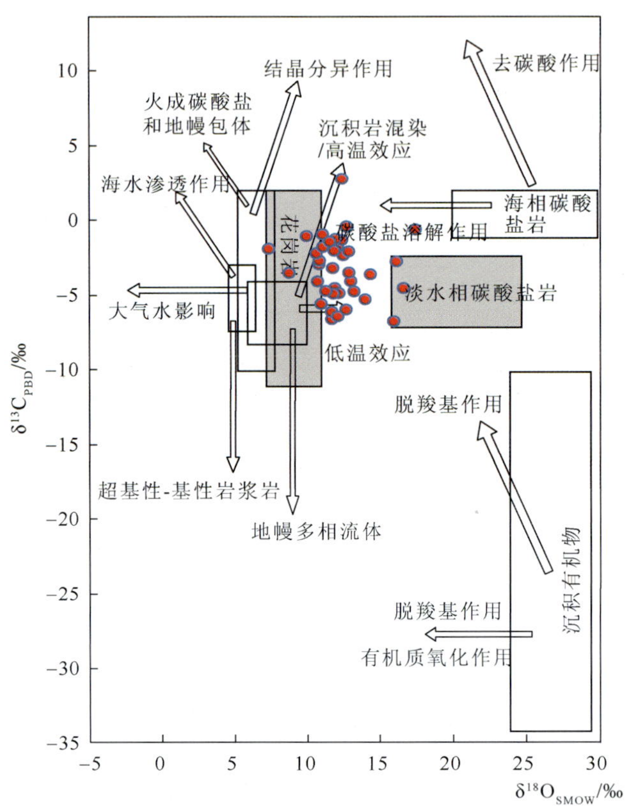

图 5-23　大红山矿床碳酸盐矿物的 $\delta^{13}C_{PBD}$-$\delta^{18}O_{SMOW}$ 图解

（底图据刘建明等，1998；王长明等，2011；刘家军等，2004；王长明等，2011；修改）

从图 5-23 可以看出，大红山矿床方解石的 $\delta^{13}C$-$\delta^{18}O$ 较为分散，并大致上表现出一定的负相关关系。根据前述的方解石微量元素（如 La/Ho-Y/Ho-Yb/Ca 等）特征，表明大红山矿床方解石可能形成于基本相同的成矿流体，那么变化较大的同位素组成该如何解释。前人研究表明，流体与围岩的水-岩反应或者流体发生 CO_2 去气作用时，方解石样品的 $\delta^{13}C$-$\delta^{18}O$ 呈负相关关系，而流体混合作用常使 C-O 同位素呈正相关关系（石少华等，2011）。流体与围岩的水-岩反应实质上是相对高温的流体与较低温的围岩间相互发生氧化-还原反应、离子交换和吸附作用等（石少华等，2011）一系列反应。结合本书研究，大红山矿床在流体成矿过程中，特别是后期脉状矿石的形成过程中，流体与围岩（火山成因变质岩夹沉积变质成因碳酸盐岩）发生水-岩反应，但如果仅发生水-岩反应，往往会出现方解石的 $\delta^{13}C$ 变化范围较小，而 $\delta^{18}O$ 的变化范围较大（石少华等，2011）。而根据本书方解石碳氧同位素分析结果可以看出，大红山矿床方解石样品 $\delta^{13}C$ 和 $\delta^{18}O$ 的变化范围均较大，其中，$\delta^{18}O_{SMOW}$ 为 7‰～18‰，$\delta^{13}C_{PDB}$ 为−8‰～3‰，这就为矿床的成因判别增加了难度。但一般认为方解石的碳同位素在沉淀结晶之后基本不会发生明显的漂移，而氧同位素则会在方解石晶体结晶形成之后发生水-岩反应而漂移，如可能与其他流体（大气降水、古海水或循环地下水）的淋滤反应。另外，由于矿床的同位素年代学表明早于 1000Ma，成矿时代距今久远，因此可以认为大红山矿床的成矿流体在成矿过程和结晶过程中发生$\sum CO_2$去气作用使方解石脉中碳同位素较分散，在矿床形成之后由于地表水淋滤等因素而使样品中的氧同位素发生漂移。

另外，从图 5-24 和图 5-25 可以看出，方解石在图上明显分为两个部分，其中含矿的早期方解石的 $\delta^{13}C$ 相对偏大，而后期方解石的 $\delta^{13}C$ 相对略偏小，根据本书分析，这可能是由于这些方解石样品是同源不同阶段热液演化的产物，流体在演化中发生$\sum CO_2$去气作用使后期方解石样品发生 ^{13}C 的相对亏损。因此，大红山矿床的成矿流体主要以热液去气成因为主，这也与矿床中地质现象吻合，如绿泥石化、钾长石化、钠长石化等较为发育，而且脉状矿石中黄铜矿、方解石等矿物主要沿裂隙分布。

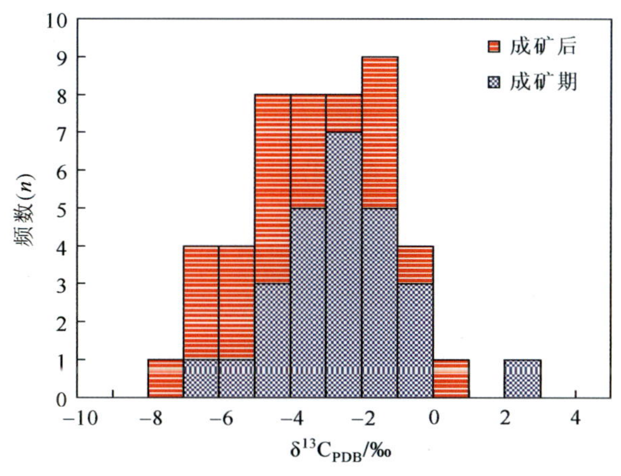

图 5-24　大红山 $\delta^{13}C$ 概率分布直方图

此次样品的 C 同位素研究，早期矿化方解石脉的 $\delta^{13}C$ 为 0‰～−3‰；晚期无矿化方解石脉的 $\delta^{13}C$ 为−3.5‰～−7‰，具较大负值，与含矿流体的 $\delta^{13}C$ 明显不同。$\delta^{18}O$-$\delta^{13}C$ 协变图如图 5-26 所示，可见随着矿化的进行，$\delta^{13}C$ 在向减小的方向漂移。因此，这些流体演化经历了两次水岩反应（图 5-25），第一次沉积岩混染导致了低 $\delta^{18}O$ 流体的形成和结晶，可能为有机碳和海相碳酸盐岩去碳酸盐化的混合，或源于海相沉积地层里的同生浸染状碳酸盐矿物；第二次则进一步降低了方解石以及其他矿物的 $\delta^{18}O$，伴随 $\delta^{13}C$ 的明显降低（图 5-25），可能为随着流体演化和温度降低，低温蚀变作用的发生而引起。结合前人的氢氧同位素研究表明大红山矿床的流体来源为变质水和地层建造水（陈根文等，2001；何德锋，2009；孙燕等，2006）；另外注意到，部分样品的 $\delta^{18}O$ 与标准海水值相比偏高，结合图 5-25，说明大红山矿床流体作用过程中可能受到蚀变作用或者浅部地表水（如古海水或大气降水）作用的影响。

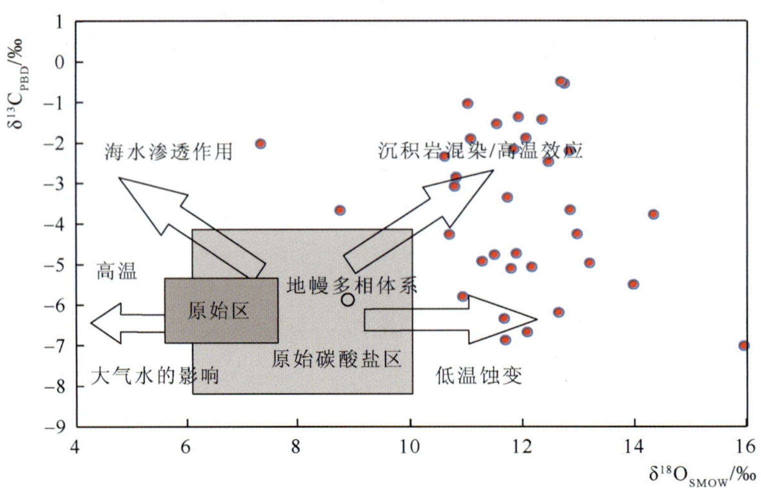

图 5-25　方解石中 $\delta^{18}O_{SMOW}$-$\delta^{13}C_{PDB}$ 图

（底图据孙景贵等，2001）

但判断物质来源，并不能简单地依据同位素组成，必须结合成矿地质因素才能更好地判断同位素指示特征。以上分析表明，大红山矿床中不同地球化学过程流体作用形成的方解石的碳、氧同位素组成和范围显示的分布具有一定的分区趋势特征，如在图 5-26 中，Ⅰ为第一类方解石样品的碳氧同位素组成，Ⅱ为另一类方解石样品的碳氧同位素组成，与第一类方解石样品碳氧同位素组成明显的差别是其 $\delta^{13}C_{PDB}$ 的组成偏低，可能受到低温效应的影响。样品 H43-18 具有异常低的 $\delta^{18}O$（Ⅲ），野外可以观察到，这类方解石样品晶型完好，与成矿无共生关系，碳氧同位素分析发现这些方解石的单矿物 $\delta^{18}O_{SMOW}$ 低达 1.74‰，明显接近大气降水成因流体的同位素组成（图 5-26），可能代表后期以大气水为特征的一期流体作用。根据以上分析，C-O 同位素资料说明大红山矿床与深部岩浆流体或变质流体有

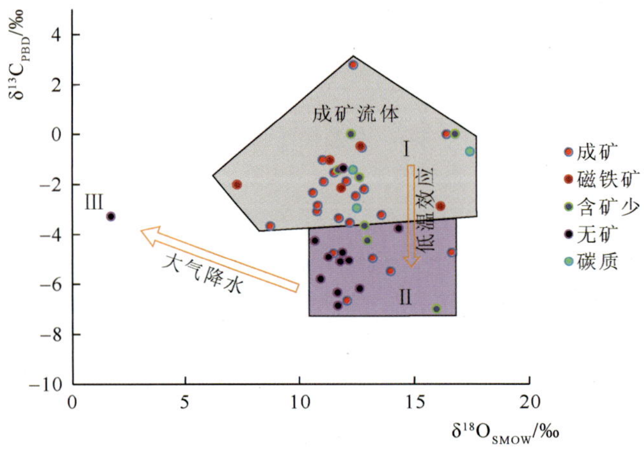

图 5-26　大红山矿床热液方解石脉体 $\delta^{13}C_{PDB}$-$\delta^{18}O_{SMOW}$ 图解

关，这与 IOCG 矿床的特征颇为相似，即矿床与深部岩浆流体或变质流体有关，至少矿化早期是如此（Hitzman et al.，1992），晚阶段存在有部分大气降水参与。综上所述，通过碳氧同位素的研究特征，揭示其找矿意义：含矿与不含矿方解石在图 5-25 中明显分散聚集，显示流体的演化趋势；碳氧同位素组成可以指示流体的成矿专属性并具有特殊的找矿指示意义。

5.4.1.3　讨论

根据上述矿床碳、氧同位素分析发现，所研究的拉拉、大红山等矿床成矿流体来源具有多源的复杂特征，但从上述分析来看，主要是以深部来源流体为特征，浅部还可能受到地表水（如古海水或大气降水）作用的影响；另外，在矿床成矿后的较长地质时期内，矿床可能又经历了来自地表水淋滤带来的分馏作用并对同位素体系产生一定影响，导致矿床的流体同位素组成和成因较为复杂。因此根据本书研究，可以得到如下讨论。

1. 流体同位素特征及意义讨论

根据收集前人资料及本书所做的不同矿物氧同位素的分布情况（图 5-27），不同矿物的氧同位素具有一致性，特别如石英和方解石的 $\delta^{18}O$ 峰值具有相似性（最高峰均为 11‰～12‰），但也存在一定差异。因此，为了解成矿流体的特征，有必要对 $\delta^{18}O$ 进行计算。

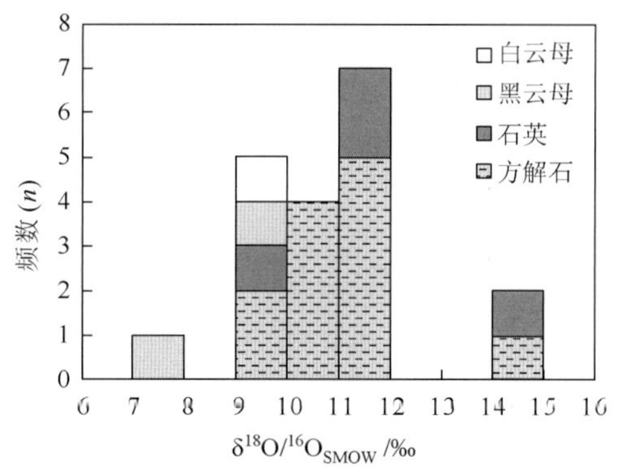

图 5-27　拉拉铜矿 $\delta^{18}O/^{16}O_{SMOW}$（‰）频率分布直方图

根据本书及前人研究，确定相应的成矿温度，据此计算成矿流体的氧同位素组成特征，进一步确定了碳-氧的来源，从而讨论矿流体的来源。根据本书测试结果，热液方解石样品的 $\delta^{18}O_{SMOW}$ 为 5‰～18‰，根据流体包裹体确定的成矿温度，热液中流体 H_2O 的 $\delta^{18}O$ 可以根据下列方解石・水氧同位素分馏方程将矿物的 C、O 同位素换算成流体的 C-O 同位素组成（O'Neil et al.，1969）：$1000\ln\alpha_{方解石\cdot水}=2.78\times10^6/T^2-3.39$。根据前述的包裹体测温结果（表 5-4），选取相应的温度值通过方解石・水体系氧同位素分馏方程（O'Neil et al.，1969）来计算热液中 H_2O 的 $\delta^{18}O$，计算结果表明拉拉、大红山、岔河矿床热液流体 $\delta^{18}O$ 为−6‰～8‰，将流体 $\delta^{18}O$ 投入氧同位素对比图（图 5-28）中，发现拉拉、大红山矿床的流体与地幔具有很好的一致性，代表矿床的形成有地幔流体的参与，而岔河和迤纳厂矿床具有差异较大的 $\delta^{18}O$，集中于 0‰和 15‰两个范围，分别具有地表水和变质水的 O 同位素组合特征。

根据以上碳-氧同位素特征表明，拉拉、大红山矿床的流体与地幔具有很好的一致性，暗示矿床的形成有地幔流体的参与；拉拉、大红山矿床是本区诸多矿床中规模明显较大的矿床代表，二者显示出的这种地幔流体参与的地质事实指示了地幔流体对本区形成规模较大的矿床的重要作用和意义。

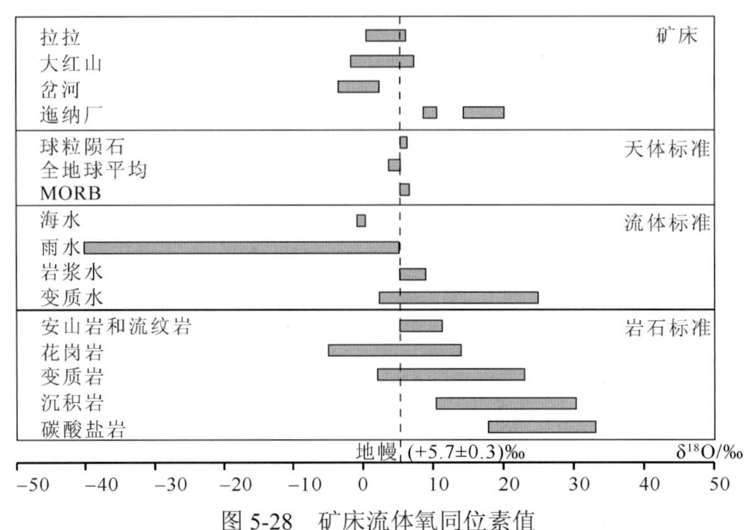

图 5-28　矿床流体氧同位素值

（自然界标准值据 Hoefs，1997；Taylor et al.，1986；Veizer et al.，1989；尹观等，2009；各矿床为本书计算结果，其中迤纳厂矿床数据引自侯林，2013）

2. 碳氧同位素特征及意义

本书通过选取大红山、拉拉、岔河矿床中与石英、黄铜矿共生的方解石样品做 $\delta^{13}C$ 和 $\delta^{18}O$ 分析。将所得的 $\delta^{13}C$ 做综合分析，如图 5-29 所示，其 $\delta^{13}C$ 为−8‰～0‰，与地幔碳同位素值（−5.0‰±2‰）吻合。前人研究表明，有机碳的 $\delta^{13}C_{PDB}$ 为−25‰左右，沉积碳酸盐岩的 $\delta^{13}C_{PDB}$ 接近 0‰，地幔等原始岩浆碳同位素 $\delta^{13}C_{PDB}$ 组成为−9‰～−3‰（Faure，1986），因此，方解石 $\delta^{13}C_{PDB}$ 表明流体来源可能与地幔关系密切。

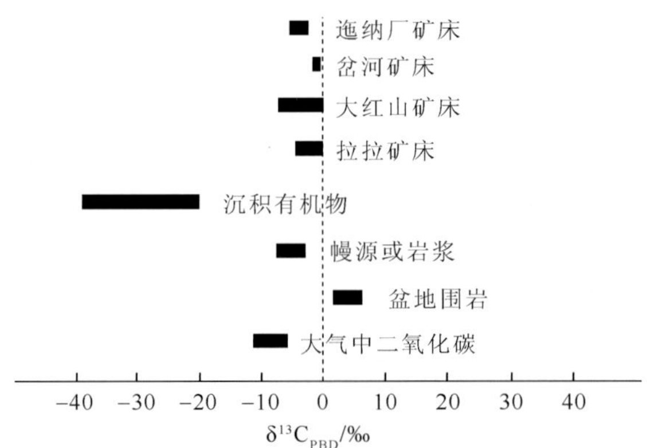

图 5-29　自然界中常用碳氧同位素值和研究矿床样品同位素值

（据 Hoefs，1997；Taylor et al.，1986；Veizer et al.，1989；尹观等，2009）

综上所述，根据碳氧同位素地球化学特征可以推测，碳、氧同位素特征指示成矿热液主要为深源岩浆水-地幔流体，后期受到沉积岩-古大气降水或古海水等浅部来源流体的混合。这进一步可以说明，拉拉、大红山等矿床的成矿热液和物质，可能类似于前人所说的“双源复合”成矿机制，其流体及物质来源一部分是就地取材，汲取本区以河口群、大红山群等古火山-沉积层为主的含金属变质富钠质火山沉积建造形成的，另外还有后期通过深大断裂来自深源的岩浆-变质流体，其后期流体对成矿物质的运移和富集具有重要意义。

5.4.2　硫同位素地球化学

前人对本区矿床做过较多的硫同位素研究工作，目前已经积累了较多的研究数据（Chen et al.，2012；陈好寿等，1992；孙燕等，2006；吴健民等，1998）。本书在全面统计前人研究的基础上，补充测试了硫化物硫同位素，在此基础上，对矿床的硫同位素指示意义进行了探讨。

硫同位素是研究金属矿床成因和成矿条件的重要指示剂，自然界有 3 个主要来源（Ohmoto，1972；Ohmoto，1996）。①幔源硫，根据前人对地幔来源的（超）镁铁岩和陨石的硫同位素组成的研究（$\delta^{34}S=0\pm3‰$），对于金属矿床中的地幔硫可以包括从火成岩硫化物中淋滤出来的硫和岩浆释放的硫；与之对应的是地壳硫，由于岩浆-沉积-变质作用（包括表生作用中细菌还原作用）在反复活动改造过程中，致使地壳岩石中硫同位素组成变化范围较大。②海水硫（$\delta^{34}S=20‰$），同类同位素数据指示硫来自大洋水或海水的蒸发盐。③沉积物中还原硫具有较大的负值特征，一般沉积地层 $\delta^{34}S=-50‰\sim10‰$，平均为$-25‰$，同类同位素数据指示来自开放条件下的细菌还原成因硫（Ohmoto，1986；Ohmoto，1996）。本区矿石矿物共生组合和地层中未出现重晶石与硫化物的共生矿物组合，且本区矿床的矿石中金属硫化物矿物以黄铜矿（拉拉矿床矿物组合复杂，还含有一定的黄铁矿）为主，根据前人对硫的同位素分异模式研究（Ohmoto，1972），在这种矿物组合条件下，金属硫化物（黄铁矿、黄铜矿）的硫同位素 $\delta^{34}S$ 组成基本可以近似表示热液的总硫同位素组成（Ohmoto et al.，1997；Rye et al.，1974），即$\sum\delta^{34}S=\delta^{34}S_{硫化物}$。

5.4.2.1　S 同位素测试方法

分析测试具体流程为：将挑纯的硫化物单矿物碎样至 200 目，在 EA 中称取约为 0.10～0.12mg（包含盛样的锡杯质量）的已烘干样品，以 WO_3 为氧化剂，进行高温燃烧制取 SO_2，反应温度为 1000℃，通入纯度为 99.99%的 O_2，使矿物发生氧化还原反应，通过 MAT251 质谱仪进行分析。硫同位素数据由北京核工业地质研究院实验测试中心的 EA-Isoprime 仪器测定，仪器型号 Delta v plus，按照 DZ/T 0184.14-1997《硫化物中硫同位素组成的测定》，采用国际标准 CDT，数据总精确度为±0.2%。

在该次研究中，硫同位样品选择黄铜矿、黄铁矿等单矿物样品 12 件，硫同位素测试的样品均采自拉拉、大红山、迤纳厂铜铁矿矿石中，在统计前人硫同位素测试结果的基础上，详细研究硫同位素 $\delta^{34}S_{V\text{-}CDT}$（‰）特征，所有数据均为相对国际标准 CDT 之值。

5.4.2.2　拉拉矿床 S 同位素特征及意义

拉拉矿床样品中，黄铜矿、黄铁矿及辉钼矿、磁黄铁矿等其他硫化物的 $\delta^{34}S$ 峰值较为集中，$\delta^{34}S$ 在 0 附近，组成较为稳定，均一化程度较高，集中于 1‰～3‰，表明硫的来源比较单一，该数据与幔源硫（$\delta^{34}S=0\pm3\%$）较为接近，具有地幔硫的特征，显示出拉拉铜矿床矿体中的硫主要属深源特征。黄铁矿 $\delta^{34}S$ 变化范围较为集中，为 –3.4‰～12.4‰，前人报导过个别细脉状黄铜矿矿石中黄铜矿 $\delta^{34}S$ 为–9‰（王奖臻等，2004），表明具有明显的沉积物中还原硫的同位素值特征；还有部分黄铜矿 $\delta^{34}S$ 明显偏小，$\delta^{34}S$ 达到–4‰～–5‰，该数值介于幔源硫与还原硫之间，与黄铁矿等其他硫化物相比，黄铁矿的 $\delta^{34}S$ 更小，表明这部分黄铜矿矿物形成时的还原条件越强，对沉积还原硫具有重要的继承性，认为与海相沉积还原硫有关。考虑到本区围岩地层中发育有机质，而且硫同位素组成出现较小负值–9‰（王奖臻等，2004），表明通过还原有机质形成的 H_2S 也可能为成矿提供部分硫源。总体而言，黄铜矿、黄铁矿等所代表的成矿流体具有明显的深部流体与浅部流体及成矿物质的混合特征。这种混合流体对成矿具有重要的成矿意义。值得一提的是，脉状黄铜矿、黄铁矿具有与层状黄铜矿、黄铁矿基本相同的 $\delta^{34}S$ 平均值及 S 同位素特征，说明二者硫具有同源的特点，推测脉状与层状硫化物的形成有一定成因联系，脉状矿体来源于层状硫化物的富集，S 同位素组成特征具有一定的继承性。注意到，脉状硫化物与地幔硫相对更为接近（图 5-30），可以认为拉拉铜矿床的硫来自上地幔，因此，前期由火山喷发或火山气液作用带出，后期脉状矿石具有更为明显的地幔来源的特征。

前人研究分析（Ohmoto，1972；Ohmoto，1986；尹观等，2009），由于矿物中 $\delta^{34}S$ 受温度、PH、氧逸度和热液中总硫以及离子强度等多种因素制约，在某些条件下，矿石矿物的 $\delta^{34}S$ 并不能反映成矿流体的总 $\delta^{34}S_{\Sigma S}$ 组成；硫化物矿物中 S 同位素受以下几个方面的制约：①热液体系中总硫同位素组成（$\delta^{34}S\Sigma_S$）；②含硫矿物从热液体系中沉淀出的相对数量；③限定热液体系中不同含硫原子团（如 HS^-、H_2S、SO_2^{4-}、HSO_4^-等）的氧逸度（f_{O2}）、离子强度（I）和 pH；④制约分馏系数大小的温度。由于上述参数改变，常常使所沉淀的硫化物的同位素组成不等于热液的总硫同位素特征，从而影响共生硫化物之间的同位素分馏。前人曾通过共生矿物对总硫同位素趋势图的方法得到成矿溶液总硫同位素（$\delta^{34}S\sum_S$‰）为 1.68‰～2.82‰（王赕，2013）和前人根据物理化学条件平衡分析法计算出的成矿流体总硫同位素值为 2.22‰～1.92‰（冉崇英等，1993a），二者结果接近；根据本书对拉拉矿床的硫同位素的研究认为平均值为 1‰～3‰（黄铜矿、黄铁矿、斑铜矿、辉钼矿等主要硫化物共同显示，可以认为多种矿物的硫同位素相当于成矿热液的 $\delta^{34}S\sum_S$，伴生硫化物可能是后期成矿流体穿插形成或者交代原位块状矿体活化转移成矿），因此 1‰～3‰能够较好地代表本区成矿流体的硫同位素组成特征，进一步显示了成矿与地幔流体具有密切联系。

矿物共生组合特征表明，拉拉矿床除了黄铜矿外，还有黄铁矿及少量辉钼矿、磁黄铁矿等，未见其他含硫矿物或者硫酸盐，而大红山矿床、迤纳厂矿床和岔河矿床矿石中的含硫矿物主要为黄铜矿。从本次所测得硫化物的硫同位素来看，层状硫化物的 $\delta^{34}S$ 峰值与脉状硫化物相似，其 $\delta^{34}S$ 范围基本一致，表明后者可能继承了层状硫化物的硫同位素特点，说明两种产状的硫化物的硫同位素具有一定成因机制联系，可能分别是在同一热液体系作用下形成，或者层状硫化物受到后期动力事件的影响较大。前人已认识到拉拉矿床硫化物与地幔硫接近，提出过拉拉铜矿床的硫来自上地幔，由火山喷发或火山气液作用带出（陈根文等，2001；何德锋，2009；申屠保涌，1997；孙燕等，1990；孙燕等，2006）。注意到两种矿体中的硫化物有相近的硫同位素组成［图 5-30（b）和图 5-30（c）］，均与地幔硫接近，表明后期脉状矿石具有地幔来源的特征，但相比之下，后者（脉状）的 $\delta^{34}S$ 变化范围更大，在 0‰～3‰之外出现了更多的高值和低值［图 5-30（c）］，说明矿石的硫可能在前期成矿热液里发生了硫同位素交换作用，随着成矿作用的发生，由于热液温度降低，脉状硫化物矿石中的硫同位素的分馏作用也逐渐增强，使硫同位素组成特征由均一趋于分散，变化范围相对扩大。

脉状矿体的部分 $\delta^{34}S$ 出现负值［图 5-30（c）］，可能与部分有机质参与还原作用有关，例如黑色碳质板岩在区域上和矿区均易于发现（如大红山、拉拉等矿床），是组成本区地层层位的主要岩性之一，另外也可能与部分后期岩浆热液中的硫酸盐的部分还原有关；虽然与成矿没有密切关系，这些岩石中有机质经高温裂解发生还原作用可能是导致脉状金属硫化物 $\delta^{34}S$ 降低的原因。结合前人资料以及地质野外观察，脉状矿体的成矿地质特征、年代学测试结果和矿石矿物组合都指示了中元古末期的叠加成矿作用。

综上所述，拉拉多金属矿床的硫化物硫同位素 $\delta^{34}S$ 为–9‰～9.04‰。其中，黄铜矿、黄铁矿及辉钼矿、磁黄铁矿等其他硫化物的 $\delta^{34}S$ 峰值较为集中，$\delta^{34}S$ 在 0 附近，组成较为稳定，均一化程度较高，集中于 1‰～3‰，表明硫的来源比较单一，该数据具有地幔硫的特征，与幔源硫（$\delta^{34}S$=0±3%）相吻合，显示出拉拉矿床矿石中的硫具有明显的深源特征。层状硫化物的 $\delta^{34}S$ 与脉状的 $\delta^{34}S$ 相近，表明二者的成矿流体可能具有较均一的来源，其成矿物质应来源于海底火山作用或者深部地幔，不排除在矿床成矿演化的后期成矿作用过程中可能有部分地壳重熔组分的加入或混有部分海水硫酸盐等。脉状矿体的部分硫化物 $\delta^{34}S$ 出现负值，原因可能与部分有机质的高温裂解还原作用以及后期岩浆热液流体中的硫酸盐的部分还原作用有关。

5.4.2.3　大红山矿床 S 同位素特征及意义

根据本书研究，大红山矿床中 $\delta^{34}S$ 变化范围较大（–3.4‰～12.4‰），平均值为 4.42‰，其中黄铜矿为–3.3‰～12.4‰，平均值为 4.77‰，黄铁矿为–3.4‰～11.6‰，平均值为 3.0‰，黄铜矿和黄铁矿的 $\delta^{34}S$ 变化大；在大红山矿床硫化物硫同位素组成分布图［图 5-30（e）］中，大红山矿床中 $\delta^{34}S$ 的分布较为分散，基本上均匀分散在–4‰～12‰，且正值相对较集中［图 5-30（e）］。$\delta^{34}S$ 变化范围较大且较分散，局部具有塔式分布的特征［图 5-30（e）］，说明其硫同位素发生了一定的分馏作用。

从图 5-30 可见，大红山矿床硫化物硫同位素可以分为 3 个峰值，其一为–2‰～1‰，同位素组成与幔源硫（$\delta^{34}S$=0±3‰）（Ohmoto，1972）相似，表明成矿作用与地幔流体有关；另外两个峰值较为接近，为+4‰～+9‰的两个相似的峰值，介于幔源硫（$\delta^{34}S$=0±3‰）和海水硫（$\delta^{34}S$=20‰）（Ohmoto，1972）之间，结合黄铜矿等矿物的产状，后期脉状矿体的 $\delta^{34}S$ 主要位于 $\delta^{34}S$ 较大的两个峰内，表明成矿流体演化后期，可能受到古海水的汇合作用，或继承了部分海相沉积岩中的硫同位素特征。因此，大红山矿床 $\delta^{34}S$ 普遍高于岩浆岩或幔源硫，说明海水硫酸盐还原硫是本区硫化物的重要硫源（秦德先等，2000；吴孔文，2008），而少数几个样品的 $\delta^{34}S$ 接近零说明岩浆-幔源硫也是本区重要的硫源；这也可能与矿体上下盘围岩存在中基性火山岩（具有幔源硫特征）有关，同时也表明大红山群为成矿提供 S 的物质来源。本次数据与前人数据具有较好的一致性，大红山矿床硫化物硫同位素变化较大，硫源可能为海水硫酸盐硫和岩浆或幔源硫的共同贡献（秦德先等，2000；吴孔文，2008），而两种硫源参与比例的变化造成硫化物 δ^{34}S 的不同。另外注意到，黄铜矿与黄铁矿相比，黄铁矿的 δ^{34}S 更小，更为接近幔源硫特征。

图 5-30（h）中 S1 层状矿石和 S2 脉状矿石的 δ^{34}S 具有相似性，表明早期层状硫化物和晚期脉状硫化物的 δ^{34}S 基本一致，说明后期硫化物继承了早期硫化物的硫同位素特征［图 5-30（h）］。前人（秦德先等，2000；吴孔文，2008）通过对不同产状硫化物 δ^{34}S 的对比研究表明，脉状矿石的 δ^{34}S 普遍高于层状矿石，表明后期热液过程中发生了轻度的硫同位素分馏，使脉状硫化物更富重硫。

将大红山矿床 δ^{34}S 与现代海底热液沉积物进行对比研究，前人对收集的现代海底热液沉积物硫同位素的系统研究表明，其硫化物的硫同位素 δ^{34}S‰主要分布在 1‰～9‰（曾志刚等，2000），显生宙的海水 δ^{34}S 约为+20‰；但并不能据此排除大红山矿床的形成与海水硫无关，而前寒武纪特别是元古及太古代海水 δ^{34}S 还存在争议，可能出现在 0‰～+10‰（Ohmoto，1996）。综上所述，硫化物 δ^{34}S 的组成研究能够对成矿具有一定参考意义，本书认为大红山矿床硫化物硫源应是海水硫和幔源硫共同作用的结果，矿床中硫同位素组成的较大变化和反映出的硫源信息可能与岩浆流体演化与参与、热液流体物理化学条件和不同产状矿石所对应的构造地质背景的差异等有关。

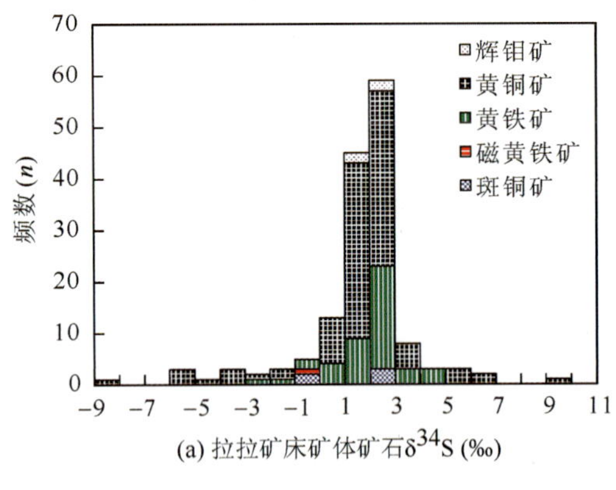

(a) 拉拉矿床矿体矿石δ^{34}S (‰)

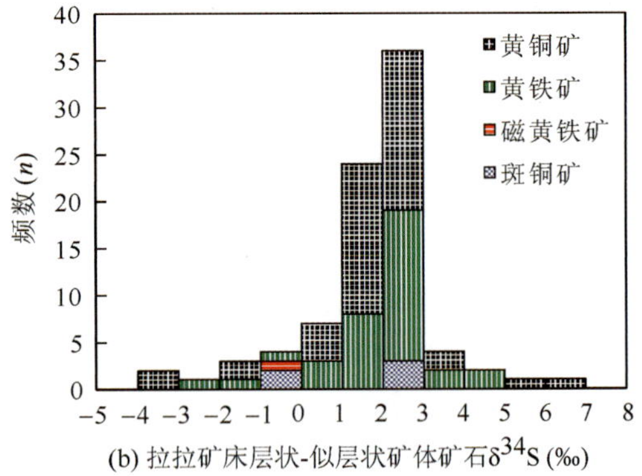

(b) 拉拉矿床层状-似层状矿体矿石δ^{34}S (‰)

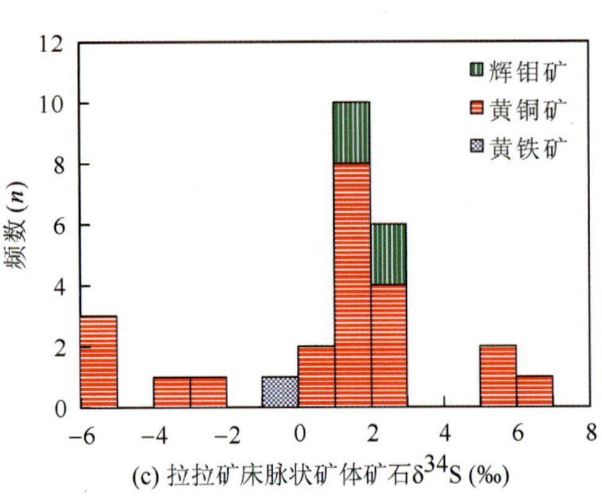

(c) 拉拉矿床脉状矿体矿石δ^{34}S (‰)

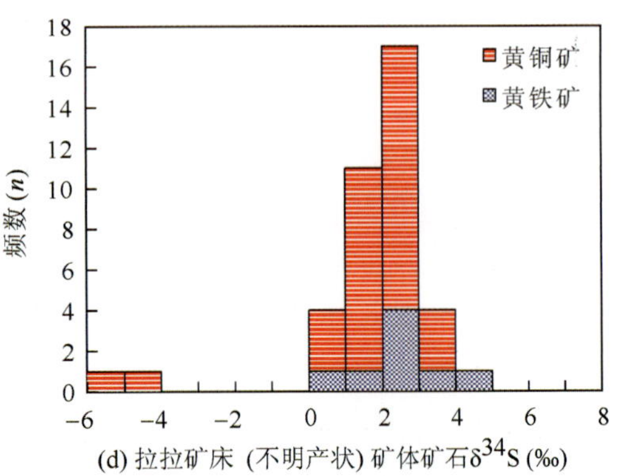

(d) 拉拉矿床（不明产状）矿体矿石δ^{34}S (‰)

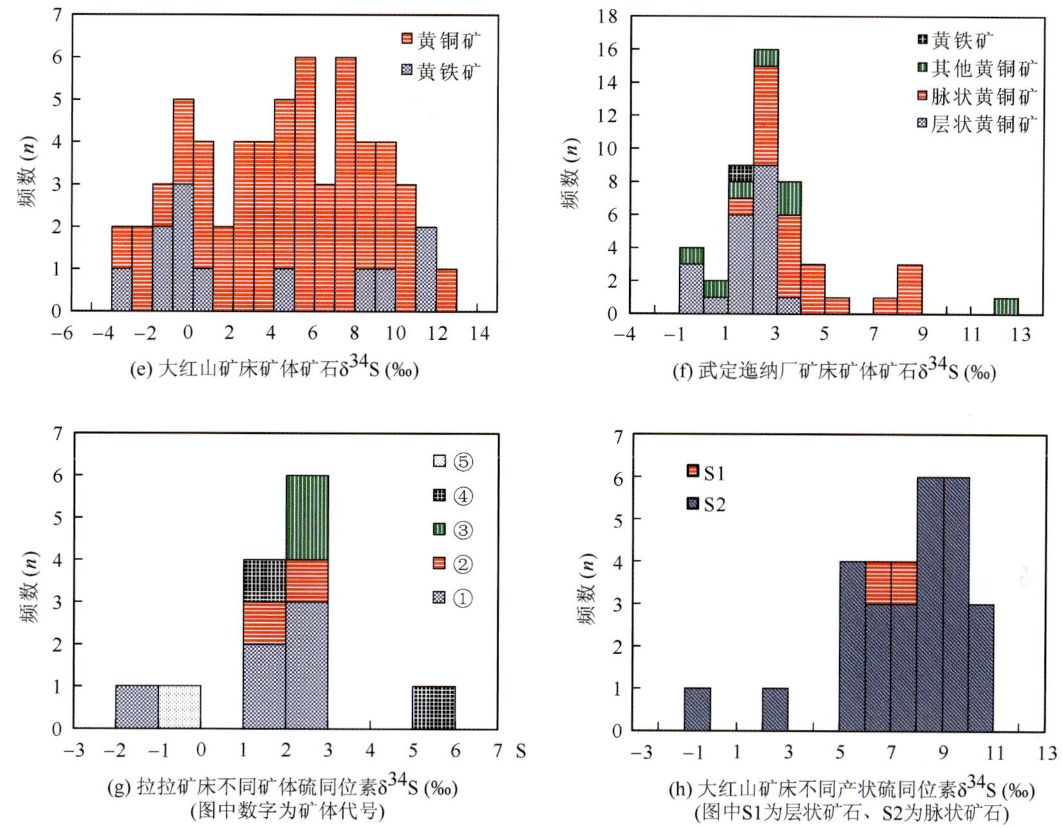

图 5-30　拉拉、大红山等多金属矿床硫化物的硫同位素分布直方图

（图中硫化物的各矿床硫同位素投图数据据本次分析及统计目前已发表的硫同位素数据）

5.4.2.4　迤纳厂矿床 S 同位素特征及意义

从迤纳厂矿床硫化物硫直方图［图 5-30（f）］来看，矿床中大多数硫化物的 $\delta^{34}S$ 变化区间较窄，为+1‰～+3‰，与陨石硫同位素特征吻合，表明来源于深源或火山喷发成因。从金属硫化物矿物的硫同位素的分布范围和特征来看［图 5-30（f）］，硫的同位素组成分布变化范围集中，这一点跟国内部分块状硫化物矿床（Zheng et al.，2011；安伟等，2003；侯增谦等，2001；吕庆田等，2001；孙华山等，2011；张洪培等，2003）（如白银厂、红透山、呷村等）的硫同位素相类似，表明硫主要来自海底热液系统中，并不一定说明硫是岩浆成因。另外注意到，迤纳厂矿床黄铜矿，特别是后期脉状黄铜矿的 $\delta^{34}S$ 比深部地幔硫（$\delta^{34}S=0$）略偏大，也可能与后期热液流体叠加作用有一定关系，如同位素反映出与现代海底沉积物相似的组成，表明在成矿过程中可能存在有一定量的海水 S 同位素成分的混合作用。

5.4.2.5　讨论

综上所述，硫同位素测试结果为探讨金属硫化物硫源及矿床成因提供了依据。

（1）研究区矿床各类硫化物分析结果及产出状态如表 5-7、表 5-8 所示，结合前人对

表 5-7　矿床硫同位素数据

编号	产状	测定矿物	$\delta^{34}S_{V-CDT}$/‰	数据来源	编号	产状	测定矿物	$\delta^{34}S_{V-CDT}$/‰	数据来源
La-49	A	黄铜矿	2.62	王赕，2013	L-24	B	黄铜矿	2.95	王赕，2013
OP-18	A	黄铜矿	2.46	王赕，2013	LL-147	B	黄铜矿	–9	王奖臻等，2004
La-21	A	黄铁矿	2.59	王赕，2013	IIIZK96-19	B	黄铜矿	1.21	申屠保涌等 1986
LD3-42	A	黄铁矿	3.5	陈好寿等，1992	IIIZK96-22	B	黄铜矿	1.25	申屠保涌等 1986
X	A	黄铁矿	2.2	陈好寿等，1992	IIIZK8-15	B	黄铜矿	2.29	申屠保涌等 1986
T-03	A	黄铁矿	2.2	杨应选等，1988	IIIZK8-23	B	黄铜矿	6.9	申屠保涌等 1986
老 24ZK$_3$-3	A	黄铜矿	1.55	杨应选等，1988	CK465-45	B	黄铜矿	0.58	申屠保涌等 1986
老 24ZK$_3$-6	A	黄铁矿	2.11	杨应选等，1988	CK465-54	B	黄铁矿	–0.31	申屠保涌等 1986
老 24ZK$_3$-7	A	黄铜矿	2.2	杨应选等，1988	Lh-6	B	黄铜矿	1.81	申屠保涌，1997
老 24ZK$_3$-9	A	黄铜矿	1.56	杨应选等，1988	L-1	B	黄铜矿	–2.22	申屠保涌，1997
老-6	A	黄铜矿	2.7	杨应选等，1988	L-22	B	黄铜矿	–5.34	申屠保涌，1997
石 9ZK$_5$-11	A	黄铁矿	1.7	杨应选等，1988	露天采场 C13	B	黄铜矿	–5.2	余祖成等，1988
石 9ZK$_5$-18	A	黄铁矿	1.59	杨应选等，1988	ZK504	B	黄铜矿	5.6	本文
石 9ZK$_5$-19	A	黄铁矿	1.45	杨应选等，1988	P09	B	黄铜矿	1.8	本文
落 11ZK$_2$-13	A	黄铁矿	1.31	杨应选等，1988	LL01-1	B	黄铜矿	5.7	本文
落 11ZK$_2$-14	A	黄铁矿	4.94	杨应选等，1988	LL08-1-1	B	黄铜矿	1.9	本文
落 11ZK$_2$-17	A	黄铜矿	1.59	杨应选等，1988	YDB-1	A	黄铜矿	1.7	Yang，2003
落 11ZK$_2$-19	A	黄铁矿	2.17	杨应选等，1988	YDB-2	A	黄铜矿	2.3	Yang，2003
LD3-50	A	黄铜矿	1.3	杨应选等，1988	YDB-4	A	黄铜矿	2.8	Yang，2003
LD3-26	A	黄铁矿	–1.4	杨应选等，1988	YDFH-2	A	黄铜矿	2.4	Yang，2003
800-460	A	黄铜矿	3.9	攀西地质大队，1984	YDFH-5	A	黄铜矿	–0.3	Yang，2003
800-469	A	黄铜矿	1.5	攀西地质大队，1984	YDFH-6	A	黄铜矿	1.9	Yang，2003
800-470	A	黄铜矿	2.6	攀西地质大队，1984	YDFH-7	A	黄铜矿	1.2	Yang，2003
800-471	A	黄铜矿	2.2	攀西地质大队，1984	YDFH-8	A	黄铜矿	2.1	Yang，2003
800-472	A	黄铜矿	2.7	攀西地质大队，1984	YDFH-13	A	黄铜矿	1.7	Yang，2003
800-473	A	黄铜矿	2.5	攀西地质大队，1984	YDFH-16	A	黄铜矿	2.3	Yang，2003

续表

编号	产状	测定矿物	$\delta^{34}S_{V-CDT}$/‰	数据来源	编号	产状	测定矿物	$\delta^{34}S_{V-CDT}$/‰	数据来源
H80-Jd19	A	黄铁矿	0.2	攀西地质大队，1984	vein-1	B	黄铜矿	5	Yang，2003
H80-Jd20	A	黄铁矿	0	攀西地质大队，1984	vein-2	B	黄铜矿	4.5	Yang，2003
H80-Jd21	A	黄铁矿	1.49	攀西地质大队，1984	vein-3	B	黄铜矿	4	Yang，2003
H80-Jd22	A	黄铁矿	0.9	攀西地质大队，1984	vein-4	B	黄铜矿	8.7	Yang，2003
IVZK8-20	A	黄铜矿	3.23	申屠保涌等，1986	vein-5	B	黄铜矿	7.3	Yang，2003
IVZK8-26	A	黄铜矿	0.78	申屠保涌等，1986	Ⅱ-1	A	黄铜矿	2.94	侯林，2013
IVZK8-29	A	黄铜矿	5.41	申屠保涌等，1986	Ⅱ-1	A	黄铜矿	2.85	侯林，2013
Ch-2	A	黄铜矿	2.42	申屠保涌，1997	Ⅱ-1	A	黄铜矿	2.52	侯林，2013
Ch-17	A	黄铜矿	2.19	申屠保涌，1997	Ⅱ-1	A	黄铜矿	1.14	侯林，2013
Ch-18	A	黄铜矿	1.78	申屠保涌，1997	Ⅱ-1	A	黄铜矿	−0.44	侯林，2013
Ch-21	A	黄铜矿	0.6	申屠保涌，1997	Ⅱ-1	A	黄铜矿	2.98	侯林，2013
Ch-27	A	黄铁矿	2.24	申屠保涌，1997	Ⅱ-1	A	黄铜矿	3.6	侯林，2013
Ch-37	A	黄铁矿	3.11	申屠保涌，1997	Ⅱ-1	A	黄铜矿	1.27	侯林，2013
24ZK3-7	A	黄铜矿	9.04	申屠保涌，1997	Ⅱ-1	A	黄铜矿	0.73	侯林，2013
LL-146	A	黄铁矿	2.2	Chen et al.，2012	Ⅱ-1	A	黄铜矿	−0.11	侯林，2013
LL-76	A	黄铁矿	2.1	Chen et al.，2012	Ⅱ-1	A	黄铜矿	平均+1.57	杨耀民，2003
LL-62-2	A	磁黄铁矿	−0.8	Chen et al.，2012	Ⅱ-1	A	黄铜矿	平均+2.28	李志群，1996
LL-62-1	A	黄铁矿	2.2	Chen et al.，2012	Ⅱ-2	B	黄铜矿	2.63	侯林，2013
X	A	黄铁矿	4.94	孙燕等，2006	Ⅱ-2	B	黄铜矿	2.81	侯林，2013
X	A	黄铁矿	2.5	孙燕等，2006	Ⅱ-2	B	黄铜矿	2.77	侯林，2013
X	A	斑铜矿	2.62	孙燕等，2006	Ⅱ-2	B	黄铜矿	3.55	侯林，2013
X	A	斑铜矿	2.35	孙燕等，2006	Ⅱ-2	B	黄铜矿	1.84	侯林，2013
1	A	黄铁矿	2.97	申屠保涌等，1986	Ⅱ-2	B	黄铜矿	3.31	侯林，2013
3	A	黄铁矿	2.21	申屠保涌等，1986	Ⅱ-2	B	黄铜矿	4.07	侯林，2013
4	A	黄铁矿	1.49	申屠保涌等，1986	Ⅱ-2	B	黄铜矿	3.56	侯林，2013
7	A	黄铜矿	2.79	申屠保涌等，1986	Ⅱ-2	B	黄铜矿	3.61	侯林，2013

续表

编号	产状	测定矿物	$\delta^{34}S_{V\text{-}CDT}$/‰	数据来源	编号	产状	测定矿物	$\delta^{34}S_{V\text{-}CDT}$/‰	数据来源
LL-96	A	黄铁矿	−2.6	Chen et al.，2012	HS-0631B	B	黄铜矿	7.4	吴孔文，2008
LL-158	A	黄铜矿	−3.2	Chen et al.，2012	HS-0633	B	黄铜矿	8.5	吴孔文，2008
X	A	斑铜矿	−0.4	Chen et al.，2012	HS-0614B	B	黄铜矿	6.9	吴孔文，2008
Lh-1	A	黄铜矿	1	申屠保涌，1997	HS-0611C	B	黄铜矿	7.4	吴孔文，2008
Lh-3	A	黄铜矿	2.15	申屠保涌，1997	HS-0615B	B	黄铜矿	6.1	吴孔文，2008
Lh-11	A	黄铜矿	1.7	申屠保涌，1997	HS-0633B	B	黄铜矿	8.2	吴孔文，2008
Lh-10	A	黄铜矿	1.09	申屠保涌，1997	HS-0633C	B	黄铜矿	8.5	吴孔文，2008
IVZK8-27	A	黄铜矿	1.1	申屠保涌等，1986	HS-0636B	B	黄铜矿	−0.6	吴孔文，2008
La-1	B	辉钼矿	2.25	王奖臻等，2004	HS-0650	B	黄铜矿	10.6	吴孔文，2008
LD-1	B	辉钼矿	2.34	王奖臻等，2004	HS-0650B	B	黄铜矿	5	吴孔文，2008
LD-2	B	辉钼矿	1.84	王奖臻等，2004	HS-0651	B	黄铜矿	10.9	吴孔文，2008
LD-3	B	辉钼矿	1.82	王奖臻等，2004	HS-0652	B	黄铜矿	9.4	吴孔文，2008
L-14	B	黄铜矿	2.84	王赕，2013	C02	B	黄铜矿	−11.1	本书
LD3-31	B	黄铜矿	1.8	陈好寿，1992	C11	B	黄铁矿	−6	本书
LD1-27	B	黄铜矿	−3.6	陈好寿，1992	C12-1	B	黄铜矿	−12.8	本书
III8-21	B	黄铜矿	0.66	申屠保涌等，1986	C12-2	B	黄铜矿	−13	本书
Ch-31	B	黄铜矿	1.82	申屠保涌，1997	C16-1-2	B	黄铜矿	−7.4	本书
LL-135-2	B	黄铜矿	2.3	Chen et al.，2012	C16-3	B	黄铜矿	−7.9	本书
LL-143	B	黄铜矿	1.7	Chen et al.，2012	C16-4	B	黄铜矿	−7.6	本书

*注：地质产状 A 为层状-似层状-条纹状-浸染状矿石；B 为脉状-网脉状

拉拉、大红山、迤纳厂等矿床的硫同位素的部分研究，可以看出：各矿床的硫化物主要分布于−2‰～+7‰，由于矿床中属于缺乏硫酸盐矿物的情况、黄铜矿和黄铁矿在硫化物中占有比重高且前述的不同硫化物间硫同位素差别并不大，硫化物的 $\delta^{34}S$ 可大致代表热液的总硫同位素（$\delta^{34}S_{\Sigma}$）组成（Ohmoto，1972）；现将区内矿床硫化物的硫同位素作对比（图 5-31）表明，硫接近于陨石硫，属于深部地幔物质特征，说明地幔硫是拉拉、大红山等矿床硫源之一，推测本区的成矿流体来源于地幔；此外前人对拉拉矿区黄铜矿、黄铁矿、辉钼矿 Pb 同位素研究认为具有富集放射性成因铅的特征（何德锋，2009）（陈根文等，2001；孙燕等，1990；孙燕等，2006），认为成矿物质可能来自于对河口群地层的萃取和富集，而河口群地层中 Cu、Co、Mo 等金属含量分别可达 137～236ppm、3.6～6.6ppm 及 2.6～8.5ppm，高出地壳丰度值的几倍至一个数量级（孙燕等，1990），因此，地幔流体提供热动力，而浅部地层可能是金属物质的主要物质来源。

表 5-8　矿床硫化物硫同位素组成（$\delta^{34}S$/‰）统计

矿床	矿物	N	范围	均值	标准差	方差	偏度	标准误	峰度	标准误
拉拉脉状	辉钼矿	4	1.82～2.34	2.06	0.27	0.07	0.09	1.01	−5.43	2.62
	黄铜矿	22	−9.00～6.90	0.81	3.79	14.39	−0.98	0.49	1.10	0.95
拉拉（似）层状–浸染状	黄铜矿	46	−3.59～9.04	1.84	2.05	4.19	0.40	0.35	4.12	0.69
	黄铁矿	34	−2.60～4.94	1.84	1.49	2.23	−0.80	0.40	2.31	0.79
	斑铜矿	5	−0.40～2.62	1.36	1.61	2.58	−0.59	0.91	−3.31	2.00
大红山	黄铁矿	12	−3.40～11.60	3.00	5.66	32.05	0.57	0.64	−1.56	1.23
	黄铜矿	48	−3.30～12.40	4.77	3.78	14.26	−0.30	0.34	−0.50	0.67
迤纳厂	黄铜矿	25	−0.30～21.60	3.75	4.37	19.09	3.11	0.46	11.78	0.90

（2）结合拉拉、大红山矿床野外观察到的不同产状矿体矿石及其金属矿物中硫同位素组成特征，研究区矿石可分为两种。一类是呈浸染状、层状、块状结构等矿石，含矿热液具有相对较高的 $\delta^{34}S$ 同位素值，所形成的金属矿物具有相对较细粒度，层状结构与细纹层状构造较为常见，部分呈浸染状，沿火山沉积地层的层位形成分布较为广泛的中低品位矿化，矿物共生组合主要包括黄铁矿、黄铜矿、磁铁矿等，但不含辉钼矿、方解石等，其热液温度相对可能较高，具有较高的 $\delta^{34}S$。另一类主要为脉状矿石，其矿体多呈团块状、角砾状、粗粒状等，并切穿早期的矿石矿物形成方解石化、硅化、钠化等，含矿热液属于较低的 $\delta^{34}S$ 同位素的流体，以这种热液为主形成的矿石局部品位较高，对应的黄铜矿结构为较粗粒，矿石的矿物共生组合除黄铁矿、磁铁矿和黄铜矿外，还发育有辉钼矿、方解石，矿石呈脉状、网脉状。

（3）在图 5-31 中，本区矿床的硫同位素组成基本上与 IOCG 矿床的硫同位素组成重叠，而明显与花岗岩及矽卡岩类硫化物的硫同位素不同，而与玄武岩、超镁铁岩及片岩的硫同位素存在较好一致性，这与本区矿床的流体来源（幔源）及赋矿围岩（片岩及中基性凝灰岩）是一致的，即矿床经历了早期火山喷发成岩成矿到晚期成矿作用，使成矿物质从地层中进一步发生活化、迁移、富集，最终导致矿床的形成，早期主要为岩浆水，成矿作用后期主要为变质水并有地下水加入成矿（陈好寿等，1992；周家云，2008；孙燕等，2006）。因此，矿床硫化物的硫同位素组成表明，矿床的流体来源与地幔流体密切相关，并与浅部地壳的成矿物质和流体的混合加入作用密不可分。

（4）δ^{34}S 同位素对垂直分带的指示意义。由于受传统观点（海底火山喷发-沉积型、海底火山喷发沉积-热液改造型矿床）的束缚，对该区矿床的垂直分带性未引起重视，本书探索性进行 δ^{34}S 同位素对垂直分带的指示意义研究。在拉拉矿床黄铁矿、黄铜矿、斑铜矿等主要硫化物 δ^{34}S 直方分布图［图 5-30（g）］上，δ^{34}S 主要集中于+2‰附近，总体呈塔式布，且变化幅度不大，显示其硫的组成和来源相对较为单一（Hoefs，1997；陈好寿，1994；陈好寿等，1992）。其中，从图 5-30 中可以看到，各矿体 δ^{34}S（‰）从 4 号矿体（平均 3.55‰）→3 号矿体（平均 2.745‰）→2 号矿体（平均 1.85‰）→1 号矿体（平均 1.69‰）→5 号矿体（平均–0.4‰）有从大到小演化的趋势。根据 δ^{34}S 同位素特征和拉拉矿床①～⑤主矿体的分布，δ^{34}S 同位素随着矿体的高程下降而降低，从上至下代表更加还原的环境，更加接近幔源硫的同位素组成（δ^{34}S=0±3%），矿石似有“上氧化、下还原”的分带规律。

根据前人研究，热液金属矿床的形成常与流体的混合、沸腾作用密切相关，流体混合和沸腾的地球化学界面可以控制矿体的空间定位，矿床中的“上氧化、下还原”的垂直分带现象常被认为是流体混合、沸腾作用的产物（倪师军等，2001；滕彦国等，2001；张成江等，2001），这与本书的研究成果是一致的。前述的碳、氧、硫等同位素及元素地球化学显示，拉拉矿床的形成受到深部地幔流体与地表浅层流体的汇合作用，拉拉铜矿床的成矿热液和物质，可能为双源复合成矿机制，一部分是就地取材汲取本区以河口群为主的含金属变质富钠质火山沉积建造形成的，另外还有通过深大断裂来自深源的变质流体；或代表深部流体在上升过程中受到沉积岩的混染，因此，深部流体的作用对矿床的形成有重要作用和意义，因此，S 同位素空间分布特征进一步说明矿床与深部热液具有密切成因联系，成矿的富集和矿床的形成属于火山沉积预富集-变质热液再富集共同作用的结果。

因此拉拉矿床矿体分布具有“上氧化、下还原”的垂向分带性，暗示成矿流体来自深部。这种垂直分带现象更说明本区的矿床与深部热液流体具有密切的成因联系，指示深部有较大的找矿潜力。

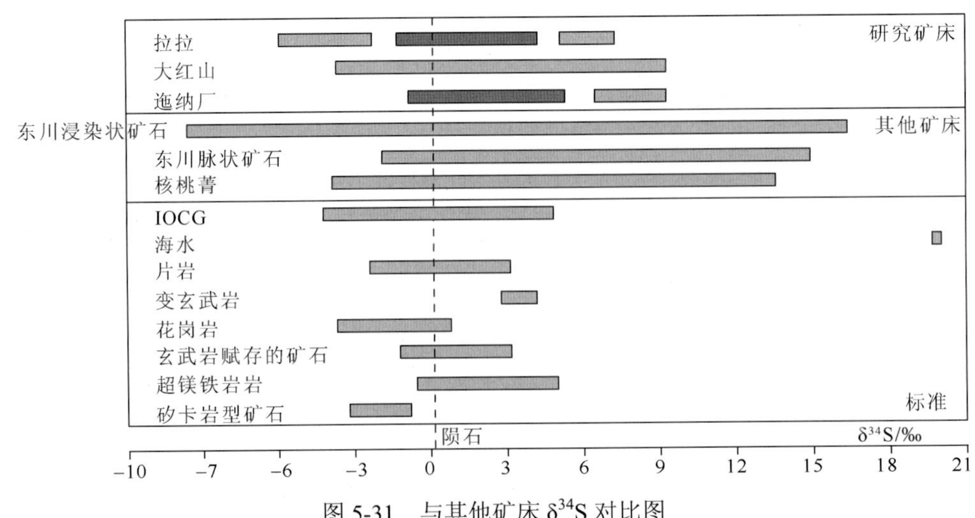

图 5-31　与其他矿床 δ^{34}S 对比图

（部分数据引自 Greentree，2007；陈好寿，1994；陈好寿等，1992；侯林，2013）

5.4.3　稀有气体同位素

如果只简单地从碳、氧、硫等同位素来分析成矿流体来源，是很难区分来自深部的流体到底是来自地幔还是来自岩浆，因为二者的同位素特征常较为相似而不易区分。从某种程度上来说，氢、氧同位素特征只能反映流体中水的来源（胡瑞忠等，1997；胡瑞忠等，1997）。因此，为了更好地讨论本区拉拉、大红山等矿床成矿流体的来源信息，本书以金属硫化物矿物为依据对象，对矿床成矿流体的 He、Ar 等稀有气体同位素组成进行分析和研究（表 5-9）。

大量研究表明，来自地幔深处的岩石及其中的包体具有异常高的惰性气体（Minoru et al.，1983），并且在全球范围内的分布存在规律性（鲍学昭，2000），使得其在示踪地幔流体来源及演化、判别研究地质流体来源及混合作用等方面具有很好的示踪意义。在地壳、地幔和大气降水等不同代表性地球地质流体来源中，特别是 He 和 Ar 在地壳/地幔中，稀有气体 He 和 Ar 的同位素组成有很大的差异，这使得利用该方法进行流体示踪具有明显的灵敏性：如即使地壳流体中混有少量大气降水或的地幔源 He，也能判别出，这是由于这一特性，稀有气体同位素对于金属矿床成矿流体来源信息的研究目前已取得了许多重要的进展（Ballentine et al.，2002；Hu et al.，2004；Hu et al.，1998；Stuart et al.，1995；Stuart et al.，1994；Sun et al.，2009；Torgersen et al.，1989；Xu et al.，1995；陈振宇等，2006；胡瑞忠，1997；胡瑞忠等，1999；胡瑞忠等，1997a；胡瑞忠等，1997b；胡瑞忠等，2006；蒋崧生，2001；李荣西等，2007；张欢等，2006；赵葵东等，2002），显示出稀有气体在示踪深部流体尤其是地幔流体具有天然的优势。本书在研究过程中，采集了拉拉、大红山等矿床的黄铜矿样品，测试了其中的 He 和 Ar 等稀有气体同位素。

1. 稀有气体同位素分析方法

本书稀有气体同位素研究以矿体中挑选的黄铜矿为测试对象，黄铜矿作为区内拉拉、大红山等矿床最主要的经济矿物，具有最直接的指示意义，同时黄铜矿也是封闭性较好的矿物，适合于分析流体包裹体的 He-Ar 同位素组成，因为其不存在明显的解理等，其流体包裹体在被矿物俘获后，保存的 He 和 Ar 等惰性气体基本没有扩散丢失现象，同位素比值变化不大。本书研究过程中采集了黄铜矿进行稀有气体同位素分析，分析结果如表 5-9 所示。

本次研究共采集了拉拉、大红山、岔河矿床代表性矿石样品（每件样品约 0.5g）进行稀有气体同位素测试，样品代表各矿床主成矿期的主要经济矿物黄铜矿（表 5-9）。将各矿床所采集的矿石样品粉碎至 0.1～0.2mm，通过立体显微镜手工挑选出黄铁矿单矿物（保证样品纯度大于 98%）。测试由中国核工业地质局分析测试中心完成，仪器为 Helix SFT 惰性气体质谱仪，测试方法采取熔样法；检测方法按照 DZ/T 0184.8-1997《^{40}Ar-^{39}Ar 同位素地质年龄及氩同位素比值测定》执行。仪器采用了尼尔型离子源，在源发射电流小于 1mA 状态下其氩灵敏度超过 1×10^{-3}Amps/Torr，在发射电流小于 1.2mA 状态下氦灵敏度超过 2×10^{-4}Amps/Torr。实验偏差附在数据后面的括号中（表示最后位数的 1δ 偏差），测试结果如表 5-9 所示。

表 5-9　矿床黄铜矿流体包裹体及常用地质体稀有气体同位素组成

序号	编号	矿物	$^{3}He/^{4}He$	$^{3}He/^{4}He$（*Ra*）	$^{40}Ar/^{36}Ar$	$^{38}Ar/^{36}Ar$	$^{40}Ar/^{38}Ar$	$^{20}Ne/^{22}Ne$	$F^{4}He$	He(*Rm*)/%	He 含量/(cc·STP·g^{-1})	Ar 含量/(cc·STP·g^{-1})	产状	数据来源
1	HS43-23	黄铜矿	0.00000014	0.100	1107.9	0.2	5540	—	52655	1.17	0.000011	0.0000014	似层状	本书
2	HS43-11	黄铜矿	0.00000013	0.093	631.7	0.2	3159	—	140890	1.05	0.000028	0.00000076	脉状	本书
3	LL14-2	黄铜矿	1.85E-07	0.132	698.8	0.2	3494	—	127872	1.71	0.000026	0.00000086	脉状	本书
4	YNC-17-1	黄铜矿	1.68E-08	0.012	693.2	0.2	3466	—	110768	—	0.000066	0.0000025	团块状	本书
5	中国东部地区	幔源包体		0.115～11.3	251～2325			9.5～12.2						
6	大气型（A）	大气	1.4×10^{-6}	1	295.5			9.8						
7	地壳型（C）	以地壳各类岩石、矿物、油气等流体为代表	2×10^{-8}	0.0143	295.5～10^{4}			0.n～9.8						（Burnardaetal.，1999；Huetal.，1998；Stuartetal.，1995；胡瑞忠等，1999；胡瑞忠等，1997）
8	地幔柱				296～2780									
9	地幔流体		1.2×10^{-5}		＞28000		＞20000	12.5～13.8						
10	大洋中脊玄武岩（M）型	以大洋中脊玄武岩为代表，又称 MORB 型	1.1×10^{-5}	约 8.0	295.5～10^{4}			9.8～12.5						
11	地幔羽型（P）	以洋岛玄武岩为代表，又称 OIB 型		大于 8.0	295.5～10^{4}			12.5～13.8						

注：*R* 为样品中的 $^{3}He/^{4}He$ 实测值，*Ra* 为北京标准大气的 $^{3}He/^{4}He$。$F^{4}He$=(样品中 $^{4}He/^{36}Ar$)/(大气 $^{4}He/^{36}Ar$)。幔源氦比例 He(*Rm*)%=[(*R*-*Rc*)/(*Rm*-*Rc*)]×100%，具体见正文。

2. 稀有气体同位素特征

由表 5-9 可见，He 的含量在 1.1×10^{-5}～6.6×10^{-5}cc·STP/g，Ar 的含量在 7.6×10^{-7}～25×10^{-7}cc·STP/g，$^{3}He/^{4}He$ 在 0.168×10^{-7}～1.85×10^{-7}；$^{20}Ne/^{22}Ne$ 未测出；$^{40}Ar/^{36}Ar$ 为 631.7～1107.9，多数集中在 631.7～698.8；$^{40}Ar/^{36}Ar$ 均为 0.2。

同一矿床内部矿物产状不同，所测出的稀有气体同位素间也有较大差异，如脉状和似层状黄铜矿相比，HS43-23 似层状黄铜矿具有较高的 $^{40}Ar/^{36}Ar$，为 1107.9，HS43-11 脉状黄铜矿的 $^{40}Ar/^{36}Ar$ 为 631.7，相比之下低得多；Ar 含量在脉状和似层状黄铜矿的差异也较为明显，脉状和似层状黄铜矿分别为 7.6×10^{-7}cc·STP/g 和 14×10^{-7}cc·STP/g；相应的，脉状和似层状黄铜矿 He 含量分别为 2.8×10^{-5}cc·STP/g 和 1.1×10^{-5}cc·STP/g，Ar-He 含量呈现相反的对比关系，这在有气体同位素分布图中可以较为明显地看到（图 5-32），除 YNC-17-1 之外，其余样品呈现出较好的线性关系；同时做出各稀有气体同位素特征图解，如图 5-33～图 5-38 所示。

可以通过二元混合模式公式 $^{3}He/^{4}He$ 估算成矿流体中来自地幔流体（Rm）和地壳流体（Rc）的比例{地幔流体 He(Rm)%=[(R-Rc)/(Rm-Rc)]×100%，其中，R、Rc、Rm 分别代表样品、地壳流体以及地幔流体中的 He 同位素组成，Rm=6～9Ra，Rc=0.01～0.05Ra（Stuart et al.，1995；Turner et al.，1993），注意该公式未考虑 U、Th 等元素放射性衰变对 ^{4}He 影响}，得到地幔 $^{3}He/^{4}He$ 为 6Ra 时黄铜矿流体包裹体中地幔氦的比例。结果如表 5-9 所示，因此，矿床成矿流体中来源于地幔流体的 He 的比例为 1.05%～1.71%。

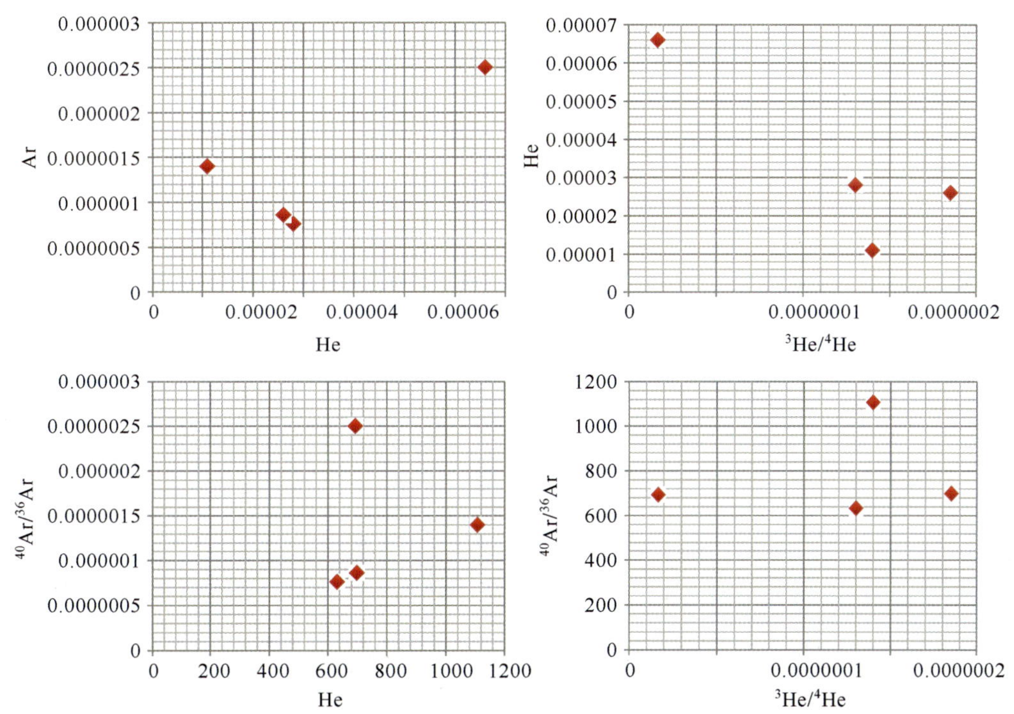

图 5-32　矿床稀有气体同位素组成关系对比图

3. 稀有气体同位素意义

已有研究表明，自然界中的稀有气体主要可以分为三种不同的成矿流体来源，即地壳源、地幔源和大气源（Turner et al.，1993）。惰性气体同位素 He 和 Ar 在这 3 个端元中具有十分明显的同位素组成差异特征（Stuart et al.，1995；Turner et al.，1993），据前人的研究资料（Burnarda et al.，1999；Hu et al.，1998；Stuart et al.，1995；胡瑞忠等，1999；胡瑞忠等，1997），①大气饱和水（air statwatod watur，ASW）（主要包括大气降水和海水）：由于空气中的大部分氦已经扩散进入宇宙空间，导致具有丰度极低的 He 同位素，和很低的 He/Ar，一般认为其 $^{40}Ar/^{36}Ar=295.5$，$^{40}Ar/^{4}He$ 约为 0.01；②地幔流体。地幔中的氦和氩量主要取决于其中铀、钍和钾的丰度，地幔氦为地球原始氦的残余部分，其 $^{40}Ar/^{36}Ar>400$，$^{3}He/^{4}He$ 为 6～9*Ra*，$^{40}Ar/^{4}He$ 为 0.33～0.56，地幔柱 $^{40}Ar/^{36}Ar$ 为 296～2780；③地壳放射成因，地壳中的 ^{3}He、^{4}He 分别是受铀-钍中子反应及衰变作用分别产生，这主要由于地壳中如铀、钍和钾等亲石元素含量高，因此在地壳中可新产生部分放射成因为主的 He 和 Ar，其中 $^{40}Ar/^{36}Ar>400$，$^{3}He/^{4}He$ 为 0.01～0.05*Ra*，$^{40}Ar/^{4}He$ 为 0.16～0.25，这种明显差异使得 He 和 Ar 同位素具有比其他稀有气体同位素更大的优势。矿物包裹体中成矿流体的稀有气体可以被看做这三个端元组分按不同比例形成的混合物，尤其是 He。前人研究表明，由于地壳、地幔有高达近 1000 倍的 $^{3}He/^{4}He$ 组成差异，因此，如果地壳成分中仅有少量幔源 He 的混合，也可以用 He 同位素方法进行较为灵敏的研究与示踪（胡瑞忠，1997）。

根据与本书数据对比发现，本书中所测黄铜矿样品中流体包裹体的 $^{40}Ar/^{36}Ar$ 分析测试结果，虽然与大气氩（AWS）的同位素组成（$^{40}Ar/^{36}Ar=295.5$）（Stuart et al.，1995；Turner et al.，1993）相比明显偏高，同时也明显低于地幔和地壳流体的 $^{40}Ar/^{36}Ar$ 同位素比值。黄铜矿样品流体包裹体分析测试过程中，可以根据参数 $F^{4}He$[样品中 $^{4}He/^{36}Ar$ 与大气 $^{4}He/^{36}Ar$(大气的 $^{4}He/^{36}Ar=0.1655$)]来进行粗略地判断大气对样品流体中 He 的影响程度，假如样品中混有大气氦，则 $F^{4}He=1$（Burnarda et al.，1999）。由表 5-9 可知，本书所测试的拉拉、大红山等矿床的黄铜矿样品流体包裹体中 $F^{4}He$ 明显大于 1；据此可以排除大气对样品中氦的混染作用，所测样品中的氦氩同位素代表成矿作用期间被包裹于黄铜矿中的初始惰性气体同位素组成（Burnarda et al.，1999），可以代表成矿流体的属性和特征。根据上述分析，本书黄铜矿流体包裹体中的氦氩同位素数据，介于大气饱和水（ASW）和地幔流体 $^{40}Ar/^{36}Ar$（地幔柱 296～2780）之间，相对接近于大气饱和水 Ar 同位素组成（$^{40}Ar/^{36}Ar=295.5$）：反映成矿流体，特别是后期脉状流体（如样品 HS43-11、LL14-2、YNC-17-1）中存在有大气水的加入。进一步对比可以发现，脉型矿体与层状矿体的 $^{3}He/^{4}He$ 并没有明显差别，表明不同产状矿石样品具有近似的流体来源特征，但 $^{40}Ar/^{36}Ar$ 存在较大的差异（早期似层状矿体 $^{40}Ar/^{36}Ar$ 明显高于层状矿体，更接近于地幔流体的组成）。这也得到前人 H-O 同位素数据的支持，前人通过氢氧同位素等方法，认为成矿早阶段、主阶段的成矿介质主要是变质水，而成矿晚阶段的介质主要是雨水下渗循环形成的地下水热液（孙燕等，1990）。综上分析结果表明，矿床的成矿过程，特别是成矿的晚期阶段，存在地幔流体和后期大气降水的混合作用。

另外，$^3He/^4He$ 能够较好地判别流体来源，有研究表明，稀有气体的来源主要有以下几种：大气、地壳和地幔，其中地壳物质的 $^3He/^4He$ 为 0.01～0.05Ra（Ra 为大气的 $^3He/^4He$，为 1.4×10^{-6}；或表示为 R/Ra=6～9，R 为 $^3He/^4He$ 测试值），地幔流体的 $^3He/^4He$ 为 6～9Ra，大气的 $^3He/^4He$ 为 1Ra（Stuart et al.，1995；Turner et al.，1993）；由于含量相对很低，因而大气中的 He 不足以对地壳流体中 He 的同位素组成产生改造和影响（Stuart et al.，1994；Marty et al.，1989）。据表 5-9，本次分析中样品指示矿床成矿流体 $^3He/^4He$ 为 0.01～0.1Ra（0.0168×10^{-6}～0.185×10^{-6}），平均值为 0.084Ra（除样品 YNC-17-1 外，平均为 0.108Ra=0.152×10^{-6}），明显高于地壳物质的 $^3He/^4He$（0.02×10^{-6}），但比典型地幔 3He/4He 比值（12×10^{-6}）低，属于地幔-地壳物质过渡的范围内；根据前述大气 He 影响甚微可以忽略，本书样品中的 He 来源只可能有两个主要的源区，即地壳和地幔，这表明成矿流体中不仅存在地壳 He 组分，同时存在大量地幔来源特征；成矿流体中有大量地幔流体的参与，并在上升过程中可能发生脱气现象或者有部分放射性 ^4He 的混合（壳源物质）（胡瑞忠等，1997；蒋崧生，2001；李荣西等，2007）；在 ^3He-^4He 相关图解（图 5-33～图 5-38）中，本书样品的稀有气体同位素组成均位于地幔和地壳组分的过渡部分，进一步表明矿床成矿流体中不仅存在地壳 He，同时也有地幔 He。另外将样品的 He 和 Ar 同位素组成投入样品 $^{40}Ar/^{36}Ar$-$^3He/^4He$（R/Ra）图解（图 5-35），可见本书测定结果主要分布在地壳和地幔源区之间，同样说明成矿流体是一个壳幔混合的成因机制，其来源并不是某个单一的来源。其中 YNC-17-1 黄铜矿的 $^3He/^4He$ 为 0.012Ra，属于地壳物质的 $^3He/^4He$ 范围内，三个矿床中相对最小，而其他两个矿床：拉拉和大红山矿床的 $^3He/^4He$ 低于地幔特征值，但明显高出地壳 $^3He/^4He$ 最大值的 2 倍以上，显示样品具有一定地幔物质来源特征，暗示成矿流体中存在幔源氦；同时所测值又比标准地幔特征值（$^3He/^4He$ 为 6～9Ra）相对偏低，指示流体中壳源氦的存在，进一步表明本书所研究的矿床成矿流体中的氦同位素组成是地壳 He 与地幔 He 的混合产物。

由于本区矿床形成时代较早（早于 1000Ma），有关稀有气体同位素的成因值得讨论。放射成因氩和地幔氩都具有较高的 $^{40}Ar/^{36}Ar$ 特点，如果仅依据较高的 $^{40}Ar/^{36}Ar$ 并不能区别其究竟是属于地幔来源氩还是放射成因氩（Xu et al.，1995），但同时具有高 $^{40}Ar/^{36}Ar$ 和高含量的 ^3He，则是地幔所特有的。在图 5-33 中，HS43-23 具有较高的 $^{40}Ar/^{36}Ar$ 和不高的 $^3He/^{36}Ar$，因此不排除其含有一定量的放射成因氩；但据 HS43-23 黄铜矿的铀钍（U、Th）测试结果，含量均较低，因此认为其主要是地幔氩引起的较高异常。同时发现，大红山矿床的似层状黄铜矿样品代表的流体的氦同位素组成更接近地幔，而较晚期的脉状黄铜矿中 He 同位素值相对较低，因此稀有气体同位素呈现出由早到晚逐渐降低的演化趋势，显示出地幔流体和地壳岩浆水的混合流体。这一特征表明早期的成矿流体中相对富集幔源氦，其稀有气体同位素组成特征甚至具有中国东部地幔包体的特征（图 5-35），随着成矿作用的演化逐渐加入地幔来源的氦有减少的趋势，代表成矿流体演化的后期阶段，地幔组分减少；间接说明，成矿流体活动的阶段性，可能与地幔柱作用有关。

通过与现代大西洋洋中脊热水物质 TAG（曾志刚等，2000）的对比研究（图 5-35），可以看出无论层状和脉状矿体矿石的稀有气体同位素与现在洋中脊热液相对具有较大的组成差异，即无论层状似（如样品 HS43-23）和脉状矿体（如样品 HS43-11、LL14-2、

YNC-17-1）的成矿流体的来源与古代海底的喷流热水没有直接的关系，或者受到后期流体较大程度上改造。关于拉拉和大红山铁铜矿床成因类型及矿床类型归属，前人仍然存在较大的争议，例如海底火山喷发-沉积型、海底火山喷发沉积-热液改造型矿床（秦德先等，2000；吴孔文，2008；钟昆明，1993）、VHMS 矿床（侯增谦等，2003）、古火山型（陈贤胜，1995；钱锦和等，1990）等等，根据本书稀有气体同位素资料，拉拉和大红山铁铜矿床的黄铜矿稀有气体同位素指示其不同类型矿石——脉状和层状，成矿流体均显示出不同于喷流热水的特征，因此可以认为，矿床的形成与 VMS 矿床不同，早期海底喷流可能仅提供成矿物质，后期的热液改造对成矿的改造具有更为重要的意义。

由于不同源区间轻稀有气体同位素比值差异明显，因而其相关图是源区判识的有效手段，如 $^{3}He/^{4}He$-$^{40}Ar/^{36}Ar$、$^{40}Ar/^{36}Ar$-$^{20}Ne/^{22}Ne$、$^{3}He/^{36}Ar$-$^{40}Ar/^{36}Ar$ 等相关图（图 5-33，5-38）。从图 5-34 可以看出，样品 $^{3}He/^{4}He$ 与 $^{40}Ar/^{36}Ar$ 之间存在一定差异，总体而言，部分以地壳来源为主，并具有较明显的逐渐向深部（地幔端元）演化的趋势，显示本书所研究矿床的成矿流体具有地壳与深部地幔流体等两个来源间混合的成因特点。因此，通过稀有气体同位素组成研究，表明矿床成矿流体具壳幔混合成因，推测矿床的形成属于地壳物质的基础上，叠加了一定地幔作用，或者地幔物质在上升过程中混合有一定量的浅部地壳组分。

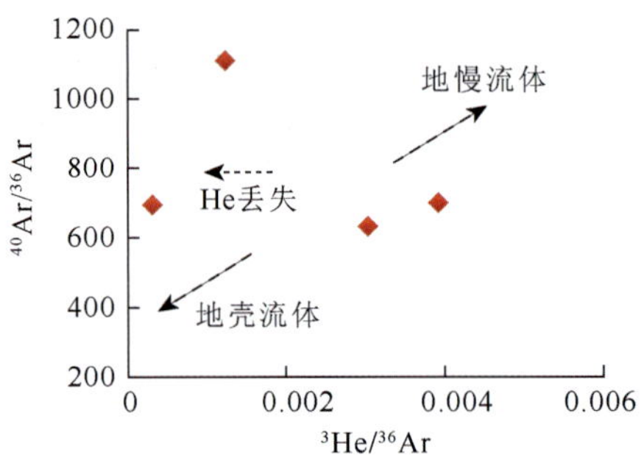

图 5-33　样品 $^{3}He/^{36}Ar$-$^{40}Ar/^{36}Ar$ 关系

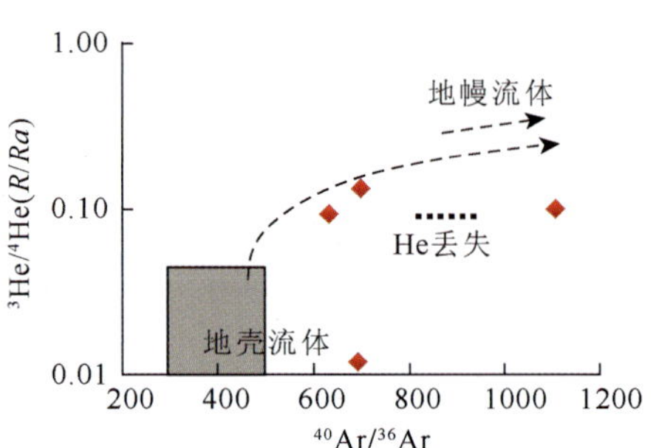

图 5-34　样品 $^{40}Ar/^{36}Ar$-$^{3}He/^{4}He$ 图解

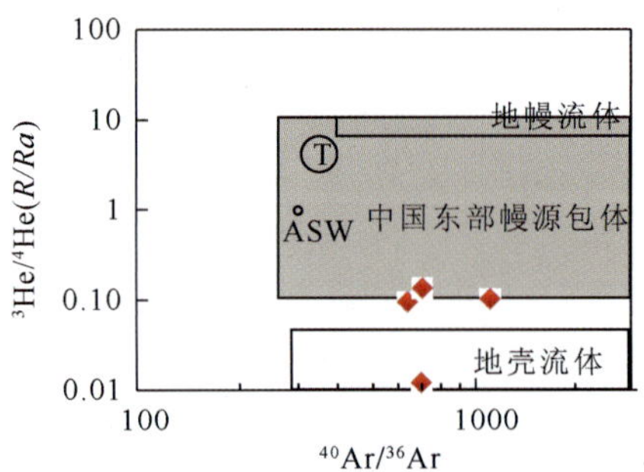

图 5-35　样品 $^{40}Ar/^{36}Ar$-$^{3}He/^{4}He$（R/Ra）图解

ASW 代表大气饱不和水；T 为大西洋洋中脊 TAG 地区海底热水范围（据曾志刚等，2000）；本图及图 5-34 中范围边界值据 Burnarda et al.，1999；Hu et al.，1998；Stuart et al.，1995；胡瑞忠等，1999；胡瑞忠等，1997 综合）

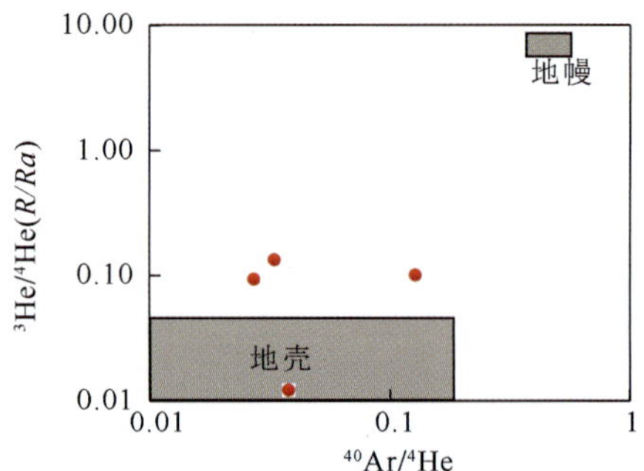

图 5-36　样品 $^{40}Ar/^{4}He$-$^{3}He/^{4}He$（R/Ra）壳幔关系图解

（底图据胡瑞忠等，1997）

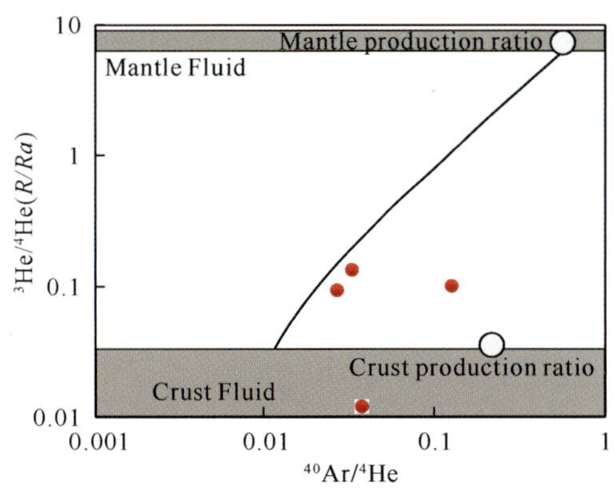

图 5-37　样品 $^{40}Ar/^{4}He$-$^{3}He/^{4}He$（R/Ra）图解

（底图据 Stuart et al.，1995）

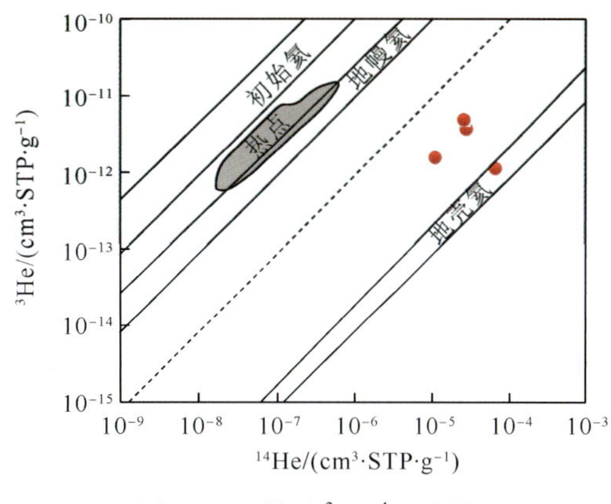

图 5-38　样品 ^{3}He-^{4}He 图解

（底图据陈振宇等，2006）

对于 YNC-17-1 样品而言，样品 $^{3}He/^{4}He$ 较低，属于地壳的特征范围，可能反映洋壳物质的掺和及大气水的稀释。也不排除存在以下情形：由于矿床矿石中局部含铀矿（YNC 野外放射性局部高达 200γ，LL 局部高达 150γ），因此样品本身就可能含有一定的放射性元素含量，可能会引起放射性成因的 ^{4}He 同位素过剩，该部分放射性会产生一定的氦 ^{4}He，这些氦主要是由铀和钍系列元素的放射性衰变而产生的，通过 a 粒子衰变直接产生 ^{4}He，导致 $^{3}He/^{4}He$ 比例偏小（蒋崧生，2001）。尽管我们在采样时主要以成矿期黄铜矿为对象，并且在挑选样品时选择晶型较好且未发生蚀变的黄铜矿样品作为本书的研究对象，但根据同位素年代学研究表明，矿床成矿时代为（1690±99）Ma（叶现韬等，2013），因此自早元古至今的如此长的地质历史中，经历了如此长的地质效应和放射性累计效应，不可避免地可能发生了多次强烈的热液交代作用、应力作用和大气降水作用等，这些都难免将影响黄铜矿样品中各种稀有气体同位素的封闭和保存。如果去除这些影响因素后成矿流体中的 $^{3}He/^{4}He$ 应该比本次研究的测试值偏大不少，也应该会更好地接近于成矿流体的真实稀有气体同位素组成特征。所以所测的数据只能代表矿床形成时成矿流体中稀有气体的组成趋势。因此，结合其他地球化学数据，迤纳厂 Fe-Cu-REE 多金属矿床的物质来源以地壳为主，但不排除存在一定的深部流体改造作用。另外，在图 5-33 和图 5-34 中可以明显看到，样品存在 He 存在丢失情况，导致在图中存在偏移的情况，如在图 5-34 中，样品落于演化线之下：可能是流体从所流经的围岩中（相对于 ^{40}Ar）优先获取 ^{4}He 而引起了 $^{40}Ar/^{4}He$ 降低的原因（Torgersen et al.，1989），这是可能的，因为前人曾通过数据证明雨水在地壳浅层循环获取地壳稀有气体的过程中，其获取 ^{4}He 的效率比获取 ^{40}Ar 要高出约 20 倍（胡瑞忠等，1997）；这一定程度上解释了 He 丢失原因，那么，为什么同样作为两种稀有气体元素，Ar 却相对如此稳定？事实上与本书所使用的黄铜矿作为样品也有关系，流体在地壳中获取放射性成因的 ^{40}Ar 和 ^{4}He 的过程与氦、氩本身的差异较大的封闭温度有关；对大多数矿物而言，氩的封闭温度则很高（>200℃），而氦的封闭温度却低得多（<200℃）（McDougall et al.，1999）；本书的样品黄铜矿的形成温度必然大于 200℃，因此，氦的稳定性自然比氩好得多，这种情况下包裹于黄铜矿中的流体，在迁移和捕获过程中，由于 ^{4}He 的额外获取及后期的放射性衰变，由此形成本书所示的偏移形态（图 5-33 和 5-34）是容易理解的。

综上所述，通过矿床黄铜矿的包裹体稀有气体同位素测试研究表明，本书所研究的矿床成矿流体存在深部与浅部流体等的混合作用发生，拉拉和大红山铁铜矿床存在有地幔流体的参与；结合样品稀有气体同位素与地幔流体的对比，发现具有相类似的组成特征（如 $^{40}Ar/^{36}Ar$），认为成矿可能与地幔（柱）的活动有关，当然，这种地幔流体的参与形式有待进一步研究。因此，本书进一步支持矿床的成矿作用“与地幔相关”的观点。

5.5 小　　结

本章通过对研究区矿床中热液矿物及硫化物稀土元素，硫化物 S、Pb 同位素，方解石脉 C、O 同位素以及稀有气体同位素分析，较好地指示了成矿流体特征及对成矿物源进行了示踪，可以得出如下结论。

（1）黄铁矿电子探针的元素标型特征研究表明，Co、Ni 含量和 Co/Ni 表明拉拉矿床成矿流体较为复杂，部分热液流体特征和河口群之间存在密切的成因联系，同时矿床具有火山喷发沉积叠加后期热液的成矿特征，深部流体和浅部流体均对成矿有贡献，表明拉拉矿床在早期火山喷气-沉积成因，并有后期变质热液的叠加作用而成矿。早期成矿以变质热液为主，继承了火山热液的组分；而后期流体属于变质热液为主的成因，同时受到地下水热液的影响和混合成因。

（2）本区矿床中磁铁矿元素地球化学显示出矿床具有 IOCG 矿床的特征；磁铁矿元素地球化学特征表明成矿物质不是单纯的岩浆来源，具有多种来源，可能局部为沉积来源-沉积改造成因的。还表明拉拉、大红山等矿床中磁铁矿的多阶段成矿特征，磁铁矿并不是岩浆直接形成的，在后期热蚀变改造作用下被热液交代叠加而形成的。

（3）拉拉和大红山矿床硫化物、方解石稀土元素特征均表明地幔流体对拉拉和大红山矿床的成矿具有重要作用；因此，拉拉和大红山矿床的成矿流体来源与地幔密切相关；结合矿物学、微量、稀土元素等可以判断，本区地幔流体对成矿具有重要意义；地幔流体对成矿过程的参与作用，是本区形成大型矿床的重要条件。

（4）根据碳氧同位素地球化学特征可以推测，碳、氧同位素特征指示成矿热液主要为深源岩浆水-地幔流体，后期受到沉积岩-古大气降水或古海水等浅部来源流体的混合。这进一步可以说明，拉拉、大红山等矿床的流体及物质来源一部分是就地取材汲取本区以河口群、大红山群等古火山-沉积层为主的含金属变质富钠质火山沉积建造形成的，另外还有后期通过深大断裂来自深源的岩浆-变质流体，其后期流体对成矿物质的运移和富集具有重要意义。

（5）硫同位素测试结果，为探讨金属硫化物硫源及矿床成因提供了依据。对矿床硫化物的硫同位素作对比表明，硫接近于陨石硫，属于深部地幔物质特征，说明地幔硫是拉拉、大红山等矿床硫源之一，且后期脉状硫化物具有更为明显的地幔来源特征；结合铅同位素推测本区的成矿流体来源于地幔；地幔流体提供热动力，而浅部地层可能是金属物质的主要物质来源。矿床硫同位素组成基本上与 IOCG 矿床的硫同位素组成基本重叠，显示矿床的 IOCG 特征。因此，矿床硫化物的硫同位素组成表明，矿床的流体来源与地幔流体密切相关，并与浅部地壳的成矿物质和流体的混合加入作用密不可分。

（6）通过矿床黄铜矿包裹体稀有气体同位素研究表明，矿床成矿流体为浅部与深部流体的混合来源，拉拉和大红山铁铜矿床存在地幔流体的参与；结合样品稀有气体同位素与地幔流体的对比，发现具有相类似的组成特征（如 $^{40}Ar/^{36}Ar$），认为成矿可能与地幔（柱）的活动有关。因此，本书进一步支持矿床的成矿作用“与地幔相关”的观点。

如上所述，通过微量元素、同位素的地球化学示踪表明，拉拉、大红山等矿床与 IOCG 矿床具有类似的元素和同位素地球化学特征；矿床在早期阶段具有火山喷气-沉积成因，后期有变质热液的叠加作用而富集成矿；地幔流体对拉拉、大红山矿床等矿床成矿具有重要意义；地幔流体对成矿过程的参与作用是本区形成（超）大型矿床的重要条件。有关这种地幔流体的参与形式将在 6.3 节中进一步研究。

第 6 章　前寒武纪地质事件与成矿作用

在本章中，笔者对本区前寒武纪地质事件进行了梳理，并研究了成矿地质事件及重大地质事件的响应；以扬子地块西南缘前寒武纪铜-铁多金属矿床——拉拉、大红山、迤纳厂、岔河等铁铜多金属矿床作为研究重点，结合本书所研究的岩浆岩年代学、矿床地质特征、流体来源、成矿时代、矿床形成的区域构造演化等，探讨矿床的形成机理并建立成矿模式，在此基础上总结区域铜多金属矿的成矿规律及成矿作用。

6.1　成矿地质事件及重大地质事件的响应

6.1.1　前寒武纪区域重大地质事件概述

为了揭示上述矿床的区域成矿地质演化及主要成矿地质事件，本书收集了近年来报道的有关研究区内这几个矿床的大量可靠成矿年龄数据（图 6-1），其中拉拉、大红山、迤纳厂等

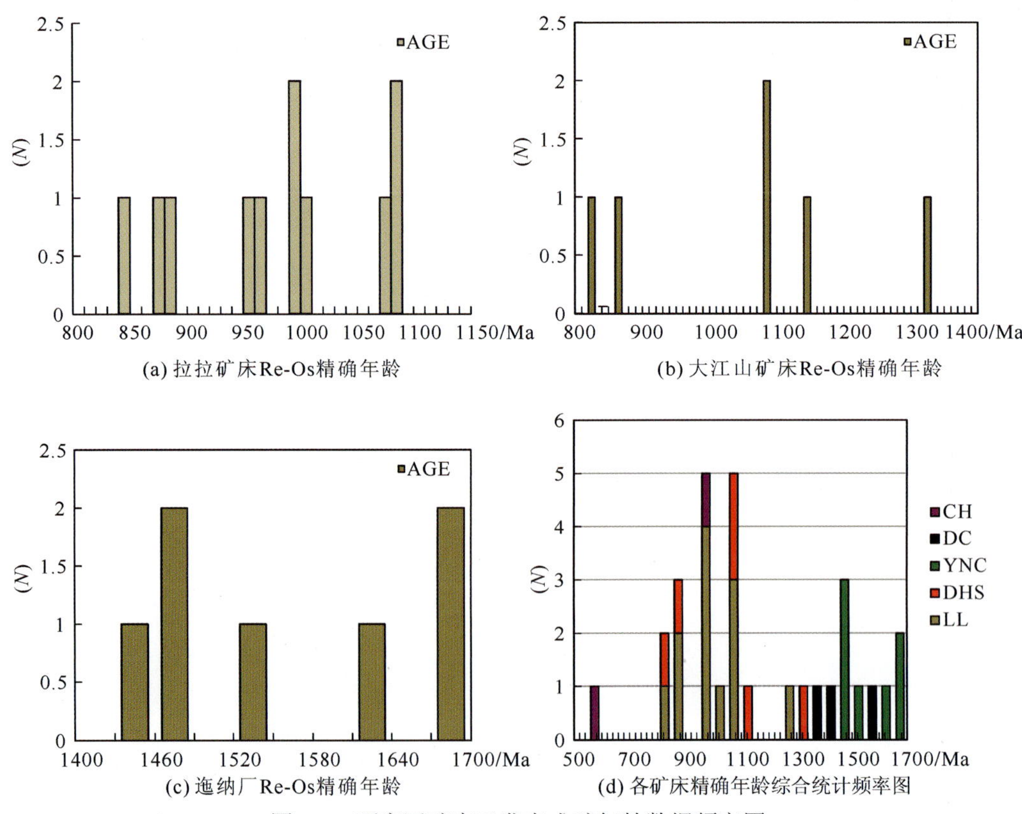

图 6-1　研究区矿床已发表成矿年龄数据频率图

注（陈好寿等，1992；邱华宁等，2002；邱华宁等，2002；邱华宁等，1997；邱华宁等，1998；邱华宁等，2000；叶霖等，2004；周家云，2008））

各矿床 Re-Os、Pb-Pb 等精确年龄统计频率图和区域上拉拉、大红山、迤纳厂、岔河、东川等矿床的精确年龄综合统计频率图如图 6-1 所示。同时，本章统计了区域上拉拉、大红山、迤纳厂、岔河、东川等矿床中已发表的 K-Ar、Ar-Ar 等年龄数据，如图 6-2 所示。

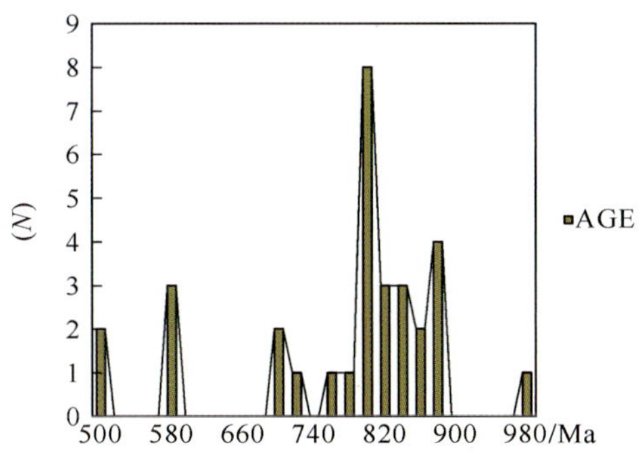

图 6-2　研究区矿床已发表 K-Ar、Ar-Ar 等年龄数据频率图

（Greentree，2007；武希彻等，1982；李复汉等，1988；武希彻等，1982；阚泽忠等，1999；吴懋德等，1990；邱华宁等，2002；邱华宁等，2002；邱华宁等，1998；Zhao et al.，2013；侯林等，2013）

根据前人研究成矿成岩年龄数据，完成了本区主要矿床成矿成岩时代序列图（图 6-3），根据研究结果，结合前人资料，本地区的成矿作用属于多期次成矿。从目前研究程度来看，至少可以分为前期预富集作用及两次大的成矿作用，以及若干个小的成矿作用，其中两次大的成矿作用主要为早元古代成矿作用和中元古代成矿作用。

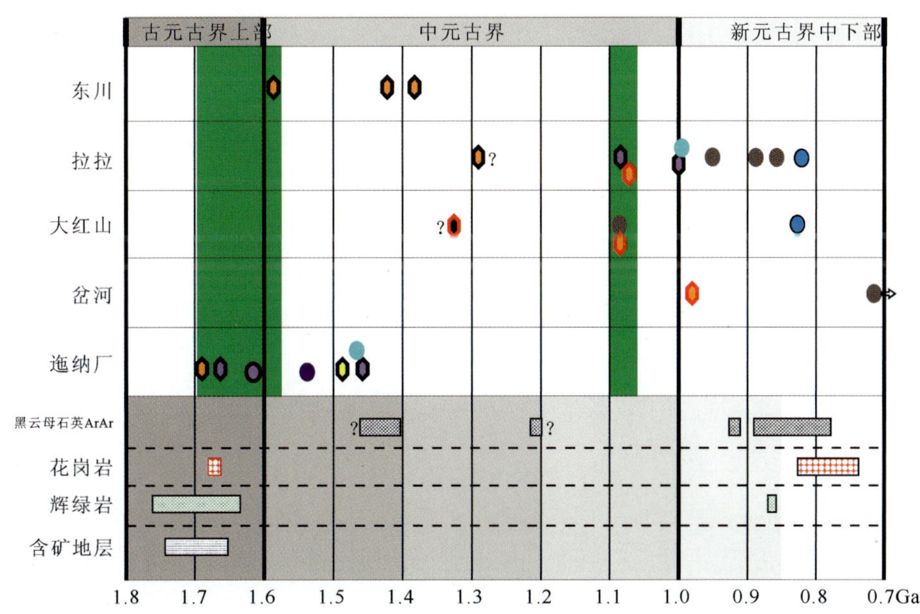

图 6-3　矿床成矿成岩时代序列图

图 6-4 为本区主要矿床同位素测龄与重大地质件关系图；根据本书研究，通过将本区元古代重大地质事件与全球地质演化史的研究进行对比，通过综合本区前寒武纪研究的最新进展，本区在前寒武纪可能发生了与 Columbia 超大陆（早—中元古界）以及 Rodinia 超大陆等相关的地质事件（中—新元古界），并存在较好的时间空间相应关系（表 6-1）。其中，格林威尔期造山带是 Rodinia 超大陆中各陆块拼合的纽带（Davidson，1986；Moores，1991），格林威尔期造山带是长期演化（Karlstrom et al.，2001）、造山时间各地略有差异（Fitzsimons，2000；Spikings et al.，2002）的造山带，上限年龄为 0.95Ga（Fitzsimons，2000；张传恒等，2007）（表 6-1）。格林威尔造山作用实际上是指 1.19Ga～0.98Ga 期间劳伦古陆与亚马逊地体间的“陆一陆碰撞”作用（Rivers，1997），而晋宁运动发生于距今 8 亿年左右，在华南普遍存在。前澄江运动、皖南运动、休宁运动、雪峰运动等均与之相当。由此看来，晋宁运动应该与 Rodinia 超大陆的裂解有关，并不是前人认为的“是格林威尔运动在扬子地块的反应”（王奖臻等，2012），而是更晚期的事件，而格林威尔运动（～1000Ma）应该与华南的四堡运动相对应。

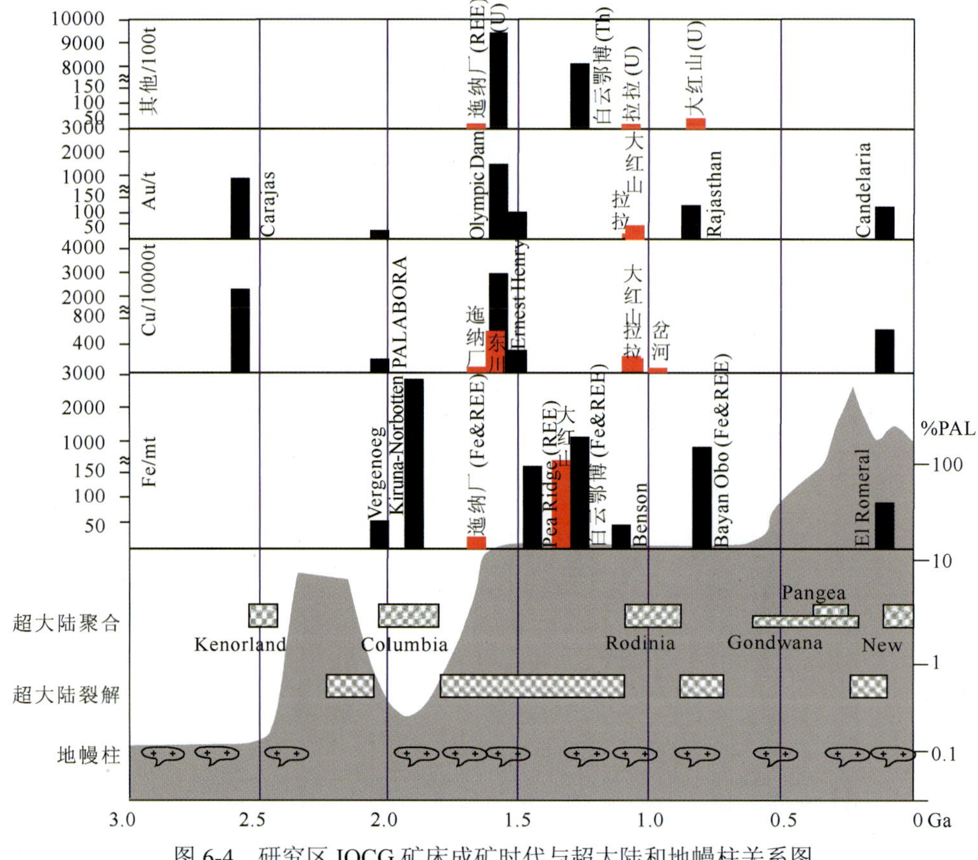

图 6-4　研究区 IOCG 矿床成矿时代与超大陆和地幔柱关系图

图中拉拉、大红山、岔河等年龄数据主要为本书最新通过黄铜矿、磁铁矿 Re-Os 法及晶质铀矿电子探针化学测年获得，其他年龄数据为前人数据。资料来源（Corriveau，2006；Groves et al.，2010；Hitzman，2000；Hitzman et al.，2005；Pirajno，2009；Williams et al.，2005；李泽琴等，2003；刘玉龙，2004；聂凤军等，2008；王奖臻等，2012；杨耀民等，2005；袁忠信，2012；张宗清等，2003；周家云等，2009；周家云等，2011；大气氧含量数据据 Canfield，2005）

注：部分矿石储量大小是估计的相对值。

从图 6-3、6-4 中可以看出，1.85Ga～1.55Ga 和～1.0Ga 是研究区、也是全球 IOCG 矿床重要的成矿时代；二者分别与 Columbia 和 Rodinia 超大陆的拼合和裂解及地幔柱活动具有明显的对应关系。其中，铁矿的形成多与 Columbia 超大陆的裂解和 Rodinia 超大陆裂解有关，而其他金属多与 Rodinia 超大陆的裂解和 Grenville 运动的关系更为密切。从图中也可以看出，IOCG 矿床中铁常形成于早期成矿，而其他金属为晚期成矿。

结合上述成矿地质事件，本区的演化史大致分为：①四川冕宁康定杂岩体中含有古元古代早期到晚期的陆壳残留锆石，所测最老年龄为 2468Ma，可能代表扬子地块的基底（陈岳龙等，2004），即扬子地台西缘古陆壳形成于 2486Ma 之前，其形成可能与 Kenorland 超大陆的拼合和裂谷有关；②属于传统的康滇陆缘裂谷事件（约 1700Ma～约 1500Ma）（陈好寿等，1992；李复汉等，1988；胥德恩等，1995；周家云等，2011）则对应于 Columbia 超大陆的聚合；③后期变质及岩浆事件（约 1100Ma～约 800Ma（阚泽忠等，1999；李复汉等，1988））显然是 Rodinia 超大陆的拼贴与裂解事件的响应，其中，约 1000Ma 左右对应于格林威尔运动在扬子地块的响应，而 800Ma 左右晋宁运动是在扬子地块的响应。

表 6-1　地质史上各超大陆拼合与裂解事件

大陆事件	时间范围/Ma	跨度/Ma	地质事件	本区成矿事件
Pangea 超大陆拼合及裂解事件	330～230（王鸿祯等，2002）	～100	冈瓦纳大陆与劳亚大陆碰撞	
Gondwana 超大陆裂解事件	160（王鸿祯等，2002）左右	～400		
Gondwana 超大陆拼合	600～160（王鸿祯等，2002）			
Rodinia 超大陆裂解事件	830 左右～700 左右（Li et al.，2003；廖宗廷等，2005）	<400	四堡—晋宁造山运动—澄江运动	形成 IOCG 矿床中的铀富集
Rodinia 超大陆拼合	1100 左右～830（Hoffman，1999；Li et al.，2003；Moores，1991；Roy，2001）		格林威尔期造山带	形成 IOCG 矿床晚期多金属
哥伦比亚 Columbia 超大陆裂解事件	1800 左右～1200 左右（Pirajno，2009）	<900	河口期/东川期及会理期	火山喷发沉积形成矿源层、形成 SSC 矿床、早期 IOCG 矿床
哥伦比亚 Columbia 超大陆拼合事件	2000 左右～1800（Pirajno，2009）		红山运动	

6.1.2　早元古代末地质事件

通过前人对研究区早元古代有关地质事件的综合研究表明，有愈来愈多的资料显示元古代在 Rodinia 超级大陆前还可能有 Columbia 超级大陆的存在（Rogers et al.，2002；裴军令等，2005；王洪亮等，2008；王子正等，2013；吴海林等，2012；赵国春等，2002；周邦国等，2012），这个超级大陆在 2.1Ga～1.8Ga 汇聚，从 1.6Ga 开始裂解，裂解期间出现大量的非造山期岩浆活动（Pirajno，2004；赵国春等，2002），代表一次重要的地幔上涌事件，从而导致 Columbia 超级大陆的裂解（Condie，2002；Windley，1993；赵国春等，2002），如图 6-5 所示；部分研究者认为裂解引起的非造山型富碱岩浆可能是稀土大规模成矿的主要因素（杨耀民等，2005），如迤纳厂矿床、白云鄂博矿床及 Olympic Dam 矿床等。其中，从成矿时代、元素组合方面来看，研究区内与 Olympic Dam 相似程度最高的是迤纳厂 Fe-Cu-REE 多金属矿床。

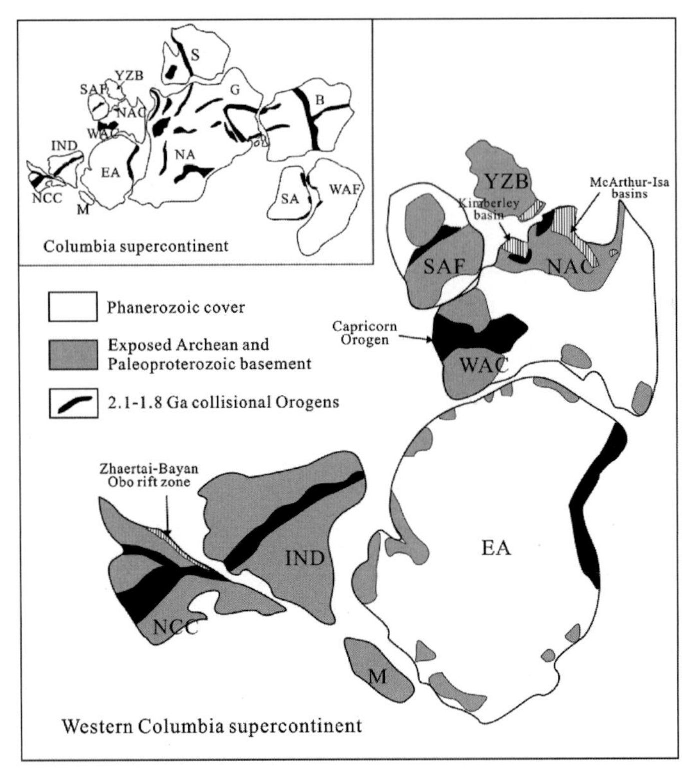

图 6-5　研究区在 Columbia 超大陆中的相对位置（Chen et al.，2012；Zhao et al.，2002）

注：YZB. 扬子地块；B. 波罗的海（含东欧）；CA. 澳大利亚中部；EA. 南极洲东部；G. 格陵兰岛；IND. 印度；M. 马达加斯加岛；NA. 北美洲；NAC. 北美克拉通；NCC. 华北克拉通；S. 西伯利亚；SA. 南美洲；SAF. 南非；SC. 华南；T. 塔里木；WAC. 西澳克拉通；WAF. 西非

关于本区～1700Ma 岩体的成因，根据对前述岩浆岩年代学研究，笔者认为存在 A 型花岗岩与本区的基性侵入岩呈双峰式，是与地幔活动的产物，且前人研究地球物理数据显示会理—东川的地幔岩石圈顶部有软流圈上涌体分布（吴健民等，1998）：由于这个时期本区地壳相对较薄，随着裂解事件的发生，地幔物质和能量得到大量释放（张成江等，2009），形成一系列与（超）基性岩浆活动有关的地质产物（岩浆岩、火山喷出岩、贫矿层位等），成矿物质直接来自上地幔。结合以下原因，笔者倾向于将本区岩体的形成归因于 Columbia 超级大陆的裂解及地幔柱事件：①根据元素地球化学特征（宁昊，2014）显示本区花岗岩具有板内裂谷构造环境特征；②地幔上涌事件不同，特别是地幔柱岩浆活动具瞬时性（一般活动时间为 5Ma～1Ma）且规模大，所形成的岩浆岩以镁铁质基性为主，而这与本区情况也较为吻合，本区基性侵入岩和喷出岩的时代较为集中，多个矿床及附近均发现有辉绿辉长岩体，甚至霞石辉橄岩超基性岩（鹅头厂矿床附近）的出露，基性侵入岩出露面积远大于酸性侵入岩，可能显示了地幔热柱强烈活动的幔头部位；且大红山群、河口群的部分岩石被认为是玄武岩变质形成，因此镁铁质岩浆具有较大的影响范围；③未发现 S 型花岗岩分布（S 型花岗岩是碰撞造山的标志之一）；④年代学特征与 Columbia 超级大陆的裂解事件吻合。因此，本书认为，本区存在 Columbia 超级大陆裂解，该时期的基性侵入岩和喷出岩形成的赋矿层位均是这一裂解事件的产物，并可能与地幔柱事件有关。

因此，本区形成的以基性岩浆活动为主的早元古代末成矿事件，形成一套与铁铜多金属矿化关系极为密切的火山-沉积岩系，如大红山群、河口群等，为本区重要铜多金属矿赋矿层和矿源层及后期矿床的形成奠定了基础。

6.1.3　中元古代末地质事件

研究区在中元古代末存在重要的成矿地质事件，该时期也是全球范围内重要的构造事件。一般认为 Rodinia 超大陆在 1.3Ga～1.0Ga 聚合（Hoffman，1999；Karlstrom et al.，2001；Li et al.，2003a；Moores，1991；Roy，2001）。格林威尔期造山带是 Rodinia 超大陆中各陆块拼合的纽带（Davidson，1986；Moores，1991），格林威尔期造山带是长期演化（Hoffman，1999；Karlstrom et al.，2001）、造山时间各地略有差异（Fitzsimons，2000；Spikings et al.，2002）的造山带，上限年龄为 0.95Ga（Fitzsimons，2000；张传恒等，2007）。根据目前已发表的研究成果，华南存在格林威尔期造山的证据有川西南部发现的（1007±14）Ma 花岗片麻岩（Li et al.，2002）及滇中地区出露的昆阳群黑山头组的富良棚段上部发育厚近百米的安山质熔结凝灰岩、层凝灰岩，是昆阳群最早出现的中性火山岩系，获得的 SHRIMP U-Pb 加权平均年龄为（1032±9）Ma（张传恒等，2007），近年来确定的本区存在的双峰式岩浆岩组合辉绿岩岩体年龄为（1082±8）Ma、A 型花岗岩体为（1063.2±6.9）Ma（王子正等，2012）也是格林威尔期的较好佐证。前人曾认为晋宁运动是格林威尔运动在扬子地块的反应（王奖臻等，2012），根据本书目年代学研究及部分学者关于本区构造演化的研究（包志伟等，2009；王生伟等，2013；杨崇辉等，2009），本区内的运动使前震旦纪地层全面褶皱与变质，同时对来自地层的金属成矿物质的活化、富集是重要的；笔者认为格林威尔运动（1000Ma）应该与华南的四堡运动相对应，与 Rodinia 超大陆拼合有关，而晋宁运动应该与较晚 Rodinia 超大陆的裂解有关，可能属于前人所述以西部洋壳向扬子西缘下部俯冲为主要表现，并造成洋壳重熔后上涌引发的区域性的区域构造热事件（Zhao et al.，2007；Zhao et al.，2008）。

从图 6-6 可以看出，1.85Ga～1.55Ga 和～1.0Ga 是研究区、也是全球 IOCG 矿床重要的成矿时代；二者分别与 Columbia 和 Rodinia 超大陆的拼合和裂解及地幔柱活动具有明显的对应关系。其中，矿源层及赋矿层位的形成与 Columbia 超大陆的裂解有关，而其他铜多金属与 Rodinia 超大陆的裂解和 Grenville 运动的关系更为密切；因此，本书所研究的 IOCG 矿床中铁常形成于早期成矿，而其他金属为晚期成矿。

6.1.4　新元古代地质事件

研究区在新元古代存在重要的岩浆-变质地质事件，该时期在全球地质历史上非常重要。近年来，部分学者将华夏地块和扬子地块新元古代的拼接及岩浆活动与新元古代罗迪尼亚（Rodinia）超大陆的活动进行了对比研究，认为这一时期属于 Rodinia 超级大陆汇聚完成后开始裂解的时间（Greentree，2007；Li et al.，2003a；Li et al.，2008），属于新元古代裂谷拉张作用的一部分（李献华等，2002；林广春，2010），如前人研究了华南新元古代岩浆岩年代学、沉积盆地和岩相古地理资料，并与澳大利亚和 Laurentia 进行了对比，他们将华南置于两者之间，认为华南作为 Rdoinia 超大陆的一部分，是连接澳大利亚和 Laurentia 的“纽带”和 Rodinia 超级大陆的“核心”（Li et al.，2003；Li et al.，2003b；Li et al.，1999；徐士进等，1996）（图 6-5）。尽管对本区该时期岩浆岩的成因和构造背景还有争议，如扬子地块西缘及东南缘的认识差异较大，可能与地质背景不同有关（图 6-6）且构造环境由拉张变为挤压（图 6-7），对华南在 Rodinia 超大陆中的位置仍有争议，对是否与地幔柱或岛弧有关也有不同认识（Li et al.，1999；Li et al.，2002；Zhou et al.，2002；颜丹平等，2002），也有认为是由 0.95Ga～0.90Ga 造山带的岩浆活动和 0.86Ga～0.74Ga 非造山带的岩浆活动组成（朱维光等，2004）；但作为华南大陆的边缘，扬子板块西缘在新元古代晚期事实上已经处于裂谷环境或大洋弧后环境并形成该期非常强烈的岩浆活动已经得到了较多学者的认可（Li et al.，2003b；Li et al.，1999；Wang et al.，2004），在 Rodinia 超大陆形成的拼合和裂解时间上已基本取得共识，我国南方有多个研究区侵入岩被认为是扬子地块和华夏地块碰撞缝合带的标志，代表华南 Rodinia 超大陆形成的时间。

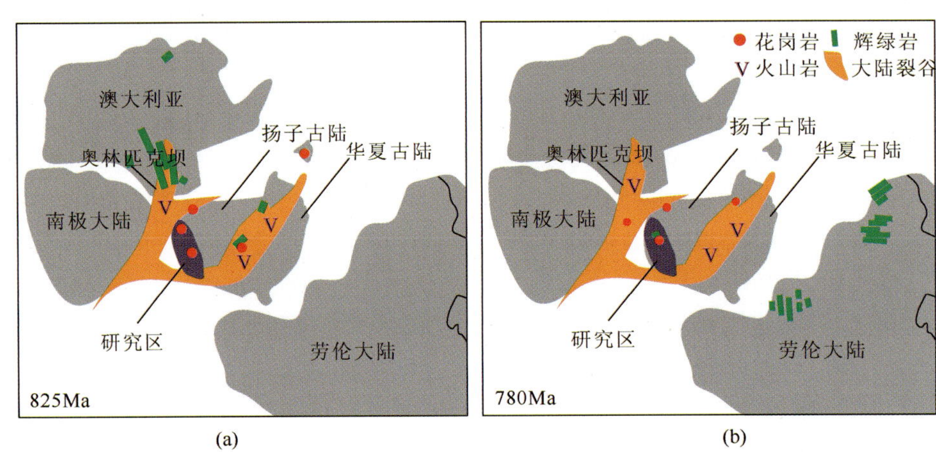

图 6-6　新元古代 825Ma～780Ma 罗迪尼亚古陆复原图及研究区的位置图

（据 Li et al.，2008 修改）

本区岩浆活动随着时间的演化规律表现为：从古元古代和中元古代随时代变新，古元古代岩浆以基性为主，随后有向中、酸性方向演化趋势，至新元古代时，本区以花岗岩为代表的中酸性岩浆活动为主，在整个扬子南缘形成了大量花岗岩（李献华等，2002；Zhou et al.，2002），及部分与 W、Sn 矿化有关的花岗岩和流纹岩（陈毓川等，1995）。从研究区内新元古代云南峨山花岗岩及已发表的湖北黄陵岩体、江西九岭、安徽许村及前人有关广西三防、本洞和元宝山岩体等花岗岩的高精度锆石 U-Pb 年龄一致（表 6-2），且基本属于 S 型花岗岩，表明在自 830Ma 开始的新元古代晋宁期，扬子克拉通在较大范围内的广大区域内几乎同时发生了广泛的地壳重熔事件，该地壳重熔事件一直阶段性延续至大约 740Ma 才逐渐停止（宋昊等，2014），这种由西侧在中元古代末先挤压，新元古代东侧依次缝合的运动，最终形成扬子西缘和南缘新元古代一系列岩浆岩组合的地质记录（李献华，1999；李献华等，2001；宋昊等，2014；徐夕生等，1992；薛怀民等，2010；周金城等，2005）。

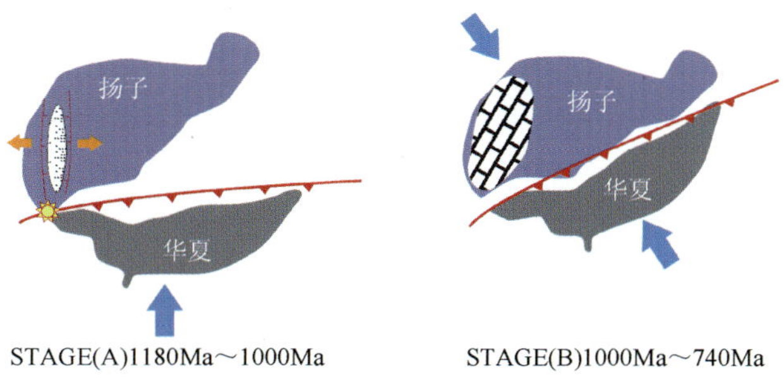

图 6-7　Rodinia 超大陆拼合和裂解期扬子地块周缘示意图

（据 Greentree，2007；Li et al.，2002 修改）

表 6-2　本区岩体年龄与扬子同时期花岗岩对比表

岩体或矿区	主体岩性	成因类型*	年龄/Ma	分析方法	数据来源
云南峨山岩体	黑云母钾长花岗岩	I 型/KCG	818±10	SHRIMP 锆石 U-Pb	李献华等，2001
苴林群附近北部	花岗闪长岩		746±10Ma	锆石 U-Pb	Zhao et al.，2007
苴林群附近南部	花岗闪长岩		746±13Ma	锆石 U-Pb	Zhou et al.，2002
元宝山地区	细粒花岗岩	S 型	782.7±05	LA-MC-ICP-MS 锆石 U-Pb	宋昊等，2015
同乐地区	细粒花岗岩	S 型	782.5±2.5	LA-MC-ICP-MS 锆石 U-Pb	宋昊等，2015
达亮地区	细粒花岗岩	S 型	795.2±2.8	LA-MC-ICP-MS 锆石 U-Pb	宋昊等，2015
达亮地区	细粒花岗岩	S 型	770±4.6	LA-MC-ICP-MS 锆石 U-Pb	宋昊等，2015
达亮地区	云英岩		786±14	LA-MC-ICP-MS 锆石 U-Pb	宋昊等，2015
新村地区	细粒花岗岩	S 型	828±12	LA-MC-ICP-MS 锆石 U-Pb	宋昊等，2015
新村地区	钠长岩		797±9	LA-MC-ICP-MS 锆石 U-Pb	宋昊等，2015
梓山坪地区	钾长花岗岩	S 型	830±11	LA-MC-ICP-MS 锆石 U-Pb	宋昊等，2015
广西本洞岩体	黑云母花岗闪长岩	S 型/CPG	819±09	SHRIMP 锆石 U-Pb	李献华，1999
广西三防岩体	淡色花岗岩	S 型/MPG	826±10	颗粒锆石 U-Pb	李献华，1999
元宝山岩体	淡色花岗岩	S 型/MPG	824±04	颗粒锆石 U-Pb	李献华，1999
江西九岭岩体	堇青石花岗闪长岩	S 型/CPG	818±10	SHRIMP 锆石 U-Pb	李献华等，2001
安徽许村岩体	堇青石花岗闪长岩	S 型/CPG	829±11	SHRIMP 锆石 U-Pb	李献华等，2001

注：*为成因类型中的 I 型和 S 型采用（Chappell et al.，2001）的分类方案；MPG、KCG、CPG 等采用的是 Barbarin（1999）的分类方案。

因此，新元古代末（0.9Ga～0.7Ga）是本区及华南地区一次大规模的变质作用，可能对前期形成的各种矿物同位素体系扰乱并使之重新分配使测试年龄变新，形成了研究区内许多矿床内广泛存在的黑云母、白云母、绢云母、石英等（0.9Ga～0.7Ga 为特征的）脉石矿物（陈好寿等，1992；邱华宁等，2002；邱华宁等，2002；邱华宁等，1997；邱华宁等，1998；邱华宁等，2000；叶霖等，2004；周家云，2008）。例如在高压环境下，变质温度为 530～580℃（何德锋，2009），岩石自身发生了强烈的变质作用，泥质变质形成铁铝榴石和铁黑云母等变质矿物，热水沉积碳酸盐岩经变质形成白云质大理岩（吴孔文，

2008)。从前人的研究成果来看，本区 Fe-Cu 多金属矿床的变质年龄大多集中于～800Ma 左右（897Ma～700Ma）（吴孔文，2008），根据前述，本区出现的大量 800Ma 左右的数据记录的是本区地质史上表现出的最后一期大规模热事件的时间。

因此，本区内存在成矿后的变质改造期（0.85Ga～0.7），区域发生了强烈的变质变形作用，可能与 Rodinia 超大陆的裂解密切相关，形成酸性侵入岩、大规模变质岩，属于碰撞造山环境，但在该次颇具规模的变质改造期中并未形成成规模的铁铜矿床。

综上所述，可将本区与成矿作用有关的地质事件过程归纳为：早元古代与 Columbia 超大陆裂解事件有关的陆缘裂谷环境，发育一套巨厚的火山-沉积建造，形成重要的赋矿层和矿源层，为铜多金属矿床的形成提供了物质基础。中元古代的与 Rodinia 超大陆的拼合事件相关的成矿作用，形成铜、金、钼等多金属矿化，而铀的形成较晚，与区域新元古代～0.8Ga 的中酸性岩浆岩有关，可能与 Rodinia 超大陆裂解事件有关。

6.2 矿床地质特征及成矿规律

6.2.1 矿床特征及控矿作用

前已述及，研究区是西南地区最为重要的铜多金属成矿带（表 6-3），具有较好的铜铁多金属矿潜力和找矿前景，前寒武纪地层中矿床的产出率很高，特别是与早、中元古代火山-变质作用有关的铜铁多金属矿床规模大，形成诸多具有经济意义的矿床（点）。本书所研究矿床具有明显的特征，如成矿时代为前寒武纪；矿物组合及主矿种以 Cu-Fe 成矿为主，还伴生 Au、Co、Mo、U、Ag 及稀土等有用组分；矿区岩浆活动多样性，从中基-酸性均有出露；碱交代蚀变（钠长石-钾长石蚀变）特征明显；矿床均具有层状、脉状的不同矿体，同时具有多期成矿形成不同金属元素组合，相应的其矿物组合也划分为不同的期次；矿床与辉绿岩-辉长岩、区域构造空间关系密切，受区域构造的控制作用明显，控矿因素还有断层、褶皱、角砾岩、火山机构等。

通过以上研究及综合前人研究可以认为：区内各种矿产是地壳演化过程中不同阶段的产物，成矿是在浅部构造与深部构造紧密结合下，在岩浆活动、变质作用和沉积作用的综合地质作用下形成的，具多元成矿特点，受特定的构造环境控制而形成不同类型的矿床。区内矿床表现明显的地层控矿特征，重要矿床具有层状、脉状的不同矿体，同时具有多期成矿形成不同金属元素组合，例如：前寒武系层控铜矿中，富钠火山-沉积变质建造以大红山和拉拉铜矿为代表；陆源沉积岩建造以东川式和黎溪式铜矿为代表；火山沉积-黑色页岩-碳酸盐岩建造以易门式的狮山型和凤山型层状铜矿为代表；这些矿床的成矿作用具有多阶段、多方式和长期性，是同生沉积和后生改造叠加的产物（冉崇英等，1993；沈苏等，1988；王汝植等，1988；吴健民等，1998；杨时惠等，1987；杨应选等，1988；尹福光等，2011；周名魁等，1988），即以海相沉积岩、火山岩作为沉积富集的初始成矿，后期热液和构造活动叠加成矿。除此之外，各矿床在构造环境、成矿时代、元素-（蚀变）矿物组合、成矿与钠质火山岩相关、侵入岩分布、角砾岩分布等方面具有明显的特征及相似性（宋昊等，2012）。

其中，本书重点研究的拉拉铜矿床、大红山铁铜矿床等典型矿床具有相似的矿床特征，根据总结前人资料不难发现下述五点。①二者均以 Cu-Fe 成矿为主，U-Au 等多元素伴生的特征，拉拉式落凼铜矿床除 Cu、Fe 以外，还伴生 Au、Co、Mo、U、Ag、Se 及稀土等有用组分。②矿石矿物以铁氧化物、黄铁矿为主，碱交代蚀变常见，均有钠长石化、赤铁矿化等特征蚀变组合。③矿区含矿地层均以火山成因的浅变质沉积岩为主，拉拉式落凼铜矿床含矿岩石为变角斑质（沉）凝灰岩、凝灰质铁白云石大理岩、凝灰质片岩和碳质绢云母片岩等。④矿区内均见有基性-酸性侵入岩分布，基性侵入岩的代表是辉长辉绿岩，酸性侵入岩的代表是花岗斑岩类，且从成矿与岩浆岩的时间关系上看岩体明显早于成矿时代。但拉拉、大红山矿区矿体的分布与辉长辉绿岩等具有较为明显的空间关系，野外现场常可见有辉长辉绿岩与地层的边缘接触带附近及小岩体周围分布有矿体，似乎与成矿关系密切，但研究发现辉绿辉长岩晚于成矿年龄，与成矿关系不大，仅在局部改造或破坏矿体，成矿金属主要来自河口群变质火山岩，而与辉绿辉长岩成矿关系不明确（朱志敏，2011），可能通过赋矿的空间位置和通过热液运移的通道。大红山矿区内也存在斑岩体，主要为两种次火山岩体，分别为石英角斑岩和石英钠长斑岩，其中前者规模小、数量少，而后者有一定规模，前人研究认为，石英角斑岩与成矿有直接关系（蔡从定，2006）；通过前人研究，石英角斑岩形成较早，可能与石英钠长斑岩同源而属于不同期岩浆活动，与成矿无关，但与部分矿体也具有一定的空间上的关系（葛良胜等，2009）；拉拉矿区也存在花岗斑岩体，但前人基本上未做详细的研究，通过本书对花岗斑岩体的时代和成矿的关系研究发现与辉绿岩等基本相同。⑤角砾岩分布。拉拉铜矿床、大红山铁铜矿床等典型矿区中均可见角砾岩，有的学者称为侵入角砾岩。前人曾对在区域上分布较广泛呈“侵入体”和“穿刺体”产出的因民角砾岩做过详细的研究，认为具有沉积、构造和岩浆侵入叠加的成因特征，与奥林匹克坝型矿床中的角砾岩具有明显区别，本身缺乏成矿物源，不能作为寻找奥林匹克坝矿床的标志（李巨初等，1994）。但不可否认的是，研究区中这类角砾岩与 Cu-Fe-U 等矿床空间关系密切，至于与成矿的关系尚待进一步研究。

综上所述，拉拉铜矿、大红山铜矿等矿床具有很强的相似性，特别是成矿地层具有很好的对照性，成矿过程具有相似性，矿物组合基本相同。在地层时间上是与早元古代富钠质火山-变质沉积岩有关的铁-铜-金-铀多金属成矿系列，但主要不同是地层的变质程度，拉拉铜矿的变质程度明显较深，大红山铜矿地层可以作为拉拉铜矿地区发生深变质前的地层；前者 Ni、Co、Mo 的矿物较多，存在自然金、少量自然银以及一些铂族贵金属硫化物，后者矿物组合中存在较多菱铁矿，Ni、Mo 等较低。从地层时代、成矿时代、变质程度及时代综合分析认为，二者成矿过程应该是在同一沉积成岩期由火山机构作用的产物（大红山群、河口群），后经过明显的热液改造成矿。

表 6-3　研究区铜-铁多金属矿床特征简表

地层时代	主控矿因素	矿床类型	代表性矿床	矿化元素组合	伴生
中元古界下部河口群	海相火山岩+叠加改造型	拉拉式	落凼、红泥坡、长冲沟	Cu-Fe（Au-Co-U-Mo-Ag-REE）	黄铜矿、黄铁矿、磁铁矿、辉钼矿、斑铜矿、辉铜矿
中元古界下部大红山群、河口群	海相火山岩+叠加改造型	大红山式	大红山—二道河—底巴都	Cu-Fe（Au-Co-U-Ag）	磁铁矿、菱铁矿、赤铁矿、黄铜矿、斑铜矿和辉铜矿

续表

地层时代	主控矿因素	矿床类型	代表性矿床	矿化元素组合	伴生
中元古界下部大红山群	海相火山岩+叠加改造型	撮江铜铁矿床	岔河、红龙厂铜矿、甘庄含铜铁矿	Cu-Fe（U-Au-Ag）	黄铜矿、黄铁矿和褐铁矿
中元古界中部东川群	海相沉积岩+叠加改造型（变质）	东川式	滥泥坪、桃园铜铁矿床、因民铜矿、易门峨腊厂、狮子山	Fe-Cu（U）	黄铜矿、斑铜矿、辉铜矿、黄铁矿、辉银矿等
中元古界中部东川群因民组	海相火山岩+叠加改造型	迤纳厂式	迤纳厂、大宝山、东方红等	Fe-Cu（稀土-Au-U）	磁铁矿、黄铜矿、黄铁矿等
中元古界中部东川群	海相火山岩+叠加改造型	东川式	稀矿山	Fe-Cu	赤铁矿、黄铜矿、斑铜矿、钛磁铁矿、磁铁矿、黄铁矿、辉铜矿
中元古界中部东川群	次火山-隐爆（刺穿）角砾岩	东川	滥泥坪	Cu	黄铜矿、斑铜矿、黄铁矿、黝铜矿
中元古界中部东川群	海相沉积岩+叠加改造型（变质或火山-隐爆角砾岩）	易门式	青龙塘（7801）、万宝厂2801矿点	Cu-Fe-U-Ag（REE）	磁铁矿、赤铁矿、黄铁矿、黄铜矿

6.2.2　矿床类型

前已述及，近年来大红山、迤纳厂和拉拉铜铁矿床及区域其他多金属矿床被发现具有IOCG矿床的特征，并受到国内外研究者的广泛关注（Greentree，2007；McLean，2002；Zhao et al.，2011；方维萱等，2009；Greentree，2007；Zhao et al.，2011）。对于IOCG矿床而言，目前其基本特征主要包括构造环境、与岩浆岩的关系、成矿时代、矿体特征、元素和矿物组合、围岩蚀变等方面，学术界对IOCG矿床目前仍存在较大争议，如矿床类型定义比较宽泛及矿床系列不明确，已有的成矿模式存在争议等（Groves et al.，2010；Williams et al.，2005；Williams et al.，2005）；本书通过对IOCG有关文献的梳理，在前人基础上总结出了IOCG定义性判别条件（表6-4）。笔者将本区上述铁铜多金属矿床与典型IOCG矿床进行对比，认为与IOCG矿床有较多相似之处，也具有自身的特点。

表6-4　IOCG特征及定义性判别条件

概念类（必要条件）	● 贫硫铜金成矿系统 ● 含大量低钛铁氧化物（>10%）；金属矿物氧化物以磁铁矿为主，硫化物以黄铜矿为主，另有黄铁矿、赤铁矿、辉铜矿、斑铜矿、自然金等。脉石矿物包括石英、云母、长石、方解石、萤石等 ● 热液成因-角砾、脉体及交代结构发育 ● 受局部断裂控制，与岩体关系不明确
特征类（重要条件）	● 与区域性侵入体有时空关系 ● 位于陆内裂谷、弧后、造山带边缘拉张环境 ● 与其他富铁建造关系密切 ● 与区域大面积钠、钙及钾化等交代作用相关，普遍分布动热变质和重结晶 ● 具不同含量的铀、轻稀土、钴、钡等元素 ● 与斑岩铜矿相比，热液石英相对较少 ● 铁矿呈块状、角砾状、条带状等构造；铜矿常稍晚于铁矿生成，呈斑点浸染状、层纹条带状、细脉-网脉状及团块状构造

注：据Chen，2013；Corriveau，2006；Hitzman，2000；Hitzman et al.，1992；Skirrow et al.，2006；Williams et al.，2005；陈华勇，2012修改。

上述通过本区铁铜多金属矿床与典型 IOCG 矿床进行对比，认为与 IOCG 矿床有较多相似之处，也具有自身的特点。拉拉铜矿床、大红山、岔河、迤纳厂等铁铜多金属矿床同位于扬子地块西南缘中，综合四者矿床地质特征，认为具有相似的矿床特征，根据总结和研究不难发现下述六点。①大地构造位置位于扬子地块西南缘，属于传统的康滇地轴。②均具有以 Cu-Fe 成矿为主，Au-Ag-Co-Mo-REE-U 等多元素伴生的特征；本书所涉及矿床以铁、铜、金、铀组合为特征，是否与变价元素的氧化还原活动性有关才能形成此类矿床有待进一步的研究工作。③矿石矿物以铁氧化物、黄铁矿为主，碱交代蚀变常见，均有钠长石化、赤铁矿化等特征蚀变组合。④矿区含矿地层均以火山成因的浅变质沉积岩为主，且主要都是下元古界铜铁多金属矿床。⑤矿区内均见有基性-酸性侵入岩分布，基性侵入岩的代表是辉长辉绿岩，酸性侵入岩的代表是花岗斑岩类，且成矿与岩浆岩的关系不明确。⑥矿床周围常有小型矿点共生，如拉拉矿床中除落凼矿区之外存在老虎山、石龙、红泥坡等矿床（点），大红山矿床中除大红山铜矿、大红山铁矿之外存在腰街、河口、曼蚌、嘎洒、竹园等矿床（点），迤纳厂矿床由过水沟矿床、东方红矿床、大宝山矿床、八层矿、辣椒矿等矿床（点）组成，附近存在核桃箐、荒箐、鹅头厂等矿床（点）。

其实上述特征基本上是典型的 IOCG 矿床所具有的一些特征。因此，拉拉铜矿床、大红山铁铜矿床不仅规模大、意义重要，而且是研究区典型的两个 IOCG 矿床，且二者具有很强的相似性（表 6-5），从成矿与 Fe-Cu 多金属组合、Au-U-REE、岩浆岩、磁铁矿、断裂构造、褶皱、角砾岩、萤石化及矿体产状的关系可以总结出，拉拉、大红山、迤纳厂等矿床具有较为明显的 IOCG 矿床的特征。

表 6-5　研究区典型矿床主要特征简表

矿床	多金属组合	与出露岩浆岩有关	有磁铁矿的富集	与断裂构造有关	与褶皱有关	与角砾岩有关	具有 F 的富集（萤石）	与地层同时代	层状矿体
拉拉	◎	○	◎	◎	◎	¤	◎	¤	○
大红山	◎	◎	◎	◎	◎	¤	¤	¤	◎
迤纳厂	◎	○?	◎	◎	◎	◎	◎	◎?	◎
岔河	◎	◎	◎	◎	◎	¤	¤	¤	○

注：◎代表具有对应特征，○代表具有部分特征，¤代表不具有该项特征。

6.2.3　讨论

6.2.3.1　研究区 IOCG 矿床特征对比

IOCG 矿床提出至今已有 20 多年的时间，国内有关 IOCG 矿床的研究相对较少，特别是对于研究区内的该类铁氧化铜多金属矿总体上具有矿床（点）多、类型复杂、成因观点未统一的特点；目前除拉拉铜铁多金属矿床（李泽琴等，2002；李泽琴等，2003；王奖臻等，2012；周家云等，2009；周家云等，2010；周家云等，2011；周家云等，2011；朱志敏等，2009；朱志敏等，2009）、云南迤纳厂（杨耀民等，2005；叶霖等，2004）、东川（方维萱等，2009；吴健民等，1998）、大红山矿床（宋昊等，2012；宋世伟等，2012）的研究程度较高、基本公认属 IOCG 型矿床之外，其他类似矿床的 IOCG 特征尚未被地质工作者所重视和研究，许多 Fe-Cu 矿床可能也具有 IOCG 矿床的特征。研究区矿床与典型 IOCG 相比有以下相同点：成矿时代均为前寒武纪；矿物组合及主矿种为铜、氧化铁、金、铀、稀土、银等矿化；早期研究中矿床成因均为层控-喷流型，如迤纳厂、大红山；岩浆活动多样性，从中基-酸性均有出露；Na-K 蚀变特征为拉拉、大红山等近矿围岩蚀变见有钠长石化。

前人曾将研究区矿床与奥林匹克坝矿床做对比研究（李巨初等，1994；李巨初等，1996；吴健民等，1998），据前人对罗迪尼亚古陆复原图（图 6-6）可见二者相邻且同处于罗迪尼亚地幔柱的影响圈内（Li et al.，2003），从矿床类型上看也存在较多相似，如奥林匹克坝矿床赋矿层上部存在阿德雷德（Adelaide）（赞比亚型）沉积铜矿，前者是后者的原始物资来源，后者是奥林匹克坝矿床的“派生矿”（Gandhi et al.，1996）；这和奥林匹克坝矿床与其上的阿德雷德沉积型铜矿床，与研究区内东川式和桃园式沉积型铜矿床存在相似。当然二者也存在不同之处，如赋矿围岩、伴生矿种、沉积环境、变质与后期改造等均存在差异，奥林匹克坝矿床是花岗质爆发角砾岩化和热液蚀变及交代作用联合经多次矿化在有利的构造和岩性带中的成矿（陈友明等，1989），而研究区凤山式和稀矿山式铜铁矿等矿床与呈“侵入体”和“穿刺体”产出的因民角砾岩存在一定共生关系，但前人对角砾岩控矿作用存在争议，且与奥林匹克坝矿床的岩浆角砾岩基本没有可比性。但二者同为中元古代成矿，且可能受同一裂解事件和地幔柱的影响（Li Z X et al.，2003），因此在研究区找寻同类矿床是有对比条件和意义的。

本书所研究的拉拉、大红山、迤纳厂、岔河等矿床是近年来被提出的本区作为 IOCG 成矿省（Zhao et al.，2011）的主要支撑矿床，常有其他学者问笔者“这些矿床是否是 IOCG 矿床”“与奥林匹克坝矿床的关系”等类似的问题。如果将本区的矿床与 IOCG 矿床的 TOP——奥林匹克坝矿床（Olympic Dam Deposit）做对比的话，毫无疑问，矿床成因和特征明显与本书所研究矿床是不同的，似乎仅有元素、矿物组合是相似的。笔者曾这样打比方：加拿大萨德伯里（Sudbury）铜镍硫化物矿床作为铜镍硫化物矿床的 TOP，但与除它之外的几乎所有矿床没有可类比性和找矿指导意义，奥林匹克坝铁氧化物铜金铀矿床也许与这样的情况类似，也是 IOCG 矿床中独一无二的；如果想找与本区矿床类似的 IOCG 矿床做对比，也许可以考虑瑞典中—北部基鲁纳型矿床（Kiruna）（Gandhi et al.，1996; Sandrin et al.，2007）、澳大利亚北部 Cloncurry 的 Ernest Henry 矿床（Mark et al.，2005；张德贤，2011）、美国爱达荷州（Idaho）的 Cobalt Belt（Slack，2012）等矿床。

6.2.3.2 研究区 IOCG 矿床中铀的成矿作用

综合该区地质演化和铀、铜、金矿化的关系，关于本区该类型铀成矿规律，本书初步得到如下认识：①该类铀矿常伴生于铜矿-铁矿床中，并常形成 Cu-Fe-Au-U-REE 多金属元素组合；②铀矿主要分布在研究区铜矿-铁矿区，如大红山、拉拉、岔河等，含矿层位均为早元古界海相变质钠质火山地层；③铀成矿时代～820Ma，多集中在晋宁—澄江期，铀矿化成矿元素组合与火山-沉积建造有关，特别是钠质火山-沉积岩系，代表裂谷早期裂陷阶段产物，有利于 Cu、Fe、Au 矿源层形成，部分单铀型矿化围岩中铀可能是同沉积-成岩的（如大红山黑色板岩岩系)；④铀矿物具有多样性，如沥青铀矿、钛铀矿、铈铀钛铁矿、晶质铀矿及板菱铀矿、铜铀云母等均有出现（表 6-6)；⑤铀与铜、金初看呈现复杂关系，但铀趋向于单独成矿，受断裂控制明显，成矿时代上与铜（金）矿不同，属晚期叠加，空间上与铜（金)、铁伴生，关系较为密切，与铜多金属类似的是，分布受赋矿层位约束。

总体而言，研究区 IOCG 矿床中的铀主要以（含）铀矿物的形式存在，规模很小，铀成矿仅为弱矿化富集型；铀在本区 IOCG 矿床中的富集并不是某一矿床的偶然现象，拉拉、大红山、迤纳厂、岔河等矿床均具有不同程度的铀富集特征；通过本书工作及目前已有的铀成矿年代学表明，区内在新元古代（～0.8Ga）时期可能存在一期较为广泛的铀富集事件，该期铀矿的富集是铁铜多金属矿成矿之后的一期成矿作用；综合近年来在本区内铀矿床研究进展，本书所获得的铀富集年龄与区内同一时期的铀矿床具有较好的时间对应关系（倪师军等，2014)，可能与区域变质作用及酸性岩浆岩有关。

表 6-6　研究区 IOCG 矿床含铀特征简表

序号	矿床	铀矿物或状态	主矿种	伴生	铀成矿时代/Ma	误差	测试方法	年龄资料来源
1	拉拉	晶质铀矿/铀钍石	Cu-Fe	U-Au-Co-Mo-Ag-REE	824±15	MSWD=2.1，*N*=18	电子探针化学测年法	本书
2	大红山	铈铀钛铁矿/钛铀铁矿	Cu-Fe	U-Au-Co-Ag	828	—	U-Pb	倪师军等，2014；武希彻等，1982
3	撮江岔河	（待鉴定）	Cu-Fe	U-Au-Ag	—	—	—	—
4	迤纳厂	铜铀云母/吸附	Fe-Cu	稀土-U	—	—	—	—

6.3　成矿模式

通过对本区典型矿床的研究，前人曾提出过拉拉、大红山等典型矿床的成矿模式，虽然不同学者所建立的模式存在差异，但以火山喷发沉积变质为主的成矿模式一直为众多研究者所认同。例如前人对大红山矿床的大致成因模式的认识已较为一致，即矿床形成于火山喷发（喷流）沉积，并遭受了后期的变质改造作用（邓明国，2007；钱锦和等，1990；秦德先等，2000；吴孔文，2008)，拉拉矿床也有类似的矿床模式（孙燕等，1990；周家云，2008；朱志敏，2011)。拉拉铜多金属矿床，是一个大型的 IOCG 铜铁矿床，伴生有金-铀-稀土-钼-磷等多种成矿元素，具有较大的经济价值和特殊的元素组合，特别其 IOCG 特征，引起了国内外有关科学家的广泛关注。考虑成矿系列的典型代表，本节以本书所做的成矿物质及流体来源、成矿时代、岩浆岩演化、多金属组合等研究为依据，以拉拉矿床为代表进行了解剖，通过综合研究，建立矿床成矿模式。

6.3.1　典型矿床成矿模式

6.3.1.1 成矿条件分析

综上所述，本书在详细总结前人研究成果的基础上，通过对拉拉铜矿床的野外实地考察取样和室内工作，以当代矿床成矿理论为指导，重新认识和总结成矿带地质特征和控矿的主要地质条件，划分成矿阶段和期次，研究不同成矿阶段特别是主成矿阶段矿石及围岩蚀变的矿物组合、化学组成特点及空间分布规律，研究矿床成矿规律，建立矿床成矿模式，研究矿床垂直分带规律及展布规律。

在上述研究的基础上，本节将进一步研究矿体空间规律、控矿因素及其识别的地质-地球物理-地球化学标志，研究隐伏矿体的产出条件，查明矿体的赋存规律和定位控制因素，为进一步预测隐伏矿提供依据。

本书通过详细总结前人研究成果及对拉拉铜矿床的野外实地考察取样和室内工作，提出拉拉矿床地质-地球化学找矿控制因素主要有以下几个方面。

1. 区域成矿条件

（1）区域成矿地质背景：属于康滇前陆逆冲带（3 级）南段之康滇基底断隆带（4 级）Ⅳ32 会理—会东地区元古界火山沉积变质铁铜矿、沉积变质铜矿、铁矿、沉积改造铅锌矿及海西期铜铁矿成矿区（拉拉、石龙等）。

（2）赋矿岩石类型：主要为钠质火山岩、辉绿辉长岩。近年来锆石铀铅同位素年龄证明二者均为 17 亿年左右。主要含矿围岩为河口群上火山变质岩段中带的黑云片岩、二云片岩、石榴黑云片岩。早元古代河口群按火山作用分为三个旋回，每个旋回为一个组，从下至上分别为：大营山组、落凼组、长冲组。铜矿产于落凼组之上段。含矿地质体岩性为黑云母石英片岩、二云石英片岩、石榴黑云石英片岩及层纹-条带状的磁铁钠长岩。

（3）成矿时代：矿体富集阶段为早元古世沉积前奏期（～1.7Ga）、叠加改造热液成矿期（1.1Ga～1.0Ga）。后期改造：新元古代变质改造期（0.85Ga～0.7Ga），Ar-Ar 及铅同位素模式年龄为 800Ma 左右。

（4）成矿环境：第三火山旋回，赋矿层位为河口群天生坝组。拉拉式铜矿分布于前震旦系河口岩群上部沉积变质岩段和部分火山变质岩段，与成矿关系密切的主要岩石呈次火山岩相的钠长岩，呈岩墙或微切片岩产出。大地构造环境：太古代时期大洋弧后盆地从上地幔和下地壳熔融侵入钠质火山岩，这一火山活动延续时间较长，包括河口岩群和通安组。这一火山过程带来大量的铜质矿源，在弧后盆地沉积和后期热液活动阶段，生成火山沉积变质岩型铜矿。

（5）构造背景：弧后盆地海底钠质火山活动带。拉拉式铜矿含矿岩系为会理县河口群，分为三个大的火山——沉积旋回从下到上基性成分减少、酸性成分增多，具依次连续分异和正向演化特征。铜矿富集部位往往与富钠火山岩发育部位吻合，富钾或富钙（碳酸盐）岩石则多为铜矿的产出部位。主要矿床（点）均集中于河口岩群火山旋回上部，与火山活动最强烈的阶段相一致。

（6）控矿条件：受基底断裂及火山机构控制，铜铁矿分布于钠质火山与辉绿辉长岩的接触带。矿体也产于钠长岩体边部及围岩中，岩层走向近东西，倾向南，钠长岩也含矿，尤以与片状岩石接触部位为佳。拉拉矿床矿化带位于河口组复式背斜南翼的次一级双狮拜象背斜南端两侧，受北北东突出的拉拉弧形构造控制，矿床分布于东西向 F1 断裂以北，并受轴向近南北的若干褶曲构造控制。红泥坡控矿构造主要为一复式向斜。该向斜根据落凼组钠质火山岩与黎洪钠质火山岩对比和工程控制确定。

2. 矿床成矿条件

矿床成矿条件是建立成矿模式的重要地质基础，拉拉矿床的矿床成矿条件有下述五点。①已有矿床组合：矿田内已知铜矿床、矿点、矿化点共 14 处，除落凼属大型矿床、老羊汗滩为中型矿床，其余主要为小型矿床或矿点；另外还有石龙铁矿、天生坝铁矿等。②矿物组合：矿区矿石物质组分复杂，是一个以铜为主的金属硫化物矿床。该矿区已发现有不同类型矿物 70 余种。其中，金属矿物主要为黄铜矿、黄铁矿、磁铁矿及少量赤铁矿，次有磁黄铁矿、辉钼矿、自然金、辉钴矿、斑铜矿；非金属矿物为石英、方解石、萤石、钠长石等。矿石结构构造以条带-条纹状、浸染状、致密块状构造、脉状-网脉状构造等为主。矿石结构主要有自形-半自形粒状结构、交代残余结构、包含结构和枝状结构。③元素组合：四川拉拉铜矿是四川省最大的铜矿床，也是我国西南重要的大型铜矿，并且共(伴)生丰富的金-钼-钴-稀土-铁可供综合利用。④蚀变特征：种类较多，常见的有黑云母化、硅化、碳酸盐化、钠长石化、钾长石化、磷灰石化、阳起石化、萤石化和铁白云石化等与成矿相关。⑤表生风化：地表形成孔雀石化和赤铁矿化。

6.3.1.2　拉拉矿床成矿模式

前人对于拉拉铜矿的矿床成因存在不同观点，目前主要认为的成因类型主要有变质热液矿床（申屠保涌，1997；申屠保涌，2000；李泽琴等，2003），早期还有人提出过可能属于火山成因块状硫化物矿床（VHMS）或 SEDEX 矿床和喷流沉积改造等（何德锋，2009；姜福芝等，2005）相似的矿床类型。其中后者多认为古元古代海底火山喷发形成矿床，而后期的变质热液事件基本未进行成矿物质的富集；而前者认为 1000Ma～850Ma 的变质事件形成的变质热液淋滤古元古河口群火山沉积岩系中的成矿金属，在有利部位重新富集形成矿床（陈好寿等，1992；申屠保涌，1997；孙燕等，2006；余祖成等，1988）。然而，以上研究都缺乏可靠的定年数据，因此对拉拉矿床有关的矿床成因及模式讨论缺乏精确的成岩和成矿年代学依据。

综合本书的研究内容，在详细的基础地质、矿床地质研究基础上，本书对拉拉矿床的围岩地层、辉绿辉长岩、花岗斑岩和多种矿物的元素地球化学、岩浆岩锆石年代学、碳-氧-硫及稀有气体同位素、主要金属矿物 Re-Os 同位素年代学等方面进行了较为系统的研究，结合本区大地构造背景及相关地质事件研究，认为本区拉拉式矿床的形成演化主要经历了以下几个阶段。

1. 早元古世沉积前奏期

（1）初始沉积期（～1.75Ga），此时处于陆内裂谷的边缘，属于被动大陆边缘，早元古晚期本区火山活动十分强烈而频繁，随着火山喷发（溢）富铁、铜、钠质熔浆喷出，形成初始矿源层：海底火山沉积夹海相碳酸盐沉积；其中，在火山间歇期间，则通过火山喷气作用，形成钠质凝灰角砾岩与含铁碳酸盐类相间沉积，形成含铁钠质凝灰岩-碳酸盐岩建造。海底火山喷流作用形成原始的火山岩堆积和贫铜矿胚（吴孔文，2008）。同时，据会理拉拉地区同位素特征研究，表明矿质来自古海火山沉积，在火山喷发-沉积过程形成初始富集层，同时，通过海底火山喷发及沉积作用赋存了大量的铜铁多金属元素，这些元素在一定的物理化学条件下沉淀并以同沉积形式赋存在火山沉积岩系中。

（2）岩浆活动期（～1.65Ga），在沉积成岩后期或基本完成之后，伴随 Columbia 超大陆裂解的进一步增强和反复活动，区域发生了不连续的与地幔柱上涌相关的拉张运动。地幔柱的部分分支到达下地壳，使下地壳重熔形成长英质岩浆，形成局部次火山侵位作用和区域内较广泛的几乎同时的辉绿-辉长岩侵入作用，造成了双峰式侵入岩的就位；同时由于构造活动及所引起的热液作用，形成大量东川式 SSC 铜铁矿床，与此同时，还形成有陆内裂谷内部的较小规模的 IOCG 矿床，如迤纳厂矿床（侯林等，2013；杨耀民等，2005；叶现韬等，2013）。

值得一提的是，本区较大范围内的铁矿可能是在这一较长时间内发生的变质作用而形成的，铁矿的主要成因是前期所形成的菱铁矿在热液作用下发生变质而形成磁铁矿，如石龙式铁矿；在火山喷发作用形成火山喷发沉积贫铁矿（初始富集层）的基础上，后期辉绿岩（可能为部分矿源）在沿火山机制脆弱部位顺层侵入，其后期含矿气液在接触带外侧交代或充填或叠加于先成的贫矿体之上，形成富厚的热液交代（充填）富矿体；根据本书对大红山铁矿年龄［（1325±170）Ma］的研究，结合前人观点综合研究认为，拉拉地区的石龙铁矿、新铺子铁矿等铁矿床的形成时代是持续间歇的过程，成矿作用可能一直延续至中元古代中期［～1290Ma（Zhu et al.，2013）］。

2. 变质改造期（1.4Ga ~ 1.2Ga）

在 1.4Ga～1.2Ga 时期，本区内发生多次构造运动的区域构造热变质改造作用，形成拉拉矿床中的变质改造型铜矿石及富矿层（1.4Ga～1.2Ga），所形成的矿石主要以（似）层状、致密块状、浸染状等矿石为特征（图 6-9）。

成矿作用：矿源层经本期区域构造热动力改（再）造成矿作用，形成早期铜矿石及富矿层。由于后期改造环境不同，而形成矿石种类、富集程度不同。主要成矿作用：区域构造运动产生的热动力变质作用，使原始矿源层、贫矿层中矿质活化、迁移，在层间虚脱部位（如向斜褶皱脊部虚脱部位、辉绿岩与地层接触空间）重新富集，使矿体变富、加厚，如拉拉落凼矿区中（似）层状、致密块状、浸染状等矿石。

通过前人研究，本区在中元古代（～1200Ma）扬子地台西缘发生了东川运动，使河口群岩石发生与成矿关系密切的变质作用，成矿物质得到改造富集，磁铁矿、磷灰石可能在这一阶段富集成矿（李复汉等，1988）。另外，前人曾得到过（1290±38）Ma 的黄铜矿 Re-Os 年龄（Zhu et al.，2013），代表本区在该时期的变质改造成矿作用；笔者得到的磁铁矿 Re-Os 年龄（1325±170）Ma（MSWD=40），虽然数据谐和度不理想，但可以作为本区热液活动年代学的参考；因此该期叠加变质期（1.4Ga～1.2Ga）在本区发生了铜和铁的富集成矿事件，是 IOCG 矿床的早期成矿阶段。

3. 叠加改造热液成矿期（1.1Ga ~ 1.0Ga）

中—新元古界是拉拉式铁铜矿形成的主要时期，形成了拉拉落凼、红泥坡、落东等矿体中的脉状矿石（图 6-9）。

结合前述的成矿流体及物源探讨，认为本阶段成矿过程为：从深部起源的流体沿深大断裂的热液通道（如落凼 F1 断层）上升，同时浅部流体沿断裂下渗并与其混合后，循环淋滤赋矿地层——河口群中的铜、钼、金等多金属元素并形成富含多金属元素的含矿热液，继续沿导矿构造上升和运移，至容矿空间（有利的褶皱、断裂构造空间）时与海水发生混合而沉淀富集，形成拉拉落凼、红泥坡、落东等矿床中黄铜矿、黄铁矿等主要金属硫化物（朱志敏，2011），同时还有钼、金、钴等成矿作用，形成一定量的辉钼矿、自然金、辉钴矿等。

因此，该期与 IOCG 矿床铜多金属形成有关，可能与 Rodinia 超大陆的拼合的早期 Grenville 运动有关，其成矿与构造热事件有明显的联系，只有深部流体活动的参与和改造，才能形成较好的矿体与矿化（杨应选等，1988）；否则，只形成贫矿或矿化异常；该期流体活动与早元古末拉张运动下地幔柱上涌有一定的继承性，至少存在对活动通道空间的继承：该地幔流体向上运移至上地壳后，随着温度压力逐渐降低，并与浅部流体发生混合，这种热液流体在继续上行过程中被地层阻挡，只能沿易透水或有裂隙的薄弱通道运移（表现为切穿岩体和地层的导矿断层，如高角度正断层），因此沿着早期地幔柱通道迁移至预富层附近（如岩体侵入的成矿地层附近）并在有利空间将成矿物质迁移-富集-沉淀-成矿，形成以似层状、脉状（部分宏观看起来是层状-浸染状的矿石也是由后期热液交代充填形成的）形式存在的矿体；因此，后期成矿流体路径与早期形成侵入岩的地幔流体通道一致，形成目前看到的矿床与前期侵入岩的空间耦合性，这在拉拉、大红山、岔河等矿床都可以看到双峰式侵入岩（辉长岩+花岗斑岩）出露于矿区及其边缘，根据本书和前人的研究证明，成矿与侵入岩并没有物质来源联系，那么在此是对矿体和侵入岩特殊时空联系（紧密的空间联系+时间差异大）的一种解释。

另外，对于本区的矿床，从矿田范围主要位于基性岩浆岩体与地层的接触带，以铜多金属成矿为特征，形成本区重要的拉拉 IOCG 矿床，如拉拉式铜矿和红泥坡式铜矿。因此，矿床是在富 Cu 火山岩的基础上，经过后来的构造流体作用，使赋矿围岩的铜多金属成矿元素受到改造-活化-运移-沉淀而进一步富集。

为了揭示成矿地质演化史及主要成矿地质事件，本书收集了近年来报道的有关研究区内这几个矿床的大量可靠成矿年龄数据（表 4-2、表 4-4、表 4-6、表 4-7），拉拉矿床 Re-Os 等精确年龄统计频率图见图 6-1。同时，统计了区域上拉拉、大红山、迤纳厂、岔河、东川等矿床中已发表的 K-Ar、Ar-Ar 等年龄数据（图 6-2）；从上述统计情况来看，结合本书工作认为，研究区内小于 1000Ma 的年龄代表的是拉拉矿床后期变质时间，而不是成矿年龄。

4. 新元古代变质改造期（0.85Ga ~ 0.7Ga）

此阶段是扬子东南部与华夏板块碰撞阶段，此时拉拉矿区所在的大地构造背景可能属于陆陆碰撞造山带（Zhao et al.，2008），本区在强烈的地质构造作用下被抬升成陆；大地构造背景方面与 Rodinia 超大陆的裂解密切相关，形成酸性侵入岩、大规模变质岩，属于碰撞造山环境（Zhao et al.，2008），并未形成成规模的铁铜矿床，但～0.8Ga 是区内 IOCG

矿床中的铀成矿阶段；根据前人资料，拉拉铜矿石的围岩——河口群变质火山-沉积岩系中铀含量普遍较高，部分钠质火山岩铀含量为 8.2×10^{-6}（局部高达 16×10^{-6}），推测铀的富集可能来自于区域变质作用，使地层中铀进一步活化富集而成矿。在区域热动力作用下引起的重结晶作用和变质热液（陈好寿等，1992；邱华宁等，2002；邱华宁等，2002；邱华宁等，1997；邱华宁等，1998；邱华宁等，2000；叶霖等，2004；周家云，2008），是本区一次大规模的变质作用。

因此，从大地构造作用与成矿作用来看，矿床成因十分复杂，一般原始矿源层形成以后，都经历了各种作用下复杂的叠加改（再）造，矿床是多期次、多阶段、多种成矿作用相互叠加，最后在有利空间富集成矿；从区域演化特征来看，早元古代是拉拉式铜铁多金属成矿作用的铜铁多金属预富集阶段（1.75Ga～1.65Ga），形成重要的矿源层，其后经过多次构造运动的叠加改造而成矿，其中 1.4Ga～1.2Ga 和 1.1Ga～1.0Ga 是与拉拉矿床有关的两次规模、强度较大的铜多金属矿成矿作用，分别形成铁矿、早期铜矿及后期热液脉状铜多金属矿石，～0.8Ga 是矿床中伴生的铀成矿阶段，多期次成矿作用组成铁、铜、金、钼、铀、钴、稀土成矿，形成了拉拉铜铁多金属矿床，成矿模式如图 6-8 和图 6-9 所示。

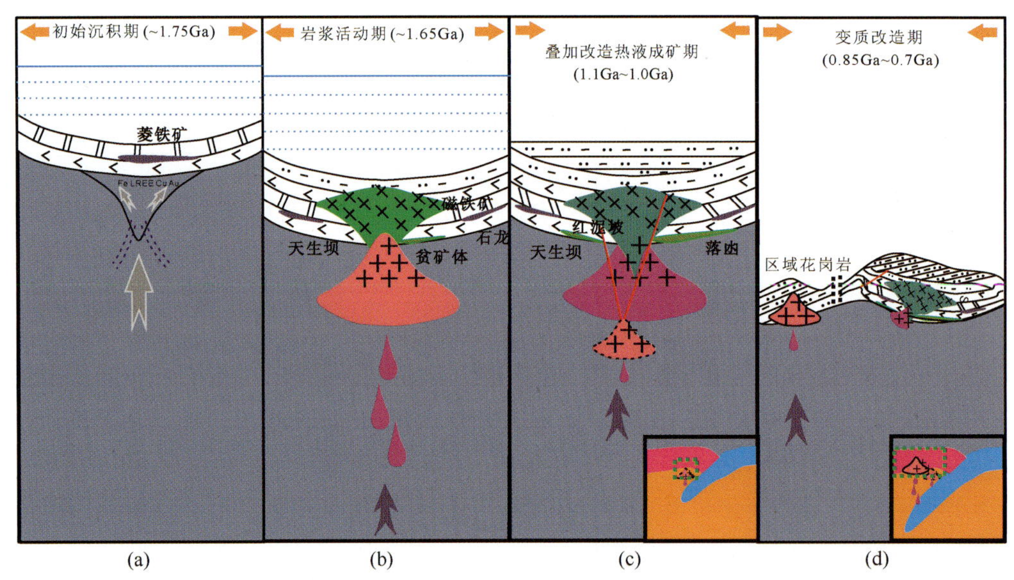

图 6-8　拉拉式矿床成因模式图

其他矿床，如大红山矿床，从前述的物质来源和成矿时代方面，也有类似的成矿过程，在此不赘述，但需要注意的是，大红山矿床矿体层状特征更为明显，但需要注意的是层状特征并不能简单的认为属于原始沉积成因，前人提出过区域热动力变质作用使成矿元素发生了活化迁移，沿片理形成了似层状的矿体（肖渊甫等，1992），本书的研究（前述的矿石结构构造及地球化学特征）也认为后期热液叠加是可以形成目前看起来似层状的矿体的；综合研究分析发现，二者受到后期的改造作用明显高于区内其他矿床，这也佐证了本书后期改造富集对本区矿床成矿有重要作用的观点。因此，在成矿作用过程中，矿源层、赋矿和储矿层位、侵入岩、导矿断层、后期热液、保存条件等均是本区多金属矿床成矿的必要条件。

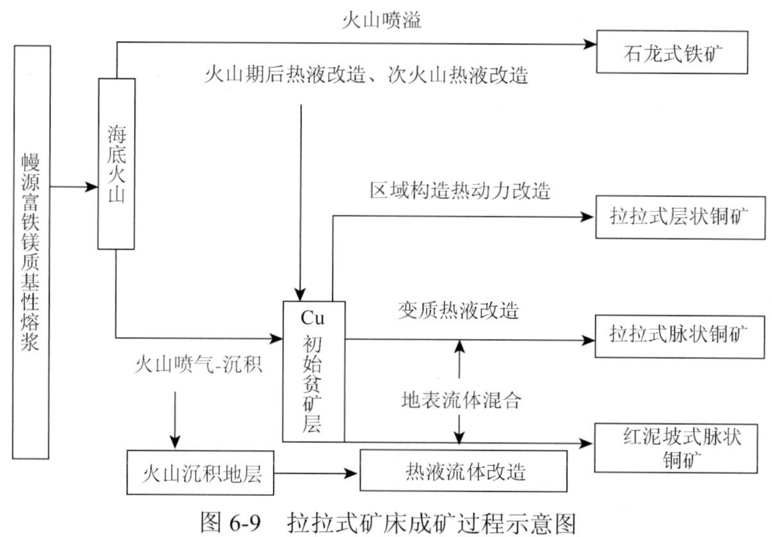

图 6-9　拉拉式矿床成矿过程示意图

6.3.2　区域成矿过程及成矿模式

根据前述，从扬子地块西南缘大地构造演化与矿床的成矿作用来看，该区域成矿过程可以归纳为四期成矿作用。①火山沉积作用：在研究区内早元古代（1.75Ga～1.65Ga）是铜铁等多金属成矿作用的预富集阶段，形成重要的矿源层。②变质改造作用：1.6Ga～1.2Ga 发生多次构造运动的变质改造作用，形成了东川铜矿床（1.65Ga～1.5Ga）及大红山、拉拉等 IOCG 矿床中的变质改造型矿石及富矿层（1.6Ga～1.2Ga），以似层状，浸染状铜矿石为主［图 6-10（a）、图 6-10（b）、图 6-10（c）和图 6-10（f）］，IOCG 矿床中的磁铁矿也是在该期形成的。③热液叠加改造而成矿，1.1Ga～1.0Ga 是本区重要的铜金钼等多金属矿成矿作用，形成了拉拉和大红山等矿床中后期热液成因矿石，以与方解石、石英、萤石等共生的热液脉状矿石为特征［图 6-10（c）、图 6-10（d）、图 6-10（g）和图 6-10（h）］。④～0.8Ga 是区内 IOCG 矿床中的铀富集阶段，形成了 IOCG 矿床中少量分散状的铀矿物（图 4-5，表 6-6）。因此，本区内前寒武纪 IOCG 矿床的成矿作用和演化，在不同阶段显示出具有较为明显的时代空间演化规律和特征。在此基础上，本书进行了区域成矿规律及模式研究，结合本区大地构造背景、矿床地质特征、成岩-成矿同位素年龄数据及扬子地台相关地质事件，研究认为本区矿床的形成演化主要经历了以下几个阶段（表 6-7）。

1. 沉积前奏期（～1.75Ga）

与沉积-层控铜矿床（SSC）和 IOCG 矿床矿源层有关，该时期本区属于与 Columbia 超大陆裂解形成的陆内裂谷内部（或被动大陆边缘）环境，形成较为稳定的海相碳酸盐沉积；此时与后期主要 IOCG（拉拉、大红山）有关的地区处于陆内裂谷的边缘，形成一套海相火山-沉积岩。本时期受到 SN 向拉张作用，在拉拉地区形成近东西向的裂谷盆地（周家云，2008）（东川群褶皱走向相同），由于这个时期本区地壳相对较薄，随着裂解事件的发生，地幔物质和能量得到大量释放（张成江等，2009），形成一系列与（超）基性火山岩浆活动有关的地质产物（岩浆岩、火山喷出岩、贫矿层位等），该套火山喷流作用携带了大量 Cu、Fe、Pb、S 等深源成矿物质，加上海水硫酸盐还原硫（吴健民等，1998），于

（a）～（d）为大红山矿床；（e）～（h）为拉拉矿床
Cpy. 黄铜矿；Py. 黄铁矿；Bn. 斑铜矿；Qz. 石英；Cal. 方解石

图 6-10　拉拉—大红山矿床中不同成矿作用形成的矿石照片

表 6-7　研究区前寒武纪铜多金属矿叠加成矿作用过程

阶段	沉积前奏期	岩浆活动期	变质改造期	热液叠加成矿期	区域变质期
时期	～1.75Ga	～1.65Ga	1.4Ga～1.2Ga	1.1Ga～1.0Ga	0.85Ga～0.7Ga
区域事件	Columbia 超大陆裂解			Grenville 运动 Rodinia 超大陆的拼合	Rodinia 超大陆的裂解
构造环境	陆内裂谷			主造山前期的边缘挤压造山作用	碰撞造山背景下的挤压环境
作用形式	海相火山喷发-沉积作用形成赋矿层位	“双峰式”岩浆岩活动及成岩后期成矿作用	浅源流体变质改造形成	形成区域花岗斑岩；深源流体叠加和改造形成热液型矿	形成酸性侵入岩、区域变质岩
成矿作用	（火山）沉积作用及次火山作用	小型 IOCG 成矿作用	主要 IOCG 矿床早期成矿	主要 IOCG 矿床后期铜多金属成矿作用	铀富集作用
金属	Cu-Fe			Cu-Au-Mo 等多金属	U
流体来源	岩浆岩/深部来源流体作用		变质流体	深部来源流体作用和大气降水作用	变质流体
成矿作用结果	铜矿赋矿层位、菱铁矿形成	中小型 IOCG 矿床：迤纳厂矿床；磁铁矿形成	IOCG 矿床中的层状矿石；磁铁矿形成	拉拉、大红山、岔河矿床中的热液脉状矿石	IOCG 中铀矿化
同时期沉积-层控铜矿床（SSC）	主要的 SSC 成矿期：如东川因民铜矿床等		SSC 改造成矿期：东川汤丹铜矿床		

相对封闭还原环境中形成原始火山岩堆积-沉积碎屑岩建造，包含了早期贫铜矿胚，如拉拉铜矿的赋矿围岩河口群地层中 Cu、Co、Mo 等主要成矿元素含量分别高出这些元素地壳平均丰度值的几倍至一个数量级（周家云，2008）。

2. *岩浆活动期（～1.65Ga）*

在沉积成岩后期或基本完成之后，伴随 Columbia 超大陆裂解的进一步增强和反复活动，区域发生了不连续的与地幔柱上涌相关的拉张运动。地幔柱的部分分支到达下地壳，使下地壳重熔形成长英质岩浆，几乎同时伴随辉绿辉长岩侵入，形成局部次火山侵位作用和区域内较广泛的辉绿-辉长岩侵入作用，造成双峰式侵入岩的就位；地幔岩浆上涌过程中，其蕴含的巨大热量促使区域热动力作用进一步发生，同时由于构造活动及所引起的热液作用，形成大量 SSC 铜铁矿床，与此同时，还形成有陆内裂谷内部的较小规模的 IOCG 矿床，如迤纳厂矿床（侯林等，2013；杨耀民等，2005；叶现韬等，2013），并且前人研究认为迤纳厂等矿床的稀土富集成矿可能与早元古代 Columbia 超大陆的裂解所形成的大量富碱非造山岩浆的活动有密切的关系（杨耀民等，2005），是火山岩喷发间期富稀土的成矿流体进入海底混合后同生沉积成矿。

3. *变质改造期*

（1）1.65Ga～1.4Ga，发生于 Columbia 超大陆裂解的后期的较长时间段内，主要是一些较小规模的构造热液活动，形成的主要矿床有晚期形成的 SSC，如东川汤丹矿床（Huang et al.，2013）。值得一提的是，本区较大范围内的铁矿，可能是在这一较长时间内发生的变质作用而形成的，由于温度压力升高，变质水在围岩中运移并与围岩发生水岩反应，导致前期的菱铁矿发生变质改造富集而形成磁铁矿。

（2）1.4Ga～1.2Ga，该时期在本区形成的地质产物较少，相对而言是地质事件产物空缺期。通过前人研究，中元古代中晚期 1200Ma 左右扬子地台西缘发生了东川运动，河口群岩石发生与成矿关系密切的变质作用，成矿物质得到改造富集，磁铁矿、磷灰石可能在这一阶段富集成矿（李复汉等，1988），另外前人曾得到过（1290±38）Ma 的黄铜矿 Re-Os 年龄（Zhu et al.，2013），可能代表了本区一期成矿作用；笔者得到的磁铁矿 Re-Os 年龄（1325±170）Ma（MSWD=40），虽然数据谐和度不理想，但可以作为本区热液活动年代学的参考；因此该期叠加变质期（1.4Ga～1.2Ga）在本区发生了铜和铁的富集成矿事件，是 IOCG 矿床的早期成矿阶段。

4. 热液叠加成矿期（1.1Ga ~ 1.0Ga）

与 IOCG 矿床有关，可能与 Rodinia 超大陆的拼合的早期 Grenville 运动有关，矿床的成矿作用与叠加构造热事件有联系，根据前述的研究，深部流体活动的参与和改造是形成拉拉、大红山等具有较大规模和较富的矿床的重要条件，该期流体活动与早元古末拉张运动下地幔柱上涌有一定的继承性，至少存在对活动通道空间的继承，形成了目前依然看到的矿床与前期侵入岩的空间耦合性；且主要发生于本区南北边缘（图 6-11），如拉拉、大红山矿床，以铜多金属成矿为特征，该期构造热液活动形成本区重要的 IOCG 矿床，如拉拉（Chen et al.，2012）、大红山、岔河矿床中的脉状铜多金属矿石。

在该时期，由于研究区受到 Rodinia 超大陆的拼合及可能存在 Grenville 造山带运动的影响，产生了区域性的以南北向为主的挤压运动（形成拉拉、大红山等矿床的重要的控矿褶皱），使东西向断层性质由早期张性转变为压扭性为主。例如，在拉拉矿区附近形成的控矿构造的主方向为东西走向（周家云，2008），并以叠瓦式冲断-褶皱构造形式出现。本期成矿作用是在早期富 Cu 多金属火山岩的基础上，经过本区与地幔深部流体有关的各种地质作用下，深部流体和海水、地表水混合形成的成矿流体沿断层运移，萃取成矿物质形成含矿热液，同时促进河口群内巨量成矿元素的进一步活化、迁移，使地层中的成矿元素受到改造，并在次级构造有利部位（褶皱及层间破碎带部位、次级断层等）得到进一步富集，随着热液物化条件改变而发生沉淀而成矿。

5. 区域变质期（0.85Ga ~ 0.7Ga）

形成酸性侵入岩、大规模变质岩，属于碰撞造山环境，并未形成成规模的铁铜矿床，形成区域上一系列岩浆岩组合。该期构造作用可能与 Rodinia 超大陆的裂解密切相关，导致了本区一次大规模的变质作用，岩系受到区域性挤压及热蚀变而发生变质变形作用，形成了许多矿床内广泛存在的黑云母、白云母、绢云母、石英等脉石矿物（陈好寿等，1992；邱华宁等，2002；邱华宁等，2002；邱华宁等，1997；邱华宁等，1998；邱华宁等，2000；叶霖等，2004；周家云，2008）。该时期并未形成成规模的铁铜矿床，但～0.8Ga 是区内 IOCG 矿床中的铀成矿阶段，形成了区内典型 IOCG 矿床中较为广泛的一期铀富集作用，铀的富集可能来自于赋矿地层，在区域变质作用使地层中铀进一步活化富集。

综上所述，1.4Ga～1.2Ga 和 1.1Ga～1.0Ga 是研究区 IOCG 矿床的成矿时代，1.1Ga～1.0Ga 与 Rodinia 超大陆的拼合具有明显的对应关系，早期铁铜矿的形成与 1.4Ga～1.2Ga 成矿作用有关，而 IOCG 矿床中铜多金属的形成主要与 1.1Ga～1.0Ga 时期的 Rodinia 超大陆拼合和 Grenville 运动的关系较为密切，～0.8Ga 铀的成矿富集作用，形成铁、铜、金、钼、铀、钴、稀土等多金属组合富集。

在此基础上，建立了研究区区域成矿模式图［图 6-11 中（a）为早元古代末板内非造山

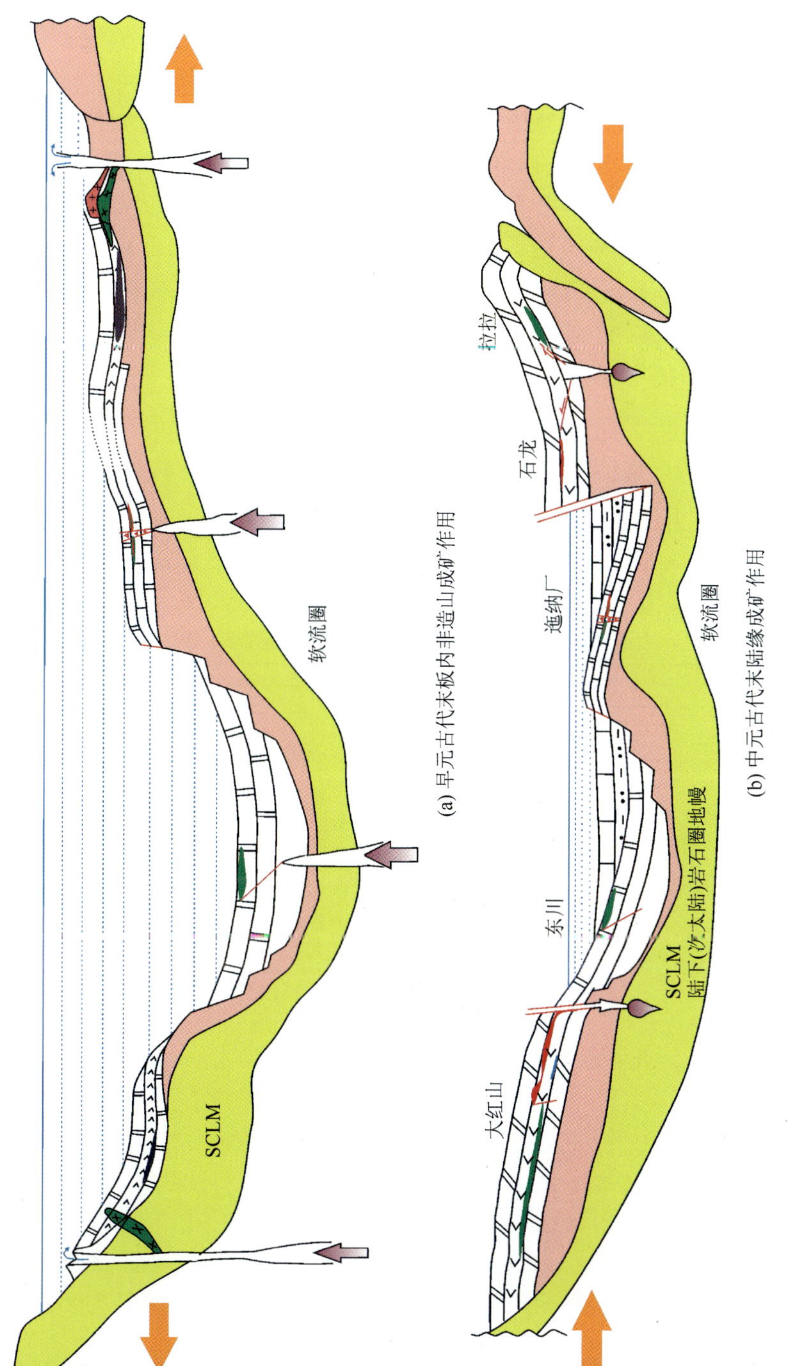

(a) 早元古代末板内非造山成矿作用

(b) 中元古代末陆缘成矿作用

图 6-11　区域成矿模式图

成矿；(b) 为中元古代末陆缘成矿]。其中，①陆内成矿：在板块内部发生的成矿作用（例如：迤纳厂、狮子山、东川等形成于板块内部），与 Columbia 超大陆的裂解背景下的裂谷事件有关。在中元古后期，本区内迤纳厂、狮子山、东川等昆阳裂谷的裂陷盆地的内部，这些矿床均属于昆阳裂谷裂陷盆地，这对先期形成的矿床起到了很好的保护作用。②陆缘成矿：Rodinia 超大陆的拼合和 Grenville 运动背景下陆缘挤压环境为主，与主造山前期的边缘造山作用有关，在大陆板块边缘发生的成矿作用，例如，研究区的拉拉、大红山、岔河等矿床形成于板块边缘。

因此，早元古代是本区铜铁等多金属成矿作用的预富集阶段，依次通过早元古代末海相火山喷发沉积、中元古代变质改造、热液叠加成矿、新元古代铀富集事件，即矿床的形成经过了多次构造叠加改造，形成包括东川矿床和大红山、拉拉等矿床在内的大型铜多金属矿床的赋矿层位和矿源层；经过多次构造作用和叠加成矿，形成研究区主要的 IOCG 矿床，如大红山、拉拉等铜多金属矿床。

6.4　区域铜矿概述

研究区是我国重要的铁铜矿带之一，还存在其他重要的铜矿成矿系列（表 6-8），如东川式、落雪式和易门式以及晚三叠统砂砾岩中沉积-改造铜矿类型等。

表 6-8　区域铜及多金属矿床成矿系列

时代	地质背景	含矿地层	矿床类型	成矿作用	成矿元素	典型矿床
砂岩型铜矿	楚雄盆地	中生界地层（湖泊、河流、浅海相）	砂岩型	热液改造	Cu	六苴铜矿、大铜厂铜矿、大姚铜矿
晚元古代	盖层沉积	震旦系陡山沱组	滥泥坪式铜矿	堆积、沉积	Cu	滥泥坪
	挤压封闭		凤山式铜矿（刺穿体、脉状、柱状矿体）	热液改造	Cu	凤山
IOCG 铜铁矿	陆壳基底	海相火山沉积相大红山群、河口群	大红山拉拉式铁铜矿	火山沉积及热液改造	Cu-Fe-Au-U-REE	拉拉、大红山、迤纳厂、岔河
早元古代沉积-层控-层状硫化物铜矿（SSSC）	断拗成谷	黑山组底部	桃园式铜矿	炭泥质吸附热液充填	Cu	桃园
		落雪组下部	东川式“马尾丝”铜矿	蒸发沉积成岩	Cu	
		落雪底部过渡层	东川式层状铜矿	热水沉积	Cu	东川汤丹和易门铜矿
	成穹张裂	因民组	稀矿山式含铜铁矿	火山喷流沉积	Cu-Fe	稀矿山

注：据龚琳，2011；吴健民等，1998 等修改。

除本书研究铁氧化物铜金型（IOCG）矿床之外，这一系列的铜铁矿山构成“四楼一梯”的矿化格架（龚琳等，1996；冉崇英等，1993a），“四楼”：因民组中下部稀矿山式铁铜矿、落雪组中及底部的东川式铜矿、鹅头厂组（黑山组）桃园式铜矿、灯影组底部不整合面上风化壳型沉积铜矿；“一梯”指刺穿于下三层铜矿层位之凤山式角砾状铜矿。其中，东川式和桃园式等铜矿床属沉积-层控-层状铜矿（SSSC）。因此，赋存于前寒武基底中矿床的成矿作用主要发生于前寒武纪，但许多矿床均不同程度地受到后期地质作用的变质改造（未发生成矿富集作用），另外，还有一些与基底中可能有一定成因联系的中新生代铜矿床，也是本区重要的铜矿床类型，如区内还有中生界地层（湖泊、河流、浅海相）中产出的砂岩型铜矿，如六苴铜矿、大铜厂铜矿、大姚铜矿等，这些矿床可能为基底中赋铜火山沉积岩建造，经风化剥蚀后，大量的铜质被搬运至“昆阳裂谷”中，随地层的沉积在有利的位置富集（吴健民等，1998；薛步高，1995）。通过对矿床成矿特征、成矿年龄及规模的综合分析，建立了区域铜及多金属矿床成矿系列，并建立了区域时间演化与铜累计聚集示意图（图 6-12），可以明显指示本区成矿作用属于多期次成矿，1.7Ga～1.5Ga、1.1Ga～1.0Ga 及中新生界是三次规模、强度较大的铜矿成矿作用时期，形成研究区内规模较大的诸多铜矿床。

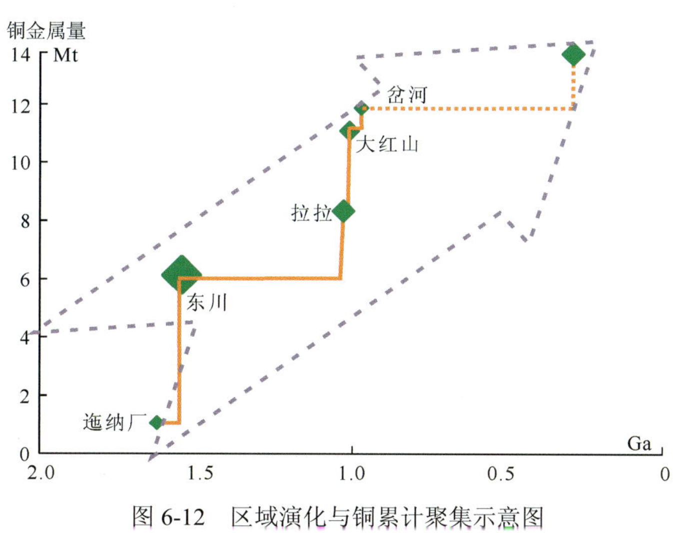

图 6-12　区域演化与铜累计聚集示意图

注：部分铜金属量大小是估计的相对值。

6.5　小结及讨论

（1）在地质、地球化学、构造环境、与岩浆岩的关系、成矿时代、矿体特征、元素和矿物组合、围岩蚀变等方面的综合研究基础上，本书通过本区铁铜多金属矿床与典型 IOCG 矿床进行对比，认为与 IOCG 矿床有较多相似之处。拉拉铜矿床、大红山铁铜矿床不仅规模大、意义重要，而且是研究区两个典型的 IOCG 矿床，且二者具有很强的相似性，从成矿与 Fe-Cu 多金属组合、Au-U-REE、岩浆岩、磁铁矿、断裂构造、褶皱、角砾岩、萤石化及矿体产状的关系，可以总结出，拉拉、大红山、迤纳厂等矿床具有较为明显铁氧化物铜金（IOCG）矿床的特征。

（2）在详细的矿床地质和岩石学、矿石学、矿相学基础上，以本书所做的成矿物质及流体来源、成矿时代、岩浆岩演化、多金属组合等研究为依据，以拉拉矿床为代表进行了解剖，通过综合研究，建立了矿床成矿模式。从区域演化特征来看，早元古代是拉拉式铜铁多金属成矿作用的预富集阶段，形成重要的矿源层，之后经过多次构造运动的叠加改造而成矿，其中～1.65Ga 和 1.1Ga～1.0Ga 是两次规模、强度较大的铜多金属矿成矿作用时期，～0.8Ga 是区内 IOCG 矿床中的伴生铀成矿阶段，多期次成矿作用组成铁、铜、金、铀、钼、钴、稀土多金属富集，形成拉拉铜铁多金属矿床。

（3）本书对与早元古代富钠质火山-变质沉积岩有关的铁-铜-金-铀多金属成矿系列（拉拉、大红山、迤纳厂、岔河等）进行了研究，通过以上对研究区矿床特征及成矿对元古代重大地质事件的响应（多阶段事件）研究可知，区内矿床的成矿作用属于多期次成矿，其中两次大的成矿作用主要为早元古世成矿作用和中元古代成矿作用，认为早元古代是本区铜铁等多金属成矿作用的预富集阶段，依次通过早元古代末海相火山喷发沉积形成了矿床的赋矿层位和矿源层，中元古代经过多次构造作用和叠加成矿，于 1.1Ga～1.0Ga 形成了研究区主要的 IOCG 矿床，如大红山、拉拉等矿床。

（4）本书研究了成矿作用与重大地质事件的响应并建立了区域成矿模式。对研究区 Columbia 超大陆裂解事件、格林威尔运动及 Rodinia 超大陆拼合裂解事件进行了总结和研究。结合本区大地构造背景、矿床地质特征、成岩-成矿同位素年龄数据及扬子地台相关地质事件，进行区域成矿规律及模式研究；认为本区矿床的形成演化主要经历了以下几个阶段。①早元古代末（1.75Ga～1.65Ga）板内非造山背景下火山沉积作用，与 Columbia 超大陆的裂解背景下的裂谷事件有关：在研究区内早元古代末海相火山喷发沉积作用是铜铁等多金属成矿作用的预富集阶段，形成重要的矿源层。②中元古代 1.4Ga～1.2Ga 变质改造作用：发生多次构造运动的变质改造作用，形成大红山、拉拉等 IOCG 矿床中的变质改造型矿石及富矿层，以似层状、致密块状、浸染状矿石为主。③中元古代末（1.1Ga～1.0Ga）热液叠加改造成矿作用，以 Rodinia 超大陆的拼合和 Grenville 运动背景下陆缘挤压环境为主，是本区重要的铜金钼等多金属矿成矿作用，形成拉拉和大红山等矿床中后期热液成因矿石，以热液脉状铜多金属矿石为特征；该期成矿可能与主造山前期的边缘造山作用有关，在大陆板块边缘发生的成矿作用，如研究区的拉拉、大红山、岔河等矿床形成于板块边缘。④～0.8Ga 是区内 IOCG 矿床中的铀成矿阶段，形成 IOCG 矿床中的铀矿物。因此，多期次热液叠加改造成矿作用形成了研究区主要的拉拉、大红山等代表性 IOCG 矿床。

上述对重大地质事件及成矿事件的描述基于成岩和成矿年代学，而由于测试技术限制和工作条件限制，区内部分铜多金属矿床的年代学仍然存在争议和不确定，如迤纳厂、东川等矿床的时代由不同学者同一方法（Re-Os 同位素等时线）确定的范围较大，跨越 300Ma（1.7Ga～1.4Ga），到底是年龄误差还是多期成矿还有待研究。因此，进一步采用国内外先进的测年技术和深入的研究工作对研究区诸多铜多金属矿床的成矿规律特别是成矿年代进行深入和系统研究还有待广大学者进一步的努力。

第7章　结　论

本书通过对扬子地块西南缘前寒武纪铜-铁多金属矿床——拉拉、大红山、迤纳厂、岔河等铁铜多金属矿床进行野外实地考察取样、室内分析测试及综合研究，深入系统地研究典型矿床成矿地质背景和成矿地质条件，研究矿床的成矿规律及成矿模式，探讨区域铜多金属矿的成矿规律及成矿作用。通过本书研究工作，得出以下成果。

（1）对拉拉、大红山、迤纳厂、岔河等矿床进行系统的基础地质、岩石学、矿石学研究，对控矿因素进行梳理和总结；研究Cu-Fe-Au-Mo-U-Co等多金属共生组合规律及成矿元素的赋存形态，多金属元素分别主要以黄铜矿、磁铁矿、辉钼矿、晶质铀矿、辉钴矿形式存在；稀土以氟碳铈矿、磷钇矿及存在于磷灰石、萤石等矿物中；金以细分散系微粒自然金形式为主存在于黄铜矿、黄铁矿粒、黑云母片间及在辉钼矿矿物中以类质同象形式存在；将拉拉矿床分为：火山沉积-岩浆热液期、热液流体成矿期、表生氧化期三个成矿期，并对矿物生成顺序进行划分；对拉拉矿床 Cu-Au-Mo-Co-Fe-U 等多金属成矿期次进行划分，认为后期热液叠加成矿作用是形成本区IOCG矿床重要的多金属成矿作用。

（2）本区矿床中矿石矿物硫同位素、磁铁矿元素地球化学显示出矿床具有IOCG矿床的特征；磁铁矿元素地球化学特征表明成矿物质具有多种来源，可能局部为沉积来源-沉积改造成因的，并在后期被热液交代叠加而成矿。黄铁矿元素特征研究表明，矿床具有火山喷发沉积叠加后期热液的成矿特征，深部流体和浅部流体均对成矿有贡献，表明拉拉矿床在早期有火山喷气-沉积成因，并有后期变质热液的叠加作用而成矿。早期成矿以变质热液为主，继承了火山热液的组分；而后期流体属于以深部热液为主的成因，同时具有浅部热液的影响和混合成因。

（3）根据金属硫化物硫同位素、方解石碳氧同位素、黄铜矿包裹体稀有气体同位素研究表明，拉拉、大红山等矿床的流体及物质来源一部分是就地取材汲取本区以河口群、大红山群等古火山-沉积层为主的含金属变质富钠质火山沉积建造，另外还有后期通过深大断裂来自深源的岩浆-变质流体；后期流体对成矿物质的运移和富集具有重要意义；矿床成矿流体为浅部与深源岩浆水-地幔流体的混合来源，主要矿床明显存在地幔流体的参与特征。通过拉拉和大红山矿床硫化物、方解石单矿物稀土元素示踪研究，结合Re-Os体系对成矿物质来源的探讨，进一步表明地幔流体对拉拉、大红山矿床等矿床成矿具有重要意义；地幔流体对成矿过程的参与作用是本区形成（超）大型矿床的重要条件。

（4）通过黄铜矿Re-Os等时线年龄测得主要矿床的成矿年龄，拉拉矿床的成矿年龄为（1085±27）Ma、大红山矿床为（1083±45）Ma、岔河矿床为（1082±46）Ma，三者成矿时代具有较好的一致性，表明矿床的成矿可能属于中元古代末同一地质事件的产物。通过磁铁矿 Re-Os 同位素获得大红山矿床铁成矿年龄（1325±170）Ma（MSWD=40），该年龄误差较大，可能代表本区热液成因磁铁矿年龄，表明磁铁矿、磷灰石等主要在这一阶段富集成矿。通过对拉拉矿床内晶质铀矿较为系统的电子探针化学测年，确定铀富集年龄为（824±15）Ma，表明铀的成矿晚于铁铜钼金等多金属的成矿作用，为新元古代的成矿事件。

（5）在地质、地球化学、构造环境、与岩浆岩的关系、成矿时代、矿体特征、元素和矿物组合、围岩蚀变等方面的综合研究基础上，通过本区铁铜多金属矿床与典型 IOCG 矿床进行对比，认为与 IOCG 矿床有较多相似之处。拉拉铜矿床、大红山铁铜矿床不仅规模大、意义重要，而且是研究区两个典型的 IOCG 矿床，且二者具有较多的相似性，从成矿与 Fe-Cu 多金属组合、Au-U-REE、岩浆岩、磁铁矿、断裂构造、褶皱、角砾岩、萤石化及矿体产状的关系可以总结出，拉拉、大红山、迤纳厂等矿床具有较为明显铁氧化物铜金（IOCG）矿床的特征。提出本书所研究的矿床作为本区铁氧化物铜金（IOCG）矿床的代表，所具有的特征与其他铁氧化物铜金（IOCG）矿床具有一致性，而其矿床成因及成矿过程具有一定特殊性，如主要矿床中铜-铁不是同时成矿的，多金属矿床具有多期叠加成矿特征。

（6）在详细的矿床地质和岩石学、矿石学、矿相学基础上，以本书所做的成矿物质及流体来源、成矿时代、岩浆岩演化、多金属组合等研究为依据，通过综合研究，建立了拉拉矿床成矿模式。从大地构造作用与成矿作用来看，矿床成因复杂，在原始矿源层形成以后，经历了各种作用下复杂的叠加改（再）造，矿床是多期次、多阶段、多种成矿作用相互叠加最后在有利空间富集成矿；在成矿作用过程中，矿源层、赋矿和储矿层位、侵入岩、导矿断层、后期热液、保存条件等均是本区多金属矿床成矿的必要条件。从区域演化特征来看，早元古代是拉拉式铜铁多金属成矿作用的预富集阶段，形成重要的矿源层；之后经过多期次构造运动和热液叠加改造而成矿，尤其是 1.4Ga～1.2Ga 变质改造成矿作用和 1.1Ga～1.0Ga 热液叠加成矿作用，～0.8Ga 铀的成矿富集作用，在多阶段叠加成矿作用下，形成铁、铜、金、钼、铀、钴、稀土等多金属组合富集，形成了拉拉铜铁多金属矿床。

（7）本书研究了成矿作用与重大地质事件的响应并建立了区域成矿模式。结合本区大地构造背景、矿床地质特征、成岩-成矿同位素年龄数据及扬子地台相关地质事件，认为至少可以分为前期预富集作用及两次大的成矿作用，以及若干个小的成矿作用，其中两次大的成矿作用主要为早元古代成矿作用和中元古代成矿作用，进行了区域成矿规律及模式研究；提出本区铜-铁多金属矿床的形成具有多期成矿作用，可以分为四期成矿作用。①早元古代末（1.75Ga～1.65Ga）板内非造山背景下火山沉积作用，与 Columbia 超大陆的裂解背景下的裂谷事件有关：在研究区内早元古代末海相火山喷发沉积作用是铜铁等多金属成矿作用的预富集阶段，形成重要的矿源层。②中元古代（1.4Ga～1.2Ga）变质改造作用：发生多次构造运动和变质改造作用，形成大红山、拉拉等 IOCG 矿床中的变质改造型矿石及富矿层，以似层状、致密块状、浸染状矿石为主。③中元古代末（1.1Ga～1.0Ga）热液叠加改造成矿作用，以 Rodinia 超大陆的拼合和 Grenville 运动背景下陆缘挤压环境为主，是本区重要的铜金钼等多金属矿成矿作用，形成拉拉和大红山等矿床中后期热液成因矿石，以热液脉状铜多金属矿石为特征；该期成矿可能与主造山前期的边缘造山作用有关，在大陆板块边缘发生的成矿作用，如研究区的拉拉、大红山、岔河等矿床形成于板块边缘。④～0.8Ga 是区内 IOCG 矿床中一期铀富集阶段，形成 IOCG 矿床中的铀矿物，并未形成铀矿床。因此，多期次热液叠加改造成矿作用形成了研究区主要的拉拉、大红山等代表性 IOCG 矿床，并建立了研究区前寒武纪铜多金属矿床叠加成矿模式。

参考文献

安伟，曹志敏，郑建斌，等. 2003. 古代与现代火山成因块状硫化物矿床研究进展[J]. 地球科学进展，18（5）：773-782.

包志伟，王强，资锋，等. 2009. 龙王（石童）A 型花岗岩地球化学特征及其地球动力学意义[J]. 地球化学，38（6）：509-522.

鲍学昭. 2000. 论外地核中的 U、Th 及其与地幔惰性气体起源的关系[J]. 地质论评，（03）：269-334.

毕献武，胡瑞忠，彭建堂，等. 2004. 黄铁矿微量元素地球化学特征及其对成矿流体性质的指示[J]. 矿物岩石地球化学通报，（1）：1-4.

毕献武，胡瑞忠. 1998. REE geochemistry of primitive ore fluids in ailaoshan gold belt，Southwest China[J]. Chinese Journal of Geochemistry，（1）：91-96.

蔡从定. 2006. 大红山铜矿两类斑岩及其与矿床成因关系[J]. 云南地质，（4）：418-420.

曾玫吾，王曼祉，曲维政. 1981. 白云鄂博铁矿磁铁矿成因矿物学的研究[J]. 矿物岩石：44-58.

曾志刚，秦蕴珊，翟世奎. 2000. 大西洋中脊 TAG 热液区硫化物中流体包裹体的 He-Ne-Ar 同位素组成[J]. 中国科学：D 辑，30（6）：628-633.

陈根文，程德荣，余孝伟. 1992. 四川拉拉铜矿黄铁矿标型特征研究[J]. 矿物岩石，12（3）：85-91.

陈根文，夏斌. 2001. 四川拉拉铜矿床成因研究[J]. 矿物岩石地球化学通报，（1）：42-44.

陈光远，孙岱生，殷辉安. 成因矿物学与找矿矿物学[M]. 重庆：重庆出版社，1988

陈好寿，冉崇英，李承德，等. 1992. 康滇地轴铜矿床同位素地球化学[M]. 北京：地质出版社：10-84.

陈好寿. 1994. 同位素地球化学研究[M]. 杭州：浙江大学出版社.

陈华勇. 2012. 中国铁氧化物铜金（IOCG）矿床成矿规律及全球对比[J]. 矿床地质，31（S）：5-6.

陈文. 2002. ^{39}Ar-^{40}Ar 定年技术及其在青藏高原多期地质事件年代学中的应用研究[D]. 中国地质大学 中国地质大学（武汉）矿物学、岩石学、矿床学.

陈贤胜. 1995. 云南新平老厂—大红山矿区成矿系列及其成因[J]. 西南矿产地质，9（1）：1-11.

陈友明，沈远超，李义甫. 1989. 南澳大利亚奥林匹克坝铜-铀-金矿床[J]. 黄金科技动态，（5）：29-31.

陈毓川，毛景文. 1995. 桂北地区矿床成矿系列和成矿历史演化轨迹[M]. 南宁：广西科学技术出版社：1-433.

陈岳龙，罗照华，刘翠. 2001. 对扬子克拉通西缘四川康定—冕宁变质基底的新认识——来自 Nd 同位素的证据[J]. 地球科学-中国地质大学学报，26（3）：279-285.

陈岳龙，罗照华，赵俊香，等. 2004. 从锆石 SHRIMP 年龄及岩石地球化学特征论四川冕宁康定杂岩的成因[J]. 中国科学（D 辑：地球科学），（8）：687-697.

陈振宇，王登红，徐珏，等. 2006. CCSD 岩芯中部分石英脉的氦、氩同位素初步研究[J]. 岩石学报，22（7）：1952-1956.

丛柏林. 1989. 攀西裂谷的形成与演化[M]. 北京：科学出版社：206-355.

邓明国. 2007. 新平大红山—元江撮科铜铁多金属成矿系列及成矿预测[D]. 昆明：昆明理工大学. 博士论文

董福湘，刘立，马艳萍. 2004. 大港滩海地区沙一段下部砂岩储层中方解石胶结物碳、氧同位素研究[J]. 石油实验地质，（6）：590-593.

董福湘，刘立，曲希玉. 2011. 大港滩海地区沙一段下部储层中方解石脉的成因[J]. 西安石油大学学报（自然科学版），2011（6）：9-13.

方维萱，柳玉龙，郭茂华，等. 2009. 云南东川滥泥坪铁氧化物铜-金型（IOCG）矿床发现与找矿方向：中国矿物岩石地球化学学会第 12 届学术年会[C]. 中国贵州贵阳.

方维萱，柳玉龙，张守林，等. 2009. 全球铁氧化物铜金型（IOCG）矿床的 3 类大陆动力学背景与成矿模式[J]. 西北大学学报（自然科学版），（3）：404-413.

方维萱，杨新雨，柳玉龙，等. 2012. 岩相学填图技术在云南东川白锡腊铁铜矿段深部应用试验与找矿预测[J]. 矿物学报，32（1）：101-114.

高浩中，蔡新平. 1999. 黄铁矿的诸多特征与金矿化[J]. 黄金科学技术，7（3）：10-14.

高建国. 1996. 易门狮山铜矿床地球化学特征与成矿关系[J]. 云南地质，15（3）：257-265.

葛良胜，邓军，郭晓东，等. 2009. 哀牢山多金属矿集区深部构造与成矿动力学[J]. 中国科学（D 辑：地球科学），（3）：271-284.

葛祥坤，秦明宽，范光. 2011. 电子探针化学测年法在晶质铀矿/沥青铀矿定年研究中的应用现状[J]. 世界核地质科学，（01）：55-62.

耿元生，杨崇辉，王新社，等. 2008. 扬子地台西缘变质基底演化[M]. 北京：地质出版社：215.

耿元生，杨崇辉，王新社，等. 2007. 扬子地台西缘结晶基底的时代[J]. 高校地质学报，13（3）：429-441.

龚琳，何毅特. 1996. 云南东川元古宙裂谷型铜矿[M]. 北京：冶金工业出版社.

龚琳. 2011. 滇中中晚元古代铜铁矿带成矿规律与找矿[J]. 云南地质，（3）：255-260.

关俊雷，郑来林，刘建辉，等. 2011. 四川省会理县河口地区辉绿岩体的锆石 SHRIMP U-Pb 年龄及其地质意义[J]. 地质学报，85（4）：482-490.

郭阳，王生伟，孙晓明，等. 2014. 云南省武定县迤纳厂铁铜矿区古元古代辉绿岩锆石的 U-Pb 年龄及其地质意义[J]. 大地构造与成矿学，38（1）：208-215.

韩军，夏毓亮，修群业. 2010. 辽东本溪、营口花岗岩年龄及锆石饱和温度和 Ti 温度的地质意义[J]. 矿物岩石地球化学通报，（1）：1-10.

韩吟文，马振东，张宏飞，等. 2003. 高等教育面向 21 世纪课程教材　地球化学[M]. 北京：地质出版社：1-321.

何德锋，钟宏，朱维光，等. 2010. 四川拉拉铜矿床赋矿层位变质沉积岩地球化学特征[J]. 地学前缘，17（4）：218-226.

何德锋. 2009. 四川省拉拉铜矿床岩石学及地球化学研究[D]. 北京：中国科学院研究生院.

侯林，丁俊，邓军，等. 2013. 滇中武定迤纳厂铁铜矿床磁铁矿元素地球化学特征及其成矿意义[J]. 岩石矿物学杂志，32（2）：154-166.

侯林，丁俊，邓军，等. 2013. 云南武定迤纳厂铁铜矿岩浆角砾岩 LA-ICP-MS 锆石 U-Pb 年龄及其意义[J]. 地质通报，32（4）：580-588.

侯林，丁俊，王长明，等. 2013. 云南武定迤纳厂铁-铜-金-稀土矿床成矿流体与成矿作用[J]. 岩石学报，29（4）：1187-1202.

侯林. 2013. 滇中“东川群”Fe-Cu-Au-REE 成矿系统研究——以武定迤纳厂矿床为例 [D]. 北京：中国地质大学（北京）.

侯增谦，曲晓明，王淑贤，等. 2003. 西藏高原冈底斯斑岩铜矿带辉钼矿 Re—Os 年龄：成矿作用时限与动力学背景应用[J]. 中国科学：D 辑，33（7）：609-618.

侯增谦，曲晓明，徐明基，等. 2001. 四川呷村 VHMS 矿床：从野外观察到成矿模型[J]. 矿床地质，20（1）：44-56.

侯增谦，杨岳清，王海平. 2003. 三江地区义敦岛弧造山带演化和成矿系统[M]. 北京：地质出版社：170-183.

胡霭琴，朱炳泉，毛存孝，等. 1991. Geochronology of the Dahongshan Group[J]. 中国地球化学学报（英文版），（3）：195-203.

胡瑞忠，Turner G. 1999. 哀牢山金矿带金成矿流体 He 和 Ar 同位素地球化学[J]. 中国科学：D 辑，29（4）：321-330.

胡瑞忠，Turner G. 1997. 云南马厂箐铜矿床氦同位素组成研究[J]. 科学通报，42（14）：1542-1545.
胡瑞忠，毕献武，Turner G. ，等. 1997. 马厂箐铜矿床黄铁矿流体包裹体 He-Ar 同位素体系[J]. 中国科学（D 辑：地球科学），（06）：503-508.
胡瑞忠，毕献武，Turner G. ，等. 1997. 中国若干固体矿床 He、Ar 同位素研究[J]. 地球学报（中国地质科学院院报），18（S）：170-172.
胡瑞忠，毕献武，彭建堂，等. 2006. 与富碱侵入岩有关的金、铜矿床的成矿流体：氦、氩同位素研究[J]. 矿物岩石地球化学通报，（z1）：184-185.
胡瑞忠. 1997. 成矿流体氦、氩同位素地球化学[J]. 矿物岩石地球化学通报，（02）：52-56.
华仁民. 1990. 论昆阳拗拉谷[J]. 地质学报，64（4）：289-301.
黄从俊，李泽琴，王奖臻，等. 2012. 拉拉铁氧化物-铜-金-铀矿床成矿时代分析[J]. 河南师范大学学报：自然科学版，40（6）：80-84.
黄典豪，杜安道. 1994. 东秦岭地区钼矿床的铼—锇同位素年龄及其意义[J]. 矿床地质，13（3）：221-230.
黄典豪，杜安道. 1996. 华北地台钼（铜）矿床成矿年代学研究. 辉钼矿铼 锇年龄及其地质意义[J]. 矿床地质，15（4）：365-373.
黄世杰. 2006. 略谈深源铀成矿与深部找矿问题[J]. 铀矿地质，（2）：70-75.
黄小文，漆亮，高剑峰. 2011. 铼-锇同位素分析样品预处理研究进展[J]. 岩矿测试，30（1）：90-103.
黄小文，漆亮，刘莹莹，等. 2012. 黄铁矿 Re-Os 同位素定年化学前处理若干条件初探[J]. 地球化学，41（4）：380-386.
胡玲. 1998. 显微构造地质学概论[M]. 北京：地质出版社.
姜福芝，王玉往. 2005. 海相火山岩与金属矿床[M] . 北京：冶金工业出版社.
蒋崧生. 2001. 地球上氦同位素的起源及 3He/4He 比值变化特征[J]. 矿物岩石地球化学通报，（4）：475-476.
焦文放，吴元保，彭敏，等. 2009. 扬子板块最古老岩石的锆石 U-Pb 年龄和 Hf 同位素组成[J]. 中国科学：D 辑，（7）：972-978.
卡什帕尔 J. 1974. 晶质铀矿形成的热动力条件[J]. 国外放射性地质，（6）：26-31.
阚泽忠，乔正福. 1999. 四川会理—河口地区褶皱基底的双层结构[J]. 四川地质学报，（3）：204-209.
黎彤，袁怀雨. 2011. 大洋岩石圈和大陆岩石圈的元素丰度[J]. 地球化学，40（1）：1-5.
黎彤. 1995. Element abundances of China’s continental crust and its sedimentary layer and upper continental crust[J]. Chinese Journal of Geochemistry，（1）：26 32.
李复汉，覃嘉铭，申玉莲，等. 1988. 康滇地区的前震旦系[M]. 重庆：重庆出版社：396.
李红艳，孙亚利. 1996. 柿竹园钨多金属矿床的 Re-Os 同位素等时线年龄研究[J]. 地质论评，42（3）：261-267.
李巨初，罗朝文，童运福. 1996. 康滇地轴中南段元古宙主要铀矿化类型及其成矿远景初步探讨[J]. 物探化探计算技术：94-98.
李巨初，王剑锋，候新生，等. 1994. 康滇地轴中南段铀（金、铜）成矿条件研究[R]. 成都：成都理工大学.
李强之，朱成伟，吴尚全，等. 1999. 内蒙古哈达门沟金矿床钾长石化蚀变特征及其成矿意义[J]. 现代地质，（3）：315-322.
李荣西，王兴理. 2007. Isotope geochemistry of ore fluids for the Dongsheng sandstone-type uranium deposit，China[J]. Chinese Journal of Geochemistry，26（2）：114-122.
李献华，李正祥，葛文春，等. 2001. 华南新元古代花岗岩的锆石 U-Pb 年龄及其构造意义[J]. 矿物岩石地球化学通报，（4）：271-273.
李献华，李正祥，周汉文，等. 2002. 川西新元古代玄武质岩浆岩的锆石 U-Pb 年代学、元素和 Nd 同位素研究：岩石成因与地球动力学意义[J]. 地学前缘，（4）.
李献华，周汉文，李正祥，等. 2002. 川西新元古代双峰式火山岩成因的微量元素和 Sm-Nd 同位素制约及其大地构造意义[J]. 地质科学，37（3）：264-276.
李献华，周汉文，刘颖，等. 2001. 粤西阳春中生代钾玄质侵入岩及其构造意义：II . 微量元素和 Sr- Nd 同位素地球化学[J]. 地球化学，（1）.
李献华. 1999. 广西北部新元古代花岗岩锆石 U-Pb 年代学及其构造意义[J]. 地球化学，（1）：1-9.
李小伟，莫宣学，赵志丹，等. 2010. 关于 A 型花岗岩判别过程中若干问题的讨论[J]. 地质通报，29（2）：278-285.
李友枝，周平，唐金荣，等. 2007. 铁氧化物－铜－金型矿床的地质特征、成矿模式和找矿标志[J]. 中国地质，2007（S1）：53-58.
李云峰. 2004. 拉拉铜矿矿床地质特征及其成因分析[J]. 采矿技术，4（2）：58-60.
李泽琴，胡瑞忠，王奖臻，等. 2002. 中国首例铁氧化物铜金铀稀土型矿床的厘定及其成矿演化[J]. 矿物岩石地球化学通报，（4）：258-260.
李泽琴，王奖臻，刘家军，等. 2003. 拉拉铁氧化物铜金钼稀土矿床 Re-Os 同位素年龄及其地质意义[J]. 地质找矿论丛，（1）：39-42.
李志群，赫荣安，陈耀光，等. 2004. 云南省鹅头厂含铜铁矿床的地质特征、成矿作用和找矿前景探讨[J]. 矿产与地质，18（6）：537-540.
廖宗廷，马婷婷，周征宇，等. 2005. Rodinia 裂解与华南微板块形成和演化[J]. 同济大学学报（自然科学版），（9）：1182-1185.
林广春，李献华，李武显. 2006. 川西新元古代基性岩墙群的 SHRIMP 锆石 U-Pb 年龄、元素和 Nd-Hf 同位素地球化学：岩石成因与构造意义[J]. 中国科学. D 辑：地球科学，（7）：630-645.
林广春. 2010. 川西石棉花岗岩的锆石 U-Pb 年龄和岩石地球化学特征：岩石成因与构造意义[J]. 地球科学：中国地质大学学报，（4）：611-620.
刘建明，赵善仁，刘伟，等. 1998. 成矿地质流体体系的主要类型[J]. 地球科学进展，02：50-54.
卢焕章. 1997. 成矿流体[M]. 北京：北京科学技术出版社.
刘家铎，张成江，刘显凡，等. 2004. 扬子地台西南缘成矿规律及找矿方向[M]. 北京：地质出版社：204.
刘家军，何明勤，李志明，等. 2004. 云南白秧坪银铜多金属矿集区碳氧同位素组成及其意义[J]. 矿床地质，（1）：1-10.
刘建明，刘家军，郑明华，等. 1998. 微细浸染型金矿床的稳定同位素特征与成因探讨[J]. 地球化学，（6）：585-591.
刘伟. 2012. 云南大红山铜铁矿床地球化学特征[D]. 昆明理工大学矿产普查与勘探. 硕士论文
刘英俊，曹励明，李兆麟. 1987. 元素地球化学导论[M]. 北京：地质出版社
刘玉龙. 2004. 白云鄂博超大型矿床年代学研究 [D]. 合肥：中国科学技术大学. 博士学位论文
柳小明，高山，凌文黎，等. 2005. 扬子克拉通 35 亿年碎屑锆石的发现及其地质意义[J]. 自然科学进展，15（11）：1334-1337.
路彦明，张栋，范俊杰，等. 2008. 新疆东准地区成岩、成矿与构造演化时空耦合[J]. 矿床地质：33-41.
骆耀南. 1985. 中国攀枝花—西昌古裂谷带—中国攀西裂谷文集 1[M]. 北京：地质出版社：1-311.
吕庆田，侯增谦，赵金花，等. 2001. 四川呷村火山成因块状硫化物矿床的综合找矿模式[J]. 矿床地质，20（4）：313-322.
毛景文，杜安道. 2002. The 982 Ma Re-Os age of copper-nickel sulfide ores in the Baotan area，Guangxi and its geological significance[J]. Science in China（Series D：Earth Sciences），（10）：911-914.
毛景文，杨建民，屈文俊，等. 2002. 新疆黄山东铜镍硫化物矿床 Re-Os 同位素测定及其地球动力学意义[J]. 矿床地质，（4）：323-330.

毛景文，余金杰，袁顺达，等. 2008. 铁氧化物-铜-金（IOCG）型矿床：基本特征、研究现状与找矿勘查[J]. 矿床地质，（3）：267-278.
毛景文，张招崇. 1999. 北祁连山小柳沟钨矿床中辉钼矿 Re-Os 年龄测定及其意义[J]. 地质论评，45（4）：412-417.
孟祥金，侯增谦，高永丰，等. 2003. 西藏冈底斯成矿带驱龙铜矿 Re-Os 年龄及成矿学意义[J]. 地质论评，49（6）：660-666.
南京大学地质系. 1981. 华南不同时代花岗岩类及其与成矿关系[M]. 北京：科学出版社：1-395.
倪师军，曹志敏，张成江，等. 1998. 成矿流体活动信息的三个示踪标志研究[J]. 地球学报：53-56.
倪师军，滕彦国，张成江，等. 1999. 成矿流体活动的地球化学示踪研究综述[J]. 地球科学进展，（4）：33-39.
倪师军，张成江，滕彦国. 2001. 成矿流体地球化学界面：Ⅰ概念的由来及发展[J]. 地质地球化学，（3）：19-21.
倪师军，张成江，徐争启，等. 2014. 西南地区重大地质事件与铀成矿作用[M]. 北京．地质出版社．324.
倪月仙. 1982. 会理拉拉地区细碧岩——角斑岩系岩石特征及铜铁矿产[J]. 矿物岩石，（2）：1-15.
聂凤军，江思宏，路彦明. 2008. 氧化铁型铜-金（IOCG）矿床的地质特征、成因机理与找矿模型[J]. 中国地质，（6）：1074-1087.
宁佐金. 2010. 新平大红山铜铁矿床控矿因素及成因分析[J]. 云南地质，29（4）：409-415.
潘杏南，赵济湘，张选阳，等. 1987. 康滇构造与裂谷作用[M].
攀西地质大队. 1984. 四川省会理拉拉铜矿床详细勘探地质报告[R]. 成都：四川省地质矿产局.
裴军令，杨振宇，赵越. 2005. 华北中元古界古地磁测试新结果与 Columbia 超级大陆研究[J]. 地质通报，24（6）：496-498.
漆亮，黄小文. 2013. 地质样品铂族元素及 Re—Os 同位素分析进展[J]. 矿物岩石地球化学通报，（2）：171-189.
钱锦和，沈远仁. 1990. 云南大红山古火山岩铁铜矿[M]. 北京：地质出版社
秦德先，燕永锋，田毓龙，等. 2002. 大红山铜矿床的地质特征及成矿作用演化[J]. 地质科学，35（2）：129-139.
邱华宁，Wijbrans J R，李献华，等. 2002. 东川式层状铜矿 40Ar-39Ar 成矿年龄研究：华南地区晋宁—澄江期成矿作用新证据[J]. 矿床地质，（2）：129-136.
邱华宁，李献华，朱炳泉，等. 2002. 东川铜矿 40Ar 39Ar 成矿年龄研究[J]. 矿床地质，451-452.
邱华宁，孙大中，朱炳泉，等. 1998. 东川汤丹铜矿床石英真空击碎及其粉末阶段加热 40Ar-39Ar 年龄谱的含义[J]. 地球化学，（4）：335-343.
邱华宁，孙大中，朱炳泉，等. 1997. 东川铜矿床同位素地球化学研究：I I. Pb-Pb、40Ar-39Ar 法成矿年龄测定[J]. 地球化学，（2）：44-50.
邱华宁，朱炳泉，孙大中. 2000. 东川铜矿硅质角砾 40Ar-39Ar 定年探讨[J]. 地球化学，（1）：21-27.
冉崇英，刘卫华. 1993. 康滇地轴铜矿床地球化学与矿床层楼结构机理[M]. 北京 ：科学出版社
商朋强，胡瑞忠，毕献武，等. 2006. 花岗岩型热液铀矿床 C，O 同位素研究——以粤北下庄铀矿田为例[J]. 矿物岩石，26（3）：71-76.
商朋强，胡瑞忠，毕献武，等. 2006. 粤北下庄铀矿田碳、氧同位素研究[J]. 矿物岩石地球化学通报，（z1）：181-183.
邵洁涟. 1988. 金矿找矿矿物学[M]. 武汉：中国地质大学出版社
申屠保涌. 2000. 钠长岩类地质地球化学特征及变质变形与铜矿的形成--以四川会理拉拉铜矿床为例[J]. 沉积与特提斯地质，20（3）：77-91.
申屠保涌. 1997. 四川会理拉拉厂铜矿床地质地球化学特征及成矿模式[J]. 沉积与特提斯地质，17（21）：

113-115.
沈保丰，陆松年，翟安民，等. 1979. 冀南等地接触交代型铁矿床中磁铁矿的化学成分特征及其地质意义[J]. 地质论评，（1）：10-18.
沈保丰. 2006. 中国前寒武纪成矿作用[M]. 北京：地质出版社：362.
沈苏，金明霞，陆元法. 1988. 西昌—滇中地区主要矿产成矿规律及找矿方向[M]. 重庆：重庆出版社
沈苏. 1975. "康滇地轴"区主要铜矿类型特征及其分布规律[M]//铁铜矿产专辑（第五集）. 北京：地质出版社：1-15.
石少华，胡瑞忠，温汉捷，等. 2011. 桂北沙子江花岗岩型铀矿床碳、氧、硫同位素特征及其成因意义[J]. 矿物岩石地球化学通报，30（1）：88-96.
四川省地质局攀西地质大队区调二队. 1994. 中华人民共和国 1∶5 万区域地质测量报告河口幅[R]. 西昌：四川省地质局攀西地质大队区调二队.
宋昊，施泽明，倪师军，等. 2011. 四川省绵远河水系重金属物源探讨及环境质量评价[J]. 地球与环境，（4）：543-550.
宋昊，徐争启，倪师军，等. 2015. 广西摩天岭岩体对江南造山带西南段构造演化的响应：来自新元古代花岗岩锆石 U-Pb 年代学证据[J]. 大地构造与成矿学，39（6）：1156-1175.
宋昊，徐争启，张成江，等. 2012. 浅析 IOCG 矿床的厘定标准及康滇地轴（类）IOCG 矿床成矿特征[J]. 地球科学进展，27（S）：252-254.
宋世伟，张成江，宋昊. 2012. 大红山铁铜矿床与 IOCG 型矿床的相似性对比探讨[J]. 地球科学进展，27（S）：255-257.
苏文超. 1998. 流体包裹体中稀土元素的 ICP—MS 分析研究[J]. 科学通报，43（10）：1094-1098.
孙华山，吴冠斌，刘浏，等. 2011. 块状硫化物矿床成矿构造环境研究进展[J]. 地球科学：中国地质大学学报，36（2）：299-306.
孙景贵，胡受奚，姚凤良，等. 2001. 胶东金矿区矿田体系中基性—中酸性脉岩的碳，氧同位素地球化学研究[J]. 岩石矿物学杂志，20（1）：47-56.
孙克祥，沈远仁，刘国房，等. 1991. 滇中元古宙铁铜矿床[M]. 武汉：中国地质大学出版社
孙书勤，张成江，黄润秋. 2006. 板块汇聚边缘玄武岩大地构造环境的 Th、Nb、Zr 判别[J]. 地球科学进展，21（6）：593-598.
孙书勤，张成江，赵松江. 2007. 大陆板内构造环境的微量元素判别[J]. 大地构造与成矿学，31（1）：104-109.
孙燕，李承德. 1990. 四川拉拉铜矿成矿机制研究[J]. 成都地质学院学报，17（4）：1-8.
孙燕，舒晓兰，肖渊甫. 2006. 四川省拉拉铜矿床同位素地球化学特征及成矿意义[J]. 地球化学，35（5）：553-559.
滕彦国，倪师军，张成江，等. 2001. 成矿流体地球化学界面：Ⅲ应用实例研究[J]. 地质地球化学，（3）：26-31.
滕彦国，倪师军，张成江，等. 2000. 田湾金矿成矿带成矿流体的同位素地球化学示踪[J]. 长春科技大学学报，（2）：145-149.
汪云亮，张成江，修淑芝. 2001. 玄武岩类形成的大地构造环境的 Th / Hf—Ta / Hf 图解判别[J]. 岩石学报，17（3）：413-421.
王登红，骆耀南，屈文俊，等. 2007. 中国西南铂族元素矿床地质、地球化学与找矿[M]. 北京：地质出版社
王鼎云，刘凤祥. 1993. 康滇地轴南段前寒武系铀成矿地质特征[J]. 云南地质，12（1）：82-91.
王冬兵，孙志明，尹福光，等. 2012. 扬子地块西缘河口群的时代：来自火山岩锆石 LA-ICP-MS U-Pb 年龄的证据[J]. 地层学杂志，36（03）：630-635.

王洪亮，肖绍文，徐学义，等. 2008. 北秦岭西段吕梁期构造岩浆事件的年代学及其构造意义[J]. 地质通报，27（10）：1728-1738.
王鸿祯，张世红. 2002. 全球前寒武纪基底构造格局与古大陆再造问题[J]. 地球科学：467-481.
王奖臻，李泽琴，黄从俊. 2012. 康滇地轴元古代重大地质事件与拉拉 IOCG 矿床成矿响应[J]. 地球科学进展，（10）：1074-1079.
王奖臻，李泽琴，刘家军，等. 2004. 拉拉铁氧化物-铜-金-钼-钴-稀土矿床辉钼矿的多型及标型特征[J]. 地质找矿论丛，19（2）：96-99.
王美娟，李杰美，朝银银. 2008. 我国的铁氧化物型铜—金矿床特征及研究现状[J]. 黄金科学技术，（4）：14-19.
王仁民，贺商品. 1987. 变质岩原岩图解判别法[M]. 北京：地质出版社.
王汝植，徐星琪，赵裕亭，等. 1988. 西昌—滇中地区沉积盖层及其地史演化[M]. 重庆：重庆出版社：325.
王生伟，廖震文，孙晓明，等. 2013. 会东菜园子花岗岩的年龄、地球化学——扬子地台西缘格林威尔造山运动的机制探讨[J]. 地质学报，87（1）：55-70.
王生伟，孙晓明，蒋小芳，等. 2012. 东川铜矿原生黄铜矿的 Re-Os 年龄及其成矿背景[J]. 矿床地质，31（S1）：609-610.
王赕. 2013. 四川会理拉拉铁氧化物-铜-金-铀（IOCG）矿床稳定同位素地球化学研究[D]. 成都：成都理工大学硕士论文.
王长明，徐贻赣，吴淦国，等. 2011. 江西冷水坑 Ag-Pb-Zn 矿田碳、氧、硫、铅同位素特征及成矿物质来源[J]. 地学前缘，（1）：179-193.
王子正，郭阳，杨斌，等. 2013. 扬子克拉通西缘 1. 73Ga 非造山型花岗斑岩的发现及其地质意义[J]. 地质学报，87（7）：931-942.
王子正，周邦国，郭阳，等. 2012. 扬子地台西缘淌塘花岗岩的地球化学特征及锆石 U-Pb 定年[J]. 岩石矿物学杂志，31（5）：652-662.
温春齐，多吉. 2009. 矿床学研究方法[M]. 成都：四川科学技术出版社.
吴海林，朱文斌，舒良树，等. 2012. Columbia 超大陆聚合事件在塔里木克拉通北缘的记录[J]. 高校地质学报，18（4）：686-700.
吴健民，黄永平. 1998. 稀矿山式铁铜矿床与奥林匹克坝式铜多金属矿床的对比研究[J]. 矿产与地质，（2）：8-14.
吴健民，刘肇昌，黎功举，等. 1998. 扬子地块西缘铜矿床地质[M]. 武汉：中国地质大学出版社：271.
吴孔文. 2008. 云南大红山层状铜矿床地球化学及成矿机制研究[D]. 中国科学院地球化学研究所矿物学、岩石学、矿床学. 硕士论文
吴懋德，段锦荪. 1990. 云南昆阳群地质[M]. 昆明：云南科学技术出版社：265.
武希彻，段锦荪. 1982. . 元谋姜驿大红山亚群地层、岩石特征及其时代的讨论[J] . 云南地质，1（2）：112-130.
肖晓牛，刘军，周明宝. 2013. 云南播卡晚元古代岩浆作用与成矿效应：一种可能的 IOCG 模式[J]. 矿物学报，33（S2）：136.
肖渊甫，孙燕. 1992. 拉拉铜矿床含矿岩系岩石学特征及其变质原岩[J]. 成都地质学院学报，19(2)：41-49.
熊兴武，侯蜀光，薛顺荣. 1995. 滇中昆阳群因民组地层学与沉积古地理[M]. 武汉：中国地质大学出版社：100.
胥德恩，左兆康. 1995. 康滇地轴前晋宁期构造运动讨论[J]. 四川地质学报，（2）：89-96.
徐国风，邵洁涟. 1979. 磁铁矿的标型特征及其实际意义[J]. 地质与勘探，（3）：30-37.
徐国风，邵洁涟. 1980. 黄铁矿的标型特征及其实际意义[J]. 地质论评，26（6）：541-546.

徐士进，王汝成，沈渭洲，et al. 1996. U-Pb，Rb-Sr isotopic chronology of Jinning granites in the Songpan-Ganze Orogenic Belt and its tectonic significances[J]. Science in China （Series D），39（6） ：576-586.
徐田武，曾溅辉，张永旺，等. 2009. 大巴山前陆构造带主断裂碳酸盐岩碳、氧同位素特征及其对流体的响应[J]. 中国石油大学学报（自然科学版），（2）：34-39.
徐夕生，周新民. 1992. 华南前寒武纪 S 型花岗岩类及其地质意义[J]. 南京大学学报（自然科学版），（3）：423-430.
许德如，王力，肖勇，等. 2008. "石碌式"铁氧化物-铜（金）-钴矿床成矿模式初探[J]. 矿床地质，（6）：681-694.
许远平，李银彬，张文宽. 1995. 拉拉式火山沉积铜矿床的微量元素特征及其找矿意义[J]. 地质地球化学，（6）：5-9.
薛步高. 1995. 昆阳群·矿床地质论文集[M]. 昆明：云南科学技术出版社：505.
薛怀民，马芳，宋永勤，等. 2010. 江南造山带东段新元古代花岗岩组合的年代学和地球化学：对扬子与华夏地块拼合时间与过程的约束[J]. 岩石学报，26（11）：3215-3244.
颜丹平，周美夫，宋鸿林，等. 2002. 华南在 Rodinia 古陆中位置的讨论——扬子地块西缘变质-岩浆杂岩证据及其与 Seychelles 地块的对比[J]. 地学前缘，9（4）：249-256.
杨崇辉，耿元生，杜利林，等. 2009. 扬子地块西缘 Grenville 期花岗岩的厘定及其地质意义[J]. 中国地质，36（3）：647-657.
杨崇辉，耿元生，杜利林，等. 2008. 扬子西缘新元古代侵入岩时代、成因及对构造背景的制约——地幔柱还是岛弧?[J]. 矿物岩石地球化学通报，27（z1）：184-186.
杨红，刘福来，杜利林，等. 2012. 扬子地块西南缘大红山群老厂河组变质火山岩的锆石 U-Pb 定年及其地质意义[J]. 岩石学报，28（9）：2994-3014.
杨时惠，阙梅英. 1987. 西昌—滇中地区磁铁矿特征及其矿床成因[M]. 重庆：重庆出版社
杨耀民，涂光炽，胡瑞忠，等. 2005. 武定迤纳厂 Fe-Cu-REE 矿床 Sm-Nd 同位素年代学及其地质意义[J]. 科学通报，（12）：1253-1258.
杨耀民. 2003. 中元古代昆阳群 Fe-Cu-REE 矿床地球化学研究——以武定迤纳厂矿床为例[D]. 中国科学院地球化学研究所地球化学. 博士论文
杨应选，仇定茂，阙梅英，等. 1988. 西昌—滇中前寒武系层控铜矿[M]. 重庆：重庆出版社：394.
杨占兴，史益学. 1991. 八家子多金属矿床岩石和矿石稀土元素特征[J]. 辽宁地质，（4）：322-331.
叶霖，刘玉平，李朝阳，等. 2004. 云南武定迤腊厂铜矿含矿石英脉 ^{40}Ar-^{39}Ar 年龄及其意义[J]. 矿物学报，（4）：411-414.
叶现韬，朱维光，钟宏，等. 2013. 云南武定迤纳厂 Fe-Cu-REE 矿床的锆石 U-Pb 和黄铜矿 Re-Os 年代学、稀土元素地球化学及其地质意义[J]. 岩石学报，29（4）：1167-1186.
尹福光，孙志明，万方，等. 2007. 扬子陆块西缘构造演化及其资源效应[M]. 北京：地质出版社：158.
尹福光，孙志明，张璋. 2011. 会理—东川地区中元古代地层—构造格架[J]. 地质论评，57（6）：770-778.
尹福光，王冬兵，孙志明，等. 2012. 哥伦比亚超大陆在扬子陆块西缘的探秘[J]. 沉积与特提斯地质，32（3）：31-40.
尹观，倪师军. 2009. 同位素地球化学[M]. 北京：地质出版社.
应立娟，王登红，李建康，等. 2008. 新疆乔夏哈拉铁铜金矿床与国内外 IOCG 矿床的对比研究[J]. 大地构造与成矿学，（3）：338-345.
余祖成，刘承志. 1988. 异源共化型矿床——四川拉拉铜矿成因探讨[J]. 岩石学报，（02）：78-89.
袁海华，张树发，张平. 1986. 康滇地轴结晶基底的时代归属[J]. 成都地质学院学报，13（4）：64-71.
袁忠信. 2012. 再谈白云鄂博矿床的成矿时代和矿床成因[J]. 地质学报，（5）：683-686.
詹冬琴，李锡康，高子英，等. 2012. 云南元江撮科地区磁异常特征研究[J]. 城市建设理论研究（电

子版），（5）.
张成江，刘家铎，刘显凡，等. 2009. 攀西地区金属成矿系统[J]. 成都理工大学学报（自然科学版），33（4）：387-394.
张成江，滕彦国，倪师军. 2001. 成矿流体地球化学界面：II组成及标志[J]. 地质地球化学，（3）：22-25.
张传恒，高林志，武振杰，等. 2007. 滇中昆阳群凝灰岩锆石 SHRIMP U-Pb 年龄：华南格林威尔期造山的证据[J]. 科学通报，（7）：818-824.
张玙. 2011. 川西甘孜—理塘结合带阿加隆洼类卡林型金成矿作用[D]. 中国地质大学（北京）. 硕士论文
张德会，刘伟. 1998. 流体包裹体成分与金矿床成矿流体来源——以河南西峡石板沟金矿床为例[J]. 地质科技情报，S1：68-72.
张德贤. 2011. 澳大利亚昆士兰州北部 Ernest Henry 铁氧化物型铜金（IOCG）矿床物理化学特征及磁铁矿微量元素地球化学特征——对全球 IOCG 矿床成因的启示[D]. 长沙：中南大学. 博士论文
张洪培，刘继顺，方维萱，等. 2003. 甘肃白银折腰山型和石青硐型块状硫化物矿床综合信息找矿模型研究[J]. 矿床地质，22（4）：408-414.
朱华平. 2004. 柞山地区铜锌多金属矿床地质-地球化学-后生成矿作用的重要性[D]. 中国地质科学院. 博士论文
张欢，高振敏，马德云，等. 2006. 个旧超大型锡多金属矿床成矿流体来源的氦同位素证据[J]. 兰州大学学报：自然科学版，42（3）：20-24.
张静，李超，杨勇，等. 2001. 超大型金矿床的特征、成因及地球动力学背景[D]. 北京：地震出版社.
张科. 2006. 西藏勒青拉铅锌矿床稀土元素地球化学特征[J]. 地质与勘探，42（6）：26-31.
张旗，王元龙，金惟俊，等. 2008. 造山前、造山和造山后花岗岩的识别[J]. 地质通报，27（1）：1-18.
张旗. 2013. A 型花岗岩的标志和判别——兼答汪洋等对“A 型花岗岩的实质是什么”的质疑[J]. 岩石矿物学杂志，32（2）：267-274.
张宗清，袁忠信，唐索寒，等. 2003. 白云鄂博矿床年龄和地球化学[M]. 北京：地质出版社：222.
章崇真. 1983. 华南花岗岩的成因类型及其演化系列[J]. 岩石矿物及测试，2（1）：9-12.
赵国春，孙敏，Wilde S A. 2002. 早—中元古代 Columbia 超级大陆研究进展 [J]. 科学通报，47（16）：1361-1364.
赵慧博，刘亚非，阳珊，等. 2014. 电子探针测年方法应用于晶质铀矿的成因类型探讨[J]. 岩矿测试，（01）：102-109.
赵俊香，陈岳龙，李志红. 2006. 康定杂岩锆石 SHRIMP U-Pb 定年及其地质意义[J]. 现代地质，20（3）：378-385.
赵葵东，蒋少涌，肖红权，等. 2002. 大厂锡-多金属矿床成矿流体来源的 He 同位素证据[J]. 科学通报，47（8）：633-635.
赵振华，赵惠兰. 1990. Trace element geochemistry of inarticulate brachiopods and sedimentary rock on the cambrian-ordovician boundary[J]. Science in China，Ser. B，（7）：873-886.
赵振华. 1997. 微量元素地球化学原理[M]. 北京：科学出版社：1-238.
钟昆明. 1993. 云南大红山地区含铜岩系——大红山群曼岗河组的岩石地球化学、成因及其成岩成矿意义[D]. 昆明工学院 昆明理工大学地质矿产普查与勘探.
周邦国，林明，郭阳，等. 2013. 会东—东川地区平顶山组金矿化层位与找矿方向[J]. 沉积与特提斯地质，33（1）：93-98.
周邦国，王生伟，孙晓明，等. 2012. 云南东川望厂组熔结凝灰岩锆石 SHRIMP U-Pb 年龄及其意义[J]. 地质论评，58（2）：359-368.
周家云，毛景文，刘飞燕，等. 2011. 扬子地台西缘河口群钠长岩锆石 SHRIMP 年龄及岩石地球化学特征[J]. 矿物岩石，（3）：66-73.

周家云，毛景文，谭洪旗，等. 2011. IOCG 矿床的一种“变异类型”：四川会理拉拉铁氧化物-铜-金矿床[J]. 矿物学报：459-460.

周家云，毛景文，朱志敏，等. 2009. 拉拉铁氧化物-铜-金矿床（IOCG）的流体过程——不同矿化阶段黄铁矿微量元素约束[J]. 矿物学报：272-273.

周家云，毛景文，朱志敏，等. 2010. 四川会理拉拉铜矿与矿区辉长岩的关系探讨[J]. 矿床地质：357-358.

周家云，郑荣才，朱志敏，等. 2008. 拉拉铜矿黄铁矿微量元素地球化学特征及其成因意义[J]. 矿物岩石，28（3）：64-71.

周家云，郑荣才，朱志敏，等. 2009. 四川会理拉拉铜矿辉长岩群地球化学与 Sm-Nd 同位素定年[J]. 矿物岩石地球化学通报，（2）：111-122.

周家云. 2008. 四川会理拉拉铜矿地球化学特征及其大陆动力学背景[D]. 成都理工大学沉积学.

周金城，王孝磊，邱检生. 2005. 江南造山带西段岩浆作用特性[J]. 高校地质学报，（4）：527-533.

周名魁，刘俨然. 1988. 西昌——滇中地区地质构造特征及地史演化[M]. 重庆：重庆出版社：206.

周涛发，王彪，范裕，等. 2012. 庐枞盆地与 A 型花岗岩有关的磁铁矿-阳起石-磷灰石矿床——以马口铁矿床为例[J]. 岩石学报 28（10）：3087-3098.

周新民. 2003. 对华南花岗岩研究的若干思考[J]. 高校地质学报，9（4）：556-565.

周雄. 2007. 中条山铜矿峪铁氧化物型矿床地质地球化学特征研究[D]. 长沙：中南大学. 硕士论文

朱华平，范文玉，周邦国，等. 2011. 论东川地区前震旦系地层层序：来自锆石 SHRIMP 及 LA-ICP-MS 测年的证据[J]. 高校地质学报，17（3）：452-461.

朱维光，刘秉光，邓海琳，等. 2004. 扬子地块西缘新元古代镁铁超镁铁质岩研究进展[J]. 矿物岩石地球化学通报，（3）：255-263.

朱志敏，曾令熙，周家云，等. 2009. 四川拉拉铁氧化物铜金矿床（IOCG）形成的矿相学证据[J]. 高校地质学报，（4）：485-495.

朱志敏，周家云，罗丽萍，等. 2009. 四川拉拉铁氧化物铜金系统：遥感和地球物理研究[J]. 矿物学报：517.

朱志敏. 2011. 拉拉铁氧化物铜金矿：成矿时代和金属来源[D]. 成都理工大学矿物学、岩石学、矿床学.

朱志敏. 2011. 四川会理白云山铜矿：一个赋存于变质沉积岩中的 IOCG[J]. 矿物学报：461.

Faure G. 1983. 同位素地质学原理[M]. 潘曙兰等译. 北京：科学出版社.

Kerrich R，Goldfarb R，Groves ，等. 2001. 超大型金成矿省的特征、成因及地球动力学背景[M]//陈衍景等译. 大陆动力学与成矿作用：教育部高级研讨班论文集. 北京：地震出版社：5-72.

Bajwah Z U，Seccombe P K，Offler R. 1987. Trace element distribution，Co：Ni ratios and genesis of the big cadia iron-copper deposit，New South Wales，Australia[J]. Mineralium Deposita，22（4）：292-300.

Ballentine，C J，Lollar，B S. 2002. Regional groundwater focusing of nitrogen and noble gases into the Hugoton-Panhandle giant gas field，USA[J]. Geochimica et Cosmochimica Acta，66（14）：2483-2497.

Baker T，Mustard R，Fu B，et al. 2008. Mixed messages in iron oxide-copper-gold systems of the Cloncurry district，Australia：insights from PIXE analysis of halogens and copper in fluid inclusions [J]. Mineralium Deposita，43（6）：599-608.

Ballentine C J，Lollar B S. 2002. Regional groundwater focusing of nitrogen and noble gases into the Hugoton-Panhandle giant gas field，USA [J]. Geochimica et Cosmochimica Acta，66（14）：2483-2497.

Barbarin B. 1999. A review of the relationships between granitoid types，their origins and their geodynamic environments[J]. Lithos，46（3）：605-626.

Barton M D，Johnson D A. 2000. Alternative Brine Sources for Fe Oxide（-Cu-Au） Systems：Implications for Hydrothermal Alteration and Metals[M]//Porter T M. Hydrothermal Iron Oxide Copper-gold and Related Deposits：a Global Perspective. Adelaide：Australian Mineral Foundation：43-60.

Barton M D，Johnson D A. 1996. Evaporitic-source model for igneous-related Fe oxide-（REE-Cu-Au-U）mineralization [J]. GEOLOGY，24（3）：259-262.

Bau M，Balan S，Schmidt K，et al. 2010. Rare earth elements in mussel shells of the Mytilidae family as tracers for hidden and fossil high-temperature hydrothermal systems[J]. Earth and Planetary Science Letters，299（3-4）：310-316.

Bau M，Dulski P. 1995. Comparative study of yttrium and rare-earth element behaviors in fluorine-rich hydrothermal fluids [J]. Contributions to Mineralogy and Petrology，119（2-3）：213-223.

Bau M. 1991. Rare-earth element mobility during hydrothermal and metamorphic fluid-rock interaction and the significance of the oxidation state of europium[J]. Chemical Geology，93（3-4）：219-230.

Belousova E A，Griffin W L，O'Reilly S Y，et al. 2002. Apatite as an indicator mineral for mineral exploration：trace-element compositions and their relationship to host rock type[J]. Journal of Geochemical Exploration，76（1）：45-69.

Betts P G，Giles D M，Mark G L. 2006. A synthesis of the Proterozoic evolution of the Mount Isa Inlier[J]. Australian Journal of Earth Sciences，53（1）：187-211.

Bhatia M R，Crook K A W. 1986. Trace element characteristics of graywackes and tectonic setting discrimination of sedimentary basins [J]. Contributions to Mineralogy and Petrology，92（2）：181-193.

Bilal B，Muller E. 1992. The rmodynamic study of CE（4+）/CE（3+） redox reaction in aqueous-solutions at elevated-temperatures . 1. Reduction potential and hydrolysis equilibria of CE（4+） in $HCLO_4$ solutions[J]. Zeitschrift fur Naturforschung section A-A Journal of Physical Sciences，47（9）：974-984.

Bottinga Y. 1968. Calculation of fractionation factors for carbon and oxygen isotopic exchange in the system calcite-carbon dioxide-water [J]. The Journal of Physical Chemistry，72（3）：800-808.

Brill B A. 1989. Trace-element contents and partitioning of elements in ore minerals from the CSA Cu-Pb-Zn deposit，Australia[J]. The Canadian Mineralogist，27（2）：263-274.

Burnarda P G，Hu R，Turner G，et al. 1999. Mantle，crustal and atmospheric noble gases in ailaoshan gold deposits，Yunnan Province，China[J]. Geochimica et Cosmochimica Acta，63（10）：1595-1604.

Chappell B W，White A J R. 2001. Two contrasting granite types：25 years later[J]. Australian Journal of Earth Sciences，48（4）：489-499.

Chen H Y，Clark A H，Kyser T K. 2011. Contrasted hydrothermal fluids in the Marcona-Mina Justa iron-oxide Cu（Au Ag）deposits，south central Perú[J]. Mineralium Deposita，46：677 706.

Chen H Y，Clark A H，Kyser T K. 2010. The Marcona magnetite deposit，Ica，Central-South Peru：A product of hydrous，iron oxide-rich melt[J]. Economic Geology，105：1441-1456.

Chen H Y. 2011. Mesozoic IOCG Mineralization in the Central Andes：an Updated Review[M]//Porter T M. Hydrothermal Iron Oxide Copper-gold and Related Deposits：A Global Perspective. 3-Advances in the Understanding of IOCG Deposits. Adelaide：PGC Publishing：259-272.

Chen H，Clark A H，Kyser T K，et al. 2010. Evolution of the giant Marcona-Mina Justa iron oxide copper gold district，south-central Perú[J]. Economic Geology，105（1）：155-185.

Chen H，Cooke D R，Baker M J. 2013. Mesozoic iron oxide copper-gold mineralization in the Central Andes and the Gondwana Supercontinent Breakup [J]. Economic Geology，108（1）：37-44.

Chen H. 2013. External sulphur in IOCG mineralization：Implications on definition and classification of the IOCG clan [J]. Ore Geology Reviews，51：74-78.

Chen W T，Zhou M，Zhao X. 2013. Late Paleoproterozoic sedimentary and mafic rocks in the Hekou area，SW China：Implication for the reconstruction of the Yangtze Block in Columbia [J]. Precambrian Research，231：61-77.

Chen W T，Zhou M. 2012. Paragenesis， stable isotopes， and molybdenite Re-Os isotope age of the Lala iron-copper deposit，Southwest China[J]. Economic Geology，107：459-480.

Claiborne L L，Miller C F，Walker B A，et al. 2006. Tracking magmatic processes through Zr/Hf ratios in rocks and Hf and Ti zoning in zircons：an example from the Spirit Mountain batholith，Nevada [J]. Mineralogical Magazine，70（5）：517-543.

Condie K C. 2002. Breakup of a paleoproterozoic supercontinent [J]. Gondwana Research，5（1）：41-43.

Condie K C. 2005. High field strength element ratios in Archean basalts：a window to evolving sources of mantle plumes?[J]. Lithos，79（3-4）：491-504.

Coplen T B. 2007. Calibration of the calcite-water oxygen-isotope geothermometer at Devils Hole，Nevada，a natural laboratory[J]. Geochimica et Cosmochimica Acta，71（16）：3948-3957.

Corriveau L. 2006. Iron Oxide Copper-gold（±Ag±Nb±P±REE±U）Deposit：a Canadian Perspective[M]// Mineral Deposit of Canada. Ontario：Geological Survey of Canada：1-56.

Cui M，Zhang L，Zhang B，et al. 2013. Geochemistry of 1. 78 Ga A-type granites along the southern margin of the North China Craton：implications for Xiong'er magmatism during the break-up of the supercontinent Columbia[J]. International Geology Review，55（4）：496-509.

Davidson J S. 1986. New interpretation of the southwestern Grenville province[G]. The Grenville Province：Geological Association of Canada Special Paper.

Davies J. 2010. Re-Os Geochronology of Oxide Minerals[M]. Edmonton：University of Alberta：155.

Direen N G，Lyons P. 2007. Regional crustal setting of iron oxide Cu-Au mineral systems of the Olympic Dam region，South Australia：Insights from potential-field modeling[J]. Economic Geology，102(8)：1397-1414.

Dupuis C，Beaudoin G. 2011. Discriminant diagrams for iron oxide trace element fingerprinting of mineral deposit types[J]. Mineralium Deposita，46（4）：319-335.

Eby G N. 1992. Chemical subdivision of the A-type granitoids；petrogenetic and tectonic implications[J]. GEOLOGY，20（7）：641-644.

Eby G N. 1990. The A-type granitoids：A review of their occurrence and chemical characteristics and speculations on their petrogenesis [J]. Lithos，6（1-2）：115-134.

Edfelt Å，Martinsson O. 2005. Box 8-3：Fennoscandian Shield-Iron-Oxide-Copper-Gold deposits：Tjårrojåkka，northern Sweden：Lat 67° 40′ N，Long. 19° 10′ E[J]. Ore Geology Reviews，27（1-4）：328-329.

Faure G，Botoman G. 1986. 13C/12C ratios in calcite associated with heat-altered coals — Reply[J]. Chemical Geology：Isotope Geoscience section，59（0）：335-336.

Faure G. 1986. Principles of Isotope Geology[M]. New York：John Wiley.

Fisher L A，Kendrick M A，Mustard R，et al. 2006. Tracing the source and evolution of the Osborne IOCG ore fluids[J]. Geochimica et Cosmochimica Acta，70（18，Supplement）：176.

Fitzsimons I C W. 2000. Grenville-age basement provinces in East Antarctica：Evidence for three separate collisional orogens [J]. Geology，28（10）：879-882.

Fodor R V，Vetter S K. 1984. Rift-zone magmatism：Petrology of basaltic rocks transitional from CFB to MORB，southeastern Brazil margin[J]. Contributions to Mineralogy and Petrology，88（4）：307-321.

Foster J G，Lambert D D，Frick L R，et al. 1996. Re-Os isotopic evidence for genesis of Archean nickel ores from uncontaminated komatiites[J]. Nature，382（22）：703-706.

Frost B R，Barnes C G，Collins W J，et al. 2001. A geochemical classification for granitic rocks [J]. Journal of Petrology，42（11）：2033-2048.

Fulignati P，Gioncada A，Sbrana A. 1999. Rare-earth element（REE）behaviour in the alteration facies of the active magmatic-hydrothermal system of Vulcano（Aeolian Islands，Italy）[J]. Journal of Volcanology and

Geothermal Research，88（4）：325-342.

Gandhi S S，Bell R T. 1996. Kiruna/Olympic Dam iron-copper-uranium-gold；in Geology of Canadian Mineral Deposit Types[M]//Eckstrand O R，Sinclair W D，Thorpe R I. Geological Survey of Canada：Geology of Canada：513-522.

Giuliani G，Cheilletz A，Mechiche M. 1987. Behaviour of REE during thermal metamorphism and hydrothermal infiltration associated with skarn and vein-type tungsten ore bodies in central Morocco[J]. Chemical Geology，，64（3-4）：279-294.

Gleason J，Barton M，Johnson D，et al. 2000. Neodymium isotopic study of rare earth element sources and mobility in hydrothermal Fe oxide （Fe-P-REE） systems[J]. Geochimica et Cosmochimica Acta，64（6）：1059-1068.

Gow P，Wall V，Oliver N，et al. 1994. Proterozoic iron oxide （Cu-U-Au-REE） deposits：Further evidence of hydrothermal origins[J]. Geology，22（7）：633-636.

Greentree M R，Li Z. 2008. The oldest known rocks in south-western China：SHRIMP U-Pb magmatic crystallisation age and detrital provenance analysis of the Paleoproterozoic Dahongshan Group[J]. Journal of Asian Earth Sciences，33（5-6）：289-302.

Greentree M R. 2007. Tectonstratigraphic Analysis of the proterozoic kangdian iron oxide-copper province，southwest China[D]. University of Western Australia：284.

Groves D I，Bierlein F P，Meinert L D，et al. 2010. Iron Oxide Copper-Gold （IOCG） Deposits through Earth History：Implications for Origin，Lithospheric Setting，and Distinction from Other Epigenetic Iron Oxide Deposits [J]. Economic Geology，105（3）：641-654.

Groves D I，Bierlein F P. 2007. Geodynamic settings of mineral deposit systems[J]. Journal of the Geological Society 164，164：19-30.

Groves D I，Vielreicher R M，Goldfarb R J，et al. 2005. Controls on the heterogeneous distribution of mineral deposits through time [J]. Geological Society，London，Special Publications，248（1）：71-101.

Gu X，Schulz O，Vavtar F，et al. 2007. Rare earth element geochemistry of the Woxi W-Sb-Au deposit，Hunan Province，South China[J]. Ore Geology Reviews，31（1-4）：319-336.

Gu Z，Wang X，Gu X，et al. 2001. Determination of stability constants for rare earth elements and fulvic acids extracted from different soils[J]. Talanta，53（6）：1163-1170.

Guo F A，Xiang C J，Yang C X，et al. 2008. Study of rare earth elements on the physical and mechanical properties of a Cu-Fe-P-Cr alloy[J]. Materials Science and Engineering：B，147（1）：1-6.

Haapala I，Rämö O T. 1992. Tectonic setting and origin of the Proterozoic rapakivi granites of southeastern Fennoscandia [J]. Transactions of the Royal Society of Edinburgh：Earth Sciences，83（1-2）：165-171.

Haas J R，Shock E L，Sassani D C. 1995. Rare earth elements in hydrothermal systems：Estimates of standard partial molal thermodynamic properties of aqueous complexes of the rare earth elements at high pressures and temperatures[J]. Geochimica et Cosmochimica Acta：Journal of the Geochemical Society and the Meteoritical Society，59（21）：4329-4350.

Hanchar J M，Miller C F. 1993. Zircon zonation patterns as revealed by cathodoluminescence and backscattered electron images：Implications for interpretation of complex crustal histories[J]. Chemical Geology，110（1-3）：1-13.

Hand M，Reid A，Jagodzinski L. 2007. Tectonic framework and evolution of the Gawler craton，South Australia[J]. Economic Geology，102：1377-1395.

Harris N B W，Pearce J A，Tindle A G. 1986. Geochemical Characteristics of Collision-zone Magmatism [M]//Coward M P，Ries A C. Collision Tectonics. Geol. Soc. Spec. Publ. ：67-81.

Hart C J R，Mair J L，Groves R J G A. 2004. Source and redox controls on metallogenic variations in intrusion-related ore systems，Tombstone-Tungsten Belt，Yukon Territory，Canada [J]. Transactions of the Royal Society of Edinburgh：Earth Sciences，95（1-2）：339-356.

Hauck S A. 1990. Petrogenesis and tectonic setting of middle Proterozoic iron oxide-rich ore deposits：An ore deposit model for Olympic Dam-type mineralization[J]. U. S. Geological Survey Bulletin，B-1932：4-39.

Hitzman M W，Oreskes N，Einaudi M T. 1992. Geological characteristics and tectonic setting of proterozoic iron oxide （Cu-U-Au-REE） deposits[J]. Precambrian Research，58（1-4）：241-287.

Hitzman M W，Valenta R K. 2005. Uranium in iron oxide-copper-gold（IOCG） systems[J]. Economic Geology，100（8）：1657-1661.

Hitzman M W. 2000. Iron oxide-Cu-Au deposits：What，where，when，and why?[C]. in - Porter，T. M. （Ed），2002 - Hydrothermal Iron Oxide Copper-Gold and Related Deposits：A Global Perspective，Adelaide：PGC Publishing，v. 1，pp 9-25.

Hoefs J. Stable Isotope Geochemistry（Forth Edition） [M]. Springer-Verlag，Berlin Heidelberg.

Hoffman P F. 1999. The break-up of Rodinia，birth of Gondwana，true polar wander and the snowball Earth[J]. Journal of African Earth Sciences，28（1）：17-33.

Hofmann A W. 1997. Mantle geochemistry：The message from oceanic volcanism[J]. Nature，385（6613）：219.

Hoskin P W O，Black L P. 2000. Metamorphic zircon formation by solid-state recrystallization of protolith igneous zircon[J]. J. Metamorph. Geol. ，18：423-439.

Hoskin P W O，Ireland T R. 2000. Rare earth element chemistry of zircon and its use as a provenance indicator[J]. Geology，28（7）：627-630.

Hu R，Burnard P G，Bi X，et al. 2004. Helium and argon isotope geochemistry of alkaline intrusion-associated gold and copper deposits along the Red River-Jinshajiang fault belt，SW China[J]. Chemical Geology，203（3-4）：305-317.

Hu R，Burnard P G，Turner G，et al. 1998. Helium and Argon isotope systematics in fluid inclusions of Machangqing copper deposit in west Yunnan province，China[J]. Chemical Geology，146（1-2）：55-63.

Huang X，Zhao X，Qi L，et al. 2013. Re-Os and S isotopic constraints on the origins of two mineralization events at the Tangdan sedimentary rock-hosted stratiform Cu deposit，SW China[J]. Chemical Geology，347：9-19.

Huang X，Zhou M，Qi L，et al. 2013. Re-Os isotopic ages of pyrite and chemical composition of magnetite from the Cihai magmatic-hydrothermal Fe deposit，NW China [J]. Mineralium Deposita，48（8）：925-946.

Hunt J A，Baker T，Thorkelson D J. 2007. A review of iron oxide copper-gold deposits，with focus on the Wernecke Breccias，Yukon，Canada，as an example of a non-magmatic end member and implications for IOCG genesis and classification [J]. Exploration and Mining Geology，16（3-4）：209-232.

Huston D L，Large R R. 1989. A chemical model for the concentration of gold in volcanogenic massive sulphide deposits[J]. Ore Geology Reviews，4（3）：171-200.

Jenkin G R T，Ellam R M，Rogers G，et al. 2001. An investigation of closure temperature of the biotite Rb-Sr system：The importance of cation exchange[J]. Geochimica et Cosmochimica Acta，65（7）：1141-1160.

Jensenius J，Buchardt B，Jorgensen N，et al. 1988. Carbon and oxygen iotopic studies of the chalk reservoir in the skjold oilfield，danish north-sea-implications for diagenesis[J]. Chemical Geology，73（2）：97-107.

Jiang N，Guo J，Zhai M. 2011. Nature and origin of the Wenquan granite：Implications for the provenance of Proterozoic A-type granites in the North China craton [J]. Journal of Asian Earth Sciences，42（1-2）：76-82.

Jiang S，Yu J，Lu J. 2004. Trace and rare-earth element geochemistry in tourmaline and cassiterite from the

Yunlong tin deposit, Yunnan, China: implication for migmatitic-hydrothermal fluid evolution and ore genesis[J]. Chemical Geology, 209 (3-4): 193-213.

Johnson J, Mcculloch M. 1995. Sources of mineralizing fluids for the olympic dam depositT (south-Australia) - SM-ND isotopic constraints [J]. Chemical Geology, 121 (1-4): 177-199.

Jung S, Pfänder J A. 2007. Source composition and melting temperatures of orogenic granitoids: constraints from CaO/Na2O, Al2O3/TiO2 and accessory mineral saturation thermometry [J]. European Journal of Mineralogy, 19 (6): 859-870.

Karlstrom K E, Åhäll K, Harlan S S, et al. 2001. Long-lived (1. 8-1. 0 Ga) convergent orogen in southern Laurentia, its extensions to Australia and Baltica, and implications for refining Rodinia[J]. Precambrian Research, 111 (1-4): 5-30.

Kerrich R, Goldfarb R J, Richards J. 2005. Metallogenic provinces in an evolving geodynamic framework[D].

Klein M, Stosch H G, Seck H A. 1997. Partitioning of high field-strength and rare-earth elements between amphibole and quartz-dioritic to tonalitic melts: an experimental study[J]. Chemical Geology, 138 (3-4): 257-271.

Kröner A, Jaeckel P, Williams I S. 1994. Pb-loss patterns in zircons from a high-grade metamorphic terrain as revealed by different dating methods: U Pb and Pb Pb ages for igneous and metamorphic zircons from northern Sri Lanka[J]. Precambrian Research, 66 (1-4): 151-181.

Li X, Li Z, Ge W, et al. 2003. Neoproterozoic granitoids in South China: crustal melting above a mantle plume at ca. 825 Ma[J]. Precambrian Research, 122 (1-4): 45-83.

Li Z X, Bogdanova S V, Collins A S, et al. 2008. Assembly, configuration, and break-up history of Rodinia: A synthesis[J]. Precambrian Research, 60 (1-2): 179-210.

Li Z X, Li X H, Kinny P D, et al. 2003. Geochronology of Neoproterozoic syn-rift magmatism in the Yangtze Craton, South China and correlations with other continents: evidence for a mantle superplume that broke up Rodinia[J]. Precambrian Research, 122 (1-4): 85-109.

Li Z X, Li X H, Kinny P D, et al. 2003. Geochronology of Neoproterozoic syn-rift magmatism in the Yangtze Craton, South China and correlations with other continents: evidence for a mantle superplume that broke up Rodinia[J]. Precambrian Research, 122 (1-4): 85-109.

Li Z X, Li X H, Kinny P D, et al. 1999. The breakup of Rodinia: did it start with a mantle plume beneath South China[J]. Earth and Planetary Science Letters, 173 (3): 171-181.

Li Z X, Li X H, Zhou H W, et al. 2002. Grenvillian continental collision in south China: New SHRIMP U-Pb zircon results and implications for the configuration of Rodinia[J]. Geology, 2 (30): 163-166.

Liu Y S, Gao S, Hu Z C, et al. 2010. Continental and oceanic crust recycling-induced melt-peridotite interactions in the Trans-North China Orogen: U-Pb dating, Hf isotopes and trace elements in zircons from mantle xenoliths[J]. Journal of Petrology, 51 (1-2): 537-571.

Liu Y, Hu Z, Gao S, et al. 2008. In situ analysis of majar and trace elements of anhydrous minerals by LA-ICP-MS without applying an internal standard[J]. Chemical Geology, 257 (1-2): 34-43.

Loiselle M C, Wones D. 1979. Characteristics and origin of anorogenic granites[J]. Geological Society of America (Abstracts with Programs), 11: 468.

Lottermoser B G. 1992. Rare earth elements and hydrothermal ore formation processes[J]. Ore Geology Reviews, 7 (1): 25-41.

Ludwig K R. 2003. ISOPLOT 3. 00: a geochronnlogical toolkit for microsoft excel[M]. Berkeley (California): Berkeley Geochronology Center, .

Ludwig K R. 2001. Squid 1. 02: A User's Manual[M]. California: Berkeley Center Special Publication: 1-21.

Mark G，Wilde A，Oliver N H S，et al. 2005. Modeling outflow from the Ernest Henry Fe oxide Cu-Au deposit：implications for ore genesis and exploration[J]. Journal of Geochemical Exploration，85（1）：31-46.

Marschik R，Sollner F. 2006. Early cretaceous U-Pb zircon ages for the Copiapo plutonic complex and implications for the IOCG mineralization at Candelaria，Atacama Region，Chile [J]. Mineralium Deposita，41（8）：785-801.

Marty B，Jambon A，Sano Y. 1989. Helium isotopes and CO_2 in volcanic gases of Japan[J]. Chemical Geology，76（1-2）：25-40.

Mathur R，Marschik R，Ruiz J，et al. 2002. Age of mineralization of the Candelaria Fe oxide Cu-Au deposit and the origin of the chilean iron belt，based on Re-Os isotopes[J]. Ecomomic Geology，97（1）：59-72.

Mathur R，Titley S，Ruiz J. 2005. A Re-Os isotope study of sedimentary rocks and copper-gold ores from the Ertsberg District，West Papua，Indonesia[J]. Ore Geology Reviews，26（3）：207-226.

McDougall I，Harrison T M. 1999. Geochronology and Thermochronology by the 40Ar/39Ar Method[M]. London：Oxford University Press.

McLean R N. 2002. The Sin Quyen iron oxide-copper-gold-rare earth oxide mineralization of North Vietnam[M]//Porter T M. Hydrothermal iron oxide copper-gold & related deposits：A global perspective. Adelaide：PGC Publishing：293-301.

Meschede M. 1986. A method of discriminating between different types of mid－ocean ridge basalts and continental tholeiites with the Nb-Zr-Y diagram[J]. Chemical Geology，56：207-218.

Mills R A，Elderfield H. 1995. Rare earth element geochemistry of hydrothermal deposits from the active TAG Mound，26° N Mid- Atlantic Ridge[J]. Geochim Cosmochim Acta，59（17）：3511-3524.

Minoru O，Frank A P. 1983. Noble Gas Geochemistry[M]. Cambridge：Cambridge Univ. Press.

Möller P，Morteani G. 19 On the Geochemical Fractionation of Rare Earth Elements During the Formation of Ca-minerals and Its Application to Problems of the Genesis of Ore Deposits. [M]//Augusthitis S. The Siginificance of Trace Elements in Solving Petrogenetic Problems and Controversies. Athens：Theophrastus：747-791.

Möller P，Parekh P P，Schneider H J. 1976. The application of Tb/Ca-Tb/La abundance ratios to problems of fluorspar genesis [J]. Mineralium Deposita，11（1）：111-116.

Moores E M. 1991. Southwest U S. East Antarctic （SWEAT） connection：A hypothesis [J]. GEOLOGY，19. 425-428 .

Morgan J，Stein H，Hannah J，et al. 2000. Re-Os study of Fe-Ti-V oxide and Fe-Cu-Ni sulfide deposits，Suwalki Anorthosite Massif，northeast Poland[J]. MINERALIUM DEPOSITA，35（5）：391-401.

Niiranen T，Poutiainen M，Mänttäri I. 2007. Geology，geochemistry，fluid inclusion characteristics，and U-Pb age studies on iron oxide-Cu-Au deposits in the Kolari region，northern Finland[J]. Ore Geology Reviews，30（2）：75-105.

Ohmoto H，Goldhaber M B. 1997. Sulfur and Carbon Isotopes[M]//Barnes H L. Geochemistry of Hydrothermal Ore Deposits. New York：John Wiley & Sons，Inc. ：517-611.

Ohmoto H. 1996. Formation of volcanogenic massive sulfide deposits：The Kuroko perspective：The Kuroko perspective[J]. Ore Geology Reviews，10（3-6）：135-177.

Ohmoto H. 1986. Stable Isotope Geochemistry of Ore Deposits[M]//Valley J W，Taylor H Y J，O'Neil J R. High Temperature Geological Processes，Reviews in Mineralogy. Washington：Mineralogical Society of America：491-559.

Ohmoto H. 1972，Systematics of Sulfur and Carbon Isotopes in Hydrothermal Ore Deposits[J]. Economic Geology，67 （5） 551-578

Olin P H，Wolff J A. 2012. Partitioning of rare earth and high field strength elements between titanite and phonolitic liquid[J]. Lithos：128-131（0）：46-54.

Oliver N H S，Rubenach M J，Jacob J，et al. 2009. Very rapid subsurface hydrothermal ore deposition mechanisms and the origin of breccia-hosted iron-oxide copper-gold deposits[J]. Journal of Geochemical Exploration，101（1）：76.

O'Neil J R，Clayton R N，Mayeda T K. 1969. Oxygen isotope fractionation in divalent metal carbonates [J]. The journal of physical chemistry. A，51（12）：5547-5558.

Parsapoor A，Khalili M，Mackizadeh M A. 2009. The behaviour of trace and rare earth elements（REE）during hydrothermal alteration in the Rangan area （Central Iran）[J]. Journal of Asian Earth Sciences，34（2）：123-134.

Patino-Douce A E，Johnston A D. 1991. Phase equilibria and meltproductivity in the pelitic system：Implicationsfor the origin of peraluminous granitoids and aluminous granulites[J]. Contributions to Mineralogy and Petrology，107（2）：202-218.

Pearce J A，Harris N B W，Tindle A G. 1984. Trace element discrimination diagrams for the tectonic interpretation of granitic rocks[J]. Journal of Petrology，25（4）：956-983.

Pearce J A，Norry M J. 1979. Petrogenetic implications of Ti，Zr，Y，and Nb variations in volcanic rocks[J]. Contributions to Mineralogy and Petrology，69（1）：33-47.

Pearce J. 1982. Trace element characteristics of lavas from destructive plate boundariers[M]//Thorpe RS（ed. ）. Wily：Andesites，New York：528-548.

Pirajno F. 2004. Hotspots and mantle plumes：global intraplate tectonics，magmatism and ore deposits[J]. Mineralogy and Petrology，82（3）：183-216.

Pirajno F. 2009. Hydrothermal Processes and Mineral Systems[M]. London：Springer：1250.

Pollard P J. 2001. Sodic（-calcic） alteration in Fe-oxide-Cu-Au districts：an origin via unmixing of magmatic H_2O-CO_2-NaCl±$CaCl_2$-KCl fluids [J]. Mineralium Deposita，36（1）：93-100.

Pollard P. 2006. An intrusion-related origin for Cu-Au mineralization in iron oxide-copper-gold （IOCG） provinces [J]. Mineralium Deposita，41（2）：179-187.

Potter R W，Clynne M A I，Brown D L. 1978. Freezing point depression of aqueous sodium chloride solutions[J]. Economic Geology，73（2）：284-285.

Qiu Y M，Gao S，McNaughton N J，et al. 2000. First evidence of >3. 2 Ga continental crust in the Yangtze Craton of south China and its implications for Archean crustal evolution and Phanerozoic tectonics[J]. Geology，28（1）：11-14.

Raimbault L，Baumer A，Dubru M，et al. 1993. REE fractionation between scheelite and apatite in hydrothermal conditions [J]. American Mineralogist，78（11-12）：1275-1285.

Ripley E M，Shafer P，Li C，et al. 2008. Re-Os and O isotopic variations in magnetite from the contact zone of the Duluth Complex and the Biwabik Iron Formation，northeastern Minnesota. [J]. Chemical Geology，249（1-2）：213-226.

Rivers T. 1997. Lithotectonic elements of the Grenville Province：review and tectonic implications[J]. Precambrian Research，86（3-4）：117-154.

Roedder E. 1984. Fluid inclusions [J]. Reviews in M ineralogy，12：413-473.

Rogers J J W，Santosh M. 2002. Configuration of Columbia，a Mesoproterozoic Supercontinent [J]. Gondwana Research，5（1）：5-22.

Roy A B. 2001. Neoproterozoic Crustal Evolution of Northwestern Indian Shield：Implications on Break up and Assembly of Supercontinents[J]. Gondwana Research，4（3）：289-306.

Rye R O，Ohmoto H. 1974. Sulfur and carbon isotopes and ore genesis：A review[J]. Economic Geology，69（6）：826-842.

Sandrin A，Berggren R，Elming S. 2007. Geophysical targeting of Fe-oxide Cu-（Au） deposits west of Kiruna，Sweden[J]. Journal of Applied Geophysics，61（2）：92-101.

Sandrin A，Edfelt Å，Waight T E，et al. 2009. Physical properties and petrologic description of rock samples from an IOCG mineralized area in the northern Fennoscandian Shield，Sweden[J]. Journal of Geochemical Exploration，103（2-3）：80-96.

Schoenberg R，Nagler T F，Kramers J D. 2000. Precise Os isotope ratio and Re-Os isotope dilution measurements down to the picogram level using multicollector inductively coupled plasma mass spectrometry[J]. International Journal of Mass Spectrometry，197（1）：85-94.

Shen J，Wasserburg G，Papanastassiou D. 1996. Precise Re-Os determinations and systematics of iron meteorites[J]. Geochimica et Cosmochimica Acta，60（15）：2887-2900.

Shi Y，Liu D，Kröner A，et al. 2012. Ca. 1318 Ma A-type granite on the northern margin of the North China Craton：Implications for intraplate extension of the Columbia supercontinent [J]. Lithos，148（1）：1-9.

Sillitoe R H. 2003. Iron oxide-copper-gold deposits：an Andean view [J]. Mineralium Deposita，38（7）：787-812.

Skirrow R G，Bastrakov E N，Barovich K. 2006. Metals and fluids in IOCG systems of the Gawler Craton：Constraints from Nd，O，H and S isotopes[J]. Geochimica et Cosmochimica Acta，70（18，Supplement）：A595.

Slack J F. 2012. Strata-Bound Fe-Co-Cu-Au-Bi-Y-REE Deposits of the Idaho Cobalt Belt：Multistage hydrothermal mineralization in a magmatic-related iron oxide copper-gold system[J]. Economic Geology，107（6）：1089-1113.

Smoliar M I. 1996. Re-Os ages of group IIA，IIIA，IVA，and IVB iron meteorites [J]. Science Magazine，271（5252）：1099-1102.

Spikings R A，Foster D A，Kohn B P，et al. 2002. Post-orogenic （< 1500 Ma） thermal history of the Palaeo-Mesoproterozoic，Mt. Isa province，NE Australia[J]. Tectonophysics，349（1-4）：327-365.

Stein H，Morgan J，Schersten A. 2000. Re-Os dating of Low-level highly radiogenic （LLHK） sulfides：the harnas gold deposit，southwest Sweden，records continental-scale tectonic events[J]. Economic Geology，95（8）：1657-1671.

Stein H，Sundblad K，Markey R，et al. 1998. Re-Os ages for Archean molybdenite and pyrite，Kuittila- Kivisuo，Finland and Proterozoic molybdenite， Kabeliai， Lithuania：Testing the chronometer in a metamorphic and metasomatic setting[J]. Mineralium Deposita，33（4）：329-345.

Stuart F M，Burnard P G，Taylor R P，et al. 1995. Resolving mantle and crustal contributions to ancient hydrothermal fluids：He-Ar isotopes in fluid inclusions from Dae Hwa W-Mo mineralisation，South Korea[J]. Geochimica et Cosmochimica Acta：Journal of the Geochemical Society and the Meteoritical Society，59（22）：4663-4673.

Stuart F M，Turner G，Duckworth R C，et al. 1994. Helium isotopes as tracers of trapped hydrothermal fluids in ocean-floor sulfides[J]. Geology，22（9）：823-826.

Song H，Song S. 2015. Re-Os Dating of chalcopyrite from the lala IOCG deposit in the kangdian copper belt，China[J]. Acta Geologica Sinica（English edition），89（2）：689-690.

Song H，NI S，Zhang C J，et al. 2014. The formation story of IOCG deposits in Southwestern margin of Yangtze Block，China[J] . Acta Geologica Sinica（English Edition），88（S2）：377-378

Sun S S，McDonough W F. 1989. Chemical and isotopic systematics of oceanic basalts：implications for mantle composition and processes[J]. Geological Society，London，Special Pulications，42：303-345.

Sun X，Zhang Y，Xiong D，et al. 2009. Crust and mantle contributions to gold-forming process at the Daping deposit，Ailaoshan gold belt，Yunnan，China[J]. Ore Geology Reviews，36（1-3）：235-249.

Sverjensky D A. 1984. Europium redox equilibria in aqueous solution[J]. Earth and Planetary Science Letters，67（1）：70-78.

Tatár E，Mihucz V G，Virág I，et al. 2007. Effect of four bentonite samples on the rare earth element concentrations of selected Hungarian wine samples[J]. Microchemical Journal，85（1）：132-135.

Tauson L. 1967. Geochemical behavior of rare elements during crystallization and differentiation of granitic magmas[J]. Geochemistry International Ussr，4（6）：1067.

Taylor B E，Bucher-Nurminen K. 1986. Oxygen and carbon isotope and cation geochemistry of metasomatic carbonates and fluids—Bergell aureole，Northern Italy[J]. Geochimica et Cosmochimica Acta，50（6）：1267-1279.

Terakado Y，Fujitani T. 1998. Behavior of the rare earth elements and other trace elements during interactions between acidic hydrothermal solutions and silicic volcanic rocks，southwestern Japan[J]. Geochimica et Cosmochimica Acta，62（11）：1903-1917.

Torgersen T，Kennedy B M，Hiyagon H，et al. 1989. Argon accumulation and the crustal degassing flux of 40Ar in the Great Artesian Basin，Australia[J]. Earth and Planetary Science Letters，92（1）：43-56.

Turner G，Burnard P，Ford J L，et al. 1993. Tracing fluid sources and interactions [and Discussion][J]. Philosophical Transactions of the Royal Society A：Mathematical，Physical and Engineering Sciences，344（1670）：127-140.

Veizer J，Fritz P，Jones B. 1986. Geochemistry of brachiopods：Oxygen and carbon isotopic records of Paleozoic oceans[J]. Geochimica et Cosmochimica Acta，50（8）：1679-1696.

Veizer J，Hoefs J，Lowe D R，et al. 1989. Geochemistry of Precambrian carbonates：II. Archean greenstone belts and Archean sea water[J]. Geochimica et Cosmochimica Acta，53（4）：859-871.

Veizer J，Holser W T，Wilgus C K. 1980. Correlation of 13C12C and 34S32S secular variations[J]. Geochimica et Cosmochimica Acta，44（4）：579-587.

Wang X，Zhou J，Qiu J，et al. 2004. Geochemistry of the Meso- to Neoproterozoic basic-acid rocks from Hunan Province，South China：implications for the evolution of the western Jiangnan orogen[J]. Precambrian Research，135（1-2）：79-103.

Watson E B，Harrison T M. 1983. Zircon saturation revisited：Temperature and composition effects in a variety of crustal magma types[J]. Earth and Planetary ScienceLetters，64（2）：295-304.

Watson E B，Wark D A，Thomas J B. 2006. Crystallization thermometers for zircon and rutile [J]. Contributions to Mineralogy and Petrology，151（4）：413-433.

Whalen J B，Currie K L，Chappell B W. 1987. A-type granites：geochemical characteristics，discriminatuon and petrogenesis[J]. Contributions to Mineralogy and Petrology，95（4）：407-419.

Williams P J，Barton M D，Johnson D A. 2005. Iron oxide copper-gold deposits：Geology，space-time distribution，and possible modes of origin[J]. Economic Geology，100th Anniversary volume：371-405.

Williams P J. 2009. "Magnetite-group" lOCGs with special reference to Cloncurry （NW Queensland） and Northern Sweden：settings，alteration，deposit characteristics，fluid sources，and their relationship to Apatite-rich iron ores：Exploraing for Iron Oxide Copper-Gold Deposits：Canada and Global Analogues[C].

Winchester J A，Floyd P A. 1977. Geochemical discrimination of different magma series and their differentiation products using immobile elements[J]. Chemical Geology，20（0）：325-343.

Windley B F，Alexeiev D，Xiao W J，et al. 2007. Tectonic models for accretion of the Central Asian Orogenic

Belt[J]. Journal of the Geological Society of London，164（1）：31-47.

Windley B F. 1993. Proterozoic anorogenic magmatism and its orogenic connections [J]. Journal of the Geological Society，150（1）：39-50.

Wood D A，Joron J，Treuil M. 1979. A re-appraisal of the use of trace elements to classify and discriminate between magma series erupted in different tectonic settings[J]. Earth and Planetary Science Letters，45（2）：326-336.

Wu Y B，Zheng Y F. 2006. Zircon U-Pb age and Hf isotope in granulite-facies rocks from the Dabie orogen：Evidence for archean crustal relict and paleoproterozoic reworking[J]. Geochimica et Cosmochimica Acta，70（18，Supplement）：A710.

Wyborn L A I，Wyborn D，Warren R G，et al. 1992. Proterozoic granite types in Australia：implications for lower crust composition，structure and evolution [J]. Transactions of the Royal Society of Edinburgh：Earth Sciences，83（1-2）：201-209.

Xu S，Nakai S，Wakita H，et al. 1995. Mantle-derived noble gases in natural gases from Songliao Basin，China [J]. Geochimica et Cosmochimica Acta，59（22）：4675-4683.

Zhao G，Cawood P A，Wilde S A，Sun M. 2002. Review of global 2.1-1.8 Ga orogens: implications for a pre-Rodinia supercontinent. Earth-Sciences Reviews 59（1–4），125-162.

Zhang S，Zheng Y，Wu Y，et al. 2006. Zircon isotope evidence for ≥3. 5Ga continental crust in the Yangtze craton of China[J]. Precambrian Research，146（1-2）：16-34.

Zhang S，Zheng Y，Wu Y，et al. 2006. Zircon U-Pb age and Hf-O isotope evidence for Paleoproterozoic metamorphic event in South China[J]. Precambrian Research，151（3-4）：265-288.

Zhao J H，Zhou M F. 2007. Geochemistry of Neoproterozoic mafic intrusions in the Panzhihua district（Sichuan Province，SW China）：Implications for subduction-related metasomatism in the upper mantle[J]. Precambrian Research，152（1-2）：27-47.

Zhao J H，Zhou M F. 2007. Neoproterozoic adakitic plutons and arc magmatism along the western margin of the Yangtze Block，South China [J]. The Journal of Geology，115（6）：675-689.

Zhao X F，Zhou M F，Li J W，et al. 2008. Association of Neoproterozoic A- and I-type granites in South China：Implications for generation of A-type granites in a subduction-related environment[J]. Chemical Geology，257（1-2）：1-15.

Zhao X，Zhou M，Li J，et al. 2010. Late Paleoproterozoic to early Mesoproterozoic Dongchuan Group in Yunnan，SW China：implications for tectonic evolution of the Yangtze Block[J]. Precambrian Research，182（1-2）：57-69.

Zhao X，Zhou M，Li J，et al. 2013. Sulfide Re-Os and Rb-Sr isotope dating of the kangdian IOCG metallogenic province，southwest China：implications for regional metallogenesis[J]. Economic Geology，2013，108（6）：1489-1498.

Zhao X，Zhou M. 2011. Fe-Cu deposits in the Kangdian region，SW China：a Proterozoic IOCG（iron-oxide-copper-gold） metallogenic province [J]. Mineralium Deposita，46（7）：731-747.

Zhao X. 2010. Paleoproterozoic crustal evolution and Fe-Cu metallogeny of the western Yangtze Block，SW China[D]. Hong Kong：the University of Hong Kong.

Zheng Y F，Fu B，Gong B，et al. 2003. Stable isotope geochemistry of ultrahigh pressure metamorphic rocks from the Dabie-Sulu orogen in China：implications for geodynamics and fluid regime[J]. Earth-Science Reviews，62（1-2）：105-161.

Zheng Y C，Gu LX，Tian XQ，et al. 2011. Oxygen isotope characteristics of the footwall alteration zones in the Hongtoushan volcanogenic massive sulfide deposit，Liaoning Province，China and restoration of their formation Temperatures[J]. Acta Geologica Sinica（English Edition），85（3）：683-693.

Zhong S，Mucci A. 1995. Partitioning of rare earth elements （REEs） between calcite and seawater solutions at 25℃ and 1 atm, and high dissolved REE concentrations[J]. Geochimica et Cosmochimica Acta, 59(3): 443-453.

Zhou M F，Yan D P，Kennedy A K，et al. 2002. SHRIMP U-Pb zircon geochronological and geochemical evidence for Neoproterozoic arc-magmatism along the western margin of the Yangtze Block，South China [J]. Earth and Planetary Science Letters，196（1-2）：51-67.

Zhu Z，Sun Y. 2013. Direct Re-Os dating of chalcopyrite from the Lala IOCG deposit in the Kangdian copper belt，China[J]. Economic Geology，108（4）：871-882.

附　录

研究区已发表同位测年龄统计表

测龄岩石/矿物	年龄/Ma	方法	参考文献
脆韧性剪切构造变形与热流体叠加改造的叠加时代	269.9±3.4	SHRUMP 锆石 U-Pb 法	方维萱等，2012
康定大河沟变辉长岩	728	锆石 U-Pb	袁海华等，1986
康定杂岩角闪变粒岩（岩浆锆石）	773～721	U-Pb SHRIMP	陈岳龙等，2004
石英闪长质片麻岩（岩浆锆石）	765±9	U-Pb SHRIMP	赵俊香等，2006
泸定辉长岩（岩浆锆石）	771±10	U-Pb SHRIMP	赵俊香等，2006
冕宁沙坝混合片麻岩（岩浆锆石）	772	锆石 U-Pb	袁海华等，1986
黑云片岩	782±8	黑云母 Ar-Ar	Greentree，2007
康定—泸定—石棉地区基性岩墙群	780～760	SHRIMP 锆石 U-Pb 年龄	林广春等，2006
康定片麻状杂岩中锆石	797～796	U-Pb SHRIMP	Zhou et al.，2002
云南新平大红山群变质岩（黑云母）	800	K-Ar	武希彻等，982
会理大田湾河口群片岩（黑云母）	804	K-Ar	武希彻等，1982
大宝山铜铁矿体底、顶板黑云母岩	813、805	黑云母 K-Ar 法	陈好寿，1994
会理群变质岩（黑云母）	815	K-Ar	阚泽忠等，1999
云南新平大红山群变质岩（绢云母）	818	K-Ar	武希彻等，1982
云南新平大红山群变质岩（黑云母）	819	K-Ar	武希彻等，1982
川西石棉弱铝质的高钾钙碱性 I 型花岗岩	818±7	U-Pb SHRIMP	林广春，2010
大红山曼岗河组黑云母片岩	833±16	黑云母 Ar-Ar	Greentree，2007
元谋普登组伟晶岩	838	Rb-Sr	吴懋德等，1990
河口群白云母黑云片岩	848±0.67	白云母 Ar-Ar	Greentree，2007
石榴斜长角闪岩中的锆石获得变质年龄	849±12	锆石 LA-ICPMS U-Pb	杨红等，2012
会理拉拉河口群片岩（黑云母）	849	K-Ar	武希彻等，1982
拉拉矿区辉长岩	850±10	Sm-Nd（等时线）	周家云等，2009
大红山老厂河组绢云母片岩	856±5	白云母 Ar-Ar	Greentree，2007
角闪石的冷却年龄	860～820	LA-ICPMS U-Pb	Greentree et al.，2008
河口群黑云母片岩	860±8	黑云母 Ar-Ar	Greentree，2007
云南元江撮科地区岔河铜矿基性岩	867.7	铷锶年龄	詹冬琴等，2012
大红山曼岗河组黑云母片岩	870±9	黑云母 Ar-Ar	Greentree，2007
会理拉拉河口群片岩（黑云母）	891	K-Ar	武希彻等，1982
东川因民矿床角砾岩带中黑云母	893.0±8.1	Ar-Ar 坪年龄	Zhao et al.，2013
新平大红山群曼岗河组变钠质熔岩	897	全岩 Rb-Sr	李复汉等，1988；武希彻，1982

续表

测龄岩石/矿物	年龄/Ma	方法	参考文献
鹅头厂绿泥石黑云母岩（全岩样）	920～885	Ar-Ar 年龄	李志群等，2004
迤纳厂交代成因石榴子石	898±53 901±57	Sm-Nd 同位素等时线年龄	侯林等，2013
同德混合片麻岩（岩浆锆石）	900～770	锆石 U-Pb	袁海华等，1986
会理群变质岩	906	Rb-Sr（等时线）	阚泽忠等，1999
会理群天宝山组变英安岩	906.8	Rb-Sr（等时线）	阚泽忠等，1999
迤纳厂黑云母	910.1±6.8 911±12（MSWD=50）	Ar-Ar 坪年龄 反等时线年龄	侯林等，2013
会东菜园子辉绿辉长岩	938	K-Ar	李复汉等，1988
黑山头组凝灰岩	995±15	SHRUMP 岩浆锆石 U-Pb 法	Greentree，2007
河口群变质岩石	1006±60	Rb-Sr（等时线）	李复汉等，1988
米易花岗片麻岩	1007.2	Rb-Sr（等时线）	胥德恩等，1995
会理县黎溪河口辉长岩（角闪石）	1004、1145	K-Ar	李复汉等，1988
会理河口群变质岩石	1023.4	Rb-Sr（等时线）	丛柏林，1989
该群顶部天宝山组流纹岩	1028、1036	锆石 SHRIMP U 一 Pb	耿元生等，2007；尹福光等，2012）
上会理群火山岩	1028±9	U-Pb 年龄	耿元生等，2007
东川白锡腊矿段深部碱性铁质杂岩墙（枝）	1067±20～1047±15	SHRUMP 锆石 U-Pb 法	方维萱等，2012
冕宁康定杂岩麻粒岩	1100±100	Sm-Nd（模式）	丛柏林，1989
会理河口地区侵入河口组中的辉长岩（角闪石）	1177～1112	K-Ar	武希彻等，1982
会理县黎溪河口辉长岩体（角闪石）	1137	K-Ar	李复汉等，1988
老乌山组凝灰岩	1142±16	SHRUMP 岩浆锆石 U-Pb 法	Greentree，2007
下会理群火山岩	1270±95 1082±13	U-Pb 年龄	尹福光等，2011
代表变质年龄（河口组的形成时代下限年龄）：河口群碎屑锆石最年轻的	1400±8	SHRIMP 及 LA-ICPMS U-Pb	Greentree，2007；Greentree et al.，2008
会理群天宝山组变英安岩锆石	1466	U-Pb	李复汉等，1988
会理拉拉矿区穿插于河口群落凼组的辉绿岩脉全岩年龄	1488	K-Ar	李复汉等，1988
会理县拉拉变质杂岩中的辉长岩侵入体变辉长岩	1620	K-Ar	李复汉等，1988
大红山辉绿岩	1645±25	锆石 U-Pb	Zhao et al.，2010
拉拉变辉长岩	1657±21（MSWD=1.1，*n*=12 上交点年龄）	锆石 LA-ICPMS U-Pb 年龄	Chen et al.，2013
大红山矿区大红山群红山组—曼岗河组变质岩石	1657±82	Sm-Nd（等时线）	胡霭琴等，1991
大红山群红山组变质熔岩（岩浆锆石）	1665.55+14/-11	U-Pb（等时线上交点年龄）	胡霭琴等，1991；胥德恩等，1995
拉拉火山岩地层	1667±11		朱志敏，2011

续表

测龄岩石/矿物	年龄/Ma	方法	参考文献
大红山矿井大红山群曼岗河组凝灰质片岩 02KD044	1675±8（MSWD=1.95）	SHRIMP U-Pb（$^{207}Pb/^{206}Pb$ 平均年龄）	Greentree et al.，2008
会理拉拉河口群石英钠长岩（岩浆锆石）	1680±13	SHRIMP 锆石 U-Pb	周家云等，2011
大红山石榴长石片岩（YJ13-3）及斜长角闪岩（YJ13-6）	1686±4	锆石 LA-ICPMS U-Pb	杨红等，2012
东川因民组中辉绿岩	1690±32	锆石 LA-ICPMS U-Pb	Zhao et al.，2010
四川拉拉铜矿区角斑岩	1695±20	锆石 U-Pb	何德锋等，2010
河口地区辉绿岩体	1695±16	锆石 Pb-Pb 年龄	四川省地质局攀西地质大队区调二队，1994
大红山 Ard^2 眼球状混合岩	1706.2	全岩 Rb-Sr	钱锦和等，1990
会理县河口地区河口群中辉绿岩体	1710±8（MSWD=1.11）	锆石 SHRIMP U-Pb 年龄	关俊雷等，2011
大红山矿井老厂河组的成岩时代	1710～1686	锆石 LA-ICPMS U-Pb	杨红等，2012
大红山石榴长石石英片岩的原岩——中酸性火山岩	1711±4	锆石 LA-ICPMS U-Pb	杨红等，2012
大红山群老厂河组中薄层火山岩	1711±4	锆石 U-Pb 年龄	杨红等，2012
会理河口群变质火山岩（岩浆锆石）	1712	U-Pb（模式年龄）	李复汉等，1988
拉拉火山岩地层	1722±25（MSWD=0.5，n=11）		王冬兵等，2012
云南姜驿河口群变质火山岩（岩浆锆石）	1725	U-Pb（模式年龄）	陈好寿等，1992；武希彻等，1982
云南武定海孜斜长花岗斑岩	1730±15（MSWD=4.0，n=15）	锆石 LA-ICP-MS U-Pb 测年	王子正等，2013
云南武定迤纳厂酸性岩浆角砾岩	1739±13	锆石 LA-ICP-MS U-Pb 测年	侯林等，2013
东川群因民组凝灰岩	1742±13		Zhao et al.，2010
迤纳厂组凝灰岩和火山角砾岩中锆石	1750	LA-ICP-MS U-Pb	叶现韬等，2013
拉拉河口群落凼组	2064～1757	Rb-Sr 等时线年龄	Greentree，2007
迤纳厂附近辉绿岩	1764±38	锆石 LA-ICP-MS U-Pb 测年	郭阳等，2014
河口组的形成时代上限年龄：河口组变质石英砂岩碎屑锆石年龄获得的最小的一组谐和年龄	1817±10	U-Pb	耿元生等，2007；耿元生等，2008
河口群碎屑锆石：碎屑锆石年龄次新的一组代表了成岩年龄	1825±13（94 个锆石测点主要集中于 2000～1600）	SHRIMP 及 LA-ICPMS U-Pb	Greentree，2007；Greentree et al.，2008
嘎洒大红山群坡头组石英砂岩 03KD081	1851±12（n=8，MSWD=1.7）	LA-ICPMS U-Pb	Greentree et al.，2008
河口地区侵入岩体	1857±20、1695±16、1671±10	锆石 $^{207}Pb/^{206}Pb$ 年龄	李复汉等，1988
元江岔河地区曼岗河组石英黑云母片岩 02KD176	1933±5（n=9，MSWD=1.6）、2176±5（n=4，MSWD=1.12）	SHRIMP U-Pb	Greentree et al.，2008

续表

测龄岩石/矿物	年龄/Ma	方法	参考文献
其他地区的河口群长冲组	1987±6、1671±10	锆石 Pb-Pb 年龄	四川省地质局攀西地质大队区调二队，1994
河口岩群上部钠长浅粒岩（源区锆石）	1987±8	207Pb/206Pb	阚泽忠等，1999
通安组石英岩（源区锆石）	2065±8	$^{207}Pb/^{206}Pb$	
康定群灰黑色细粒麻粒岩（源区锆石）	2183～1884	SHRIMP U-Pb	陈岳龙等，2004
东川汤丹群凝灰岩	2285±12	锆石 U-Pb	朱华平等，2011
东川汤丹群凝灰岩	2317、3795±10	锆石 U-Pb（单粒碎屑锆石）	周邦国等，2012
康定群花岗质片麻岩（源区锆石）	2486～2373	SHRIMP U-Pb	陈岳龙等，2004
奥长花岗质片麻岩和变沉积岩	2.9Ga 的变质年龄以及3.2Ga 残留锆石年龄	锆石 U-Pb	Qiu et al.，2000
片麻岩	3.2Ga	锆石 U-Pb	焦文放等，2009
南沱组和莲沱砂岩	3.5Ga～3.3Ga 的碎屑锆石	锆石 U-Pb	柳小明等，2005